气动技术
入门与提高

宁辰校　主编

化学工业出版社
·北京·

本书详细介绍了气动技术的基础知识，内容涵盖基本元件、基本回路及典型系统，重点讲解气动元件、回路、系统的基本原理和应用场合，并结合生产实际进行介绍，内容丰富、实用性强。

本书特别适合气动技术的初学者学习使用，可供从事流体传动及控制技术的工程技术人员及其他相关从业人员参阅，也可作为高等职业教育、成人教育、技术培训的基础教材，同时可作为大、中专院校相关专业的教学参考书。

图书在版编目（CIP）数据
气动技术入门与提高 / 宁辰校主编.
—北京：化学工业出版社，2017.11（2023.3重印）
ISBN 978-7-122-30573-2

Ⅰ.①气… Ⅱ.①宁… Ⅲ.①气动技术 Ⅳ.①TH138

中国版本图书馆CIP数据核字（2017）第217426号

责任编辑：黄 滢　　文字编辑：张燕文
责任校对：宋 夏　　装帧设计：王晓宇

出版发行：化学工业出版社（北京市东城区青年湖南街13号　邮政编码100011）
印　　装：三河市延风印装有限公司
787mm×1092mm　1/16　印张 10¾　字数 260千字　2023年3月北京第1版第9次印刷

购书咨询：010-64518888　　售后服务：010-64518899
网　　址：http://www.cip.com.cn
凡购买本书，如有缺损质量问题，本社销售中心负责调换。

定　　价：45.00元

前言

气动技术广泛应用于机械制造、电子、电气、石油化工、轻工、食品、汽车、船舶、军工以及机械手和各类自动化智能装备等行业中。气动技术是当代工程技术人员所应掌握的重要基础技术之一。

本书共有 10 章。第 1、2 章为概述和气动基础知识；第 3 ～ 7 章讲述各类气动元件；第 8、9 章详细叙述了气动基本回路和典型气动系统；第 10 章简要介绍了气动系统的使用与维护。

本书在编写过程中，追求基础性、系统性、先进性和实用性的统一，充分贯彻通俗易懂、少而精、理论联系实际的原则，在较全面地阐述气压传动基本内容和基础知识的基础上，力求反映我国气动行业发展的最新情况。在全书结构上，内容完整、循序渐进。在气动基础知识部分，重点介绍基本理论和基本概念；在气动元件部分，强调对各类元件的组成、类型和基本工作原理的理解和掌握；在基本回路和典型系统部分，则尽可能使内容丰富、翔实，并结合生产实际，突出实用性。

本书是针对气动技术从业人员的实际需要组织编写的，特别适合气动技术的初学者学习使用，可供从事流体传动及控制技术的工程技术人员及其他相关从业人员参阅，也可作为高等职业教育、成人教育、技术培训的基础教材，同时可作为大、中专院校相关专业的教学参考书。

本书由宁辰校主编，张戍社、赵剑参编，郭英军、李兰、齐习娟、刘永强参与了文献资料搜集、文稿录入和部分插图制作等工作。

由于水平所限，书中疏漏之处在所难免，恳请广大读者批评指正。

编　者

前言

目录

第1章 气压技术概述 1

第2章 气压传动基础知识 6

第3章 气源及气源处理元件 19

第4章 气动执行元件 36

第7章 真空元件 106

第8章 气动基本回路 117

第9章 典型气动系统分析 141

第1章 气动技术概述

我们在日常工作和生活中经常见到各种机器，它们通常都是由原动机、传动装置和工作机构三部分组成的。其中传动装置最常见的类型有机械传动、电气传动、电子传动和流体传动。流体传动是以受压的流体为工作介质对能量进行转换、传递、控制和分配的。它可以分为气压传动、液压传动和液力传动。

气压传动技术简称气动技术，是以压缩空气为工作介质来进行能量与信号的传递，是实现各种生产过程机械化、自动化的一门技术。它是流体传动与控制学科的一个重要组成部分。

1.1 气动系统的工作原理、组成及特点

1.1.1 气动系统的工作原理

气压传动的工作过程是利用空气压缩机把电动机或其他原动机输出的机械能转换为空气的压力能，然后在控制元件的作用下，通过执行元件把压力能转换为直线运动或回转运动形式的机械能，从而完成各种动作，并对外做功。

下面通过一个典型气压传动系统来了解气动系统如何进行能量与信号传递，如何实现自动控制。

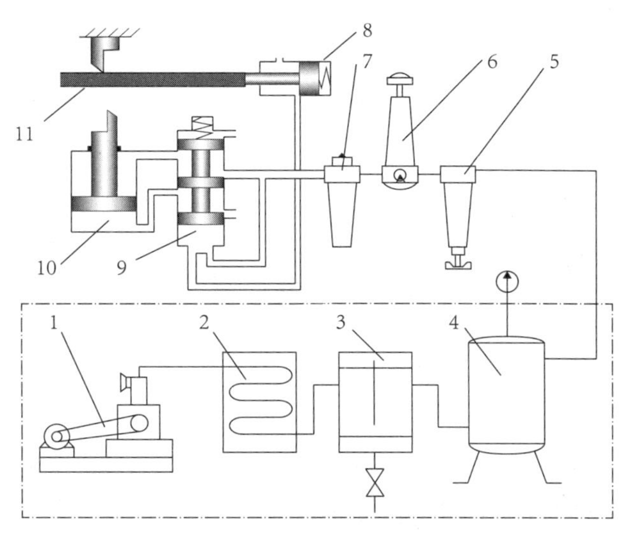

图 1-1 气动剪切机的气压传动系统

1—空气压缩机；2—后冷却器；3—分水排水器；4—储气罐；5—分水滤气器；
6—减压阀；7—油雾器；8—行程阀；9—气控换向阀；10—气缸；11—工料

图 1-1 所示为气动剪切机的气压传动系统，图示位置为剪切前的情况。空气压缩机 1 产生的压缩空气经后冷却器 2、分水排水器 3、储气罐 4、分水滤气器 5、减压阀 6、油雾器 7 到达换向阀 9，部分气体经节流通路进入换向阀 9 的下腔，使上腔弹簧压缩，换向阀 9 阀芯

位于上端；大部分压缩空气经换向阀 9 后进入气缸 10 的上腔，而气缸的下腔经换向阀与大气相通，故气缸活塞处于最下端位置。当上料装置把工料 11 送入剪切机并到达规定位置时，工料压下行程阀 8，此时换向阀 9 阀芯下腔压缩空气经行程阀 8 排入大气，在弹簧的推动下，换向阀 9 阀芯向下运动至下端；压缩空气则经换向阀 9 后进入气缸的下腔，上腔经换向阀 9 与大气相通，气缸活塞向上运动，带动剪刀上行剪断工料。工料剪下后，即与行程阀 8 脱开。行程阀 8 阀芯在弹簧作用下复位、出路堵死。换向阀 9 阀芯上移，气缸活塞向下运动，又恢复到剪断前的状态。

图 1-2 所示为用图形符号绘制的剪切机气压传动系统。

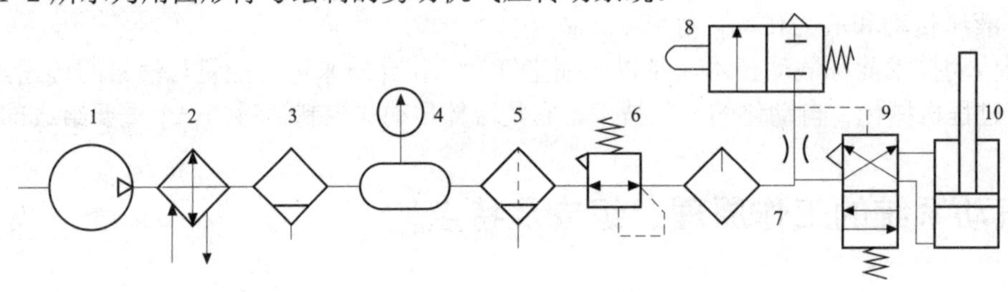

图 1-2　用图形符号绘制的剪切机气压传动系统

1—空气压缩机；2—后冷却器；3—分水排水器；4—储气罐；5—分水滤气器；
6—减压阀；7—油雾器；8—行程阀；9—气控换向阀；10—气缸

气压传动的基本工作特征：系统的工作压力取决于负载；执行装置的运动速度只取决于输入流量的大小，而与外负载无关。

1.1.2　气动系统的组成

在气压传动系统中，根据气动元件和装置的不同功能，可将气压传动系统分成以下四个组成部分。

（1）气源装置

气源装置是获得压缩空气的能源装置，其主体部分是空气压缩机，另外还有气源净化设备。空气压缩机将原动机供给的机械能转化为空气的压力能；而气源净化设备用以降低压缩空气的温度，除去压缩空气中的水分、油分以及污染杂质等。使用气动设备较多的厂矿常将气源装置集中在压气站（俗称空压站）内，由压气站再统一向各用气点（分厂、车间和用气设备等）分配供应压缩空气。

（2）执行元件

执行元件是以压缩空气为工作介质，并将压缩空气的压力能转变为机械能的能量转换装置。包括作直线往复运动的气缸，作连续回转运动的气马达和作不连续回转运动的摆动马达等。

（3）控制元件

控制元件又称操纵、运算、检测元件，是用来控制压缩空气流的压力、流量和流动方向等以便使执行机构完成预定运动规律的元件。包括各种压力阀、方向阀、流量阀、逻辑元件、射流元件、行程阀、转换器和传感器等。

（4）辅助元件

辅助元件是使压缩空气净化、润滑、消声以及元件间连接所需要的一些装置。包括分水滤气器、油雾器、消声器以及各种管路附件等。

1.1.3 气动系统的特点

（1）优点

① 空气随处可取，取之不尽，节省了购买、储存、运输介质的费用；用后的空气直接排入大气，对环境无污染；处理方便，不必设置回收管路，因而也不存在介质变质、补充和更换等问题。

② 因空气黏度小（约为液压油的万分之一），在管内流动阻力小，压力损失小，便于集中供气和远距离输送。即使有泄漏，也不会像液压油一样污染环境。

③ 与液压传动相比，气动反应快，动作迅速，维护简单，管路不易堵塞。

④ 气动元件结构简单，制造容易，适于标准化、系列化、通用化。

⑤ 气动系统对工作环境适应性好，特别在易燃、易爆、多尘埃、强磁、辐射、振动等恶劣工作环境中工作时，安全可靠性优于液压、电子和电气系统。

⑥ 空气具有可压缩性，使气动系统能够实现过载自动保护，也便于储气罐储存能量，以备急需。

⑦ 排气时气体因膨胀而温度降低，因而气动设备可以自动降温，长期运行也不会发生过热现象。

（2）缺点

① 空气具有可压缩性，当载荷变化时，气动系统的动作稳定性差。但可以采用气液联动装置解决此问题。

② 工作压力较低（一般为0.4～0.8MPa），又因结构尺寸不宜过大，因而输出功率较小。

③ 气信号传递的速度比光、电子速度慢，故不宜用于要求高传递速度的复杂回路中。但对一般机械设备，气动信号的传递速度是能够满足要求的。

④ 排气噪声大，需加消声器。

表1-1为气压传动与其他类型传动的性能比较，供选用时参考。

表1-1 气压传动与其他类型传动的性能比较

项目	气压传动	液压传动	电气传动	电子传动	机械传动
元件结构	简单	复杂	稍复杂	最复杂	一般
输出力	中等	最大	中等	最小	较大
动作速度	较快	较慢	快	最快	一般
操作距离	中距离	短距离	远距离	远距离	短距离
信号响应	稍快	快	很快	很快	中
环境要求	适应性好	不怕振动	要求高	要求特高	一般
工作寿命	长	一般	较短	短	一般
负载变化影响	较大	有一些	几乎没有	没有	没有
无级调速	较好	良好	良好	良好	困难
体积	小	小	中	小	大
维护	一般	要求高	要求较高	要求更高	简单
价格	便宜	稍贵	稍贵	最贵	一般

1.2 气动技术的应用和发展概况

1.2.1 气动技术的应用范围

目前气压传动技术在下述几方面有普遍的应用。

① 机械制造业　其中包括机械加工生产线上工件的装夹与搬送，铸造生产线上的造型、捣固、合箱等以及在汽车制造中，汽车自动化生产线、车体部件自动搬运与固定、自动焊接等。

② 电子IC及电器行业　如用于硅片的搬运，元器件的插装与锡焊，家用电器的组装等。

③ 石油、化工业　用管道输送介质的自动化流程绝大多数采用气压传动，如石油提炼加工、气体加工、化肥生产等。

④ 轻工食品包装业　其中包括各种半自动或全自动包装生产线，如酒类、油类、煤气罐装及各种食品的包装等。

⑤ 机器人　如装配机器人、喷漆机器人、搬运机器人以及爬墙机器人、焊接机器人等。

⑥ 其他　如车辆刹车装置、车门开闭装置、颗粒物质的筛选装置、鱼雷导弹自动控制装置等。各种气动工具的广泛使用，也是气动技术应用的一个组成部分。

1.2.2 气动技术的发展概况及发展趋势

(1) 发展概况

远在两千多年前，人们就开始利用空气的能量完成各种工作。例如，希腊人利用压缩空气来增大石弩的射程。但作为气动技术应用的雏形，大约始于1776年，John Wilkinson发明了空气压缩机。20世纪20年代，气动技术成功地应用于自动门的开闭以及各种机械的辅助动作上，但这些都还只是将气动技术作为传动的一种手段。进入到20世纪60年代及70年代，随着工业机械化和自动化的发展，气动技术广泛应用于生产自动化的各个领域，形成了现代气动技术。

近几十年来，气动技术不仅用于做功，而且发展到检测和数据处理。传感器、过程控制器和执行器的发展导致了气动控制系统的产生。近年来，随着电子技术、计算机与通信技术的发展及各种气动组件的性价比进一步提高，气动控制系统的先进性与复杂性进一步发展，在自动控制领域起着越来越重要的作用。

(2) 发展趋势

① 组合化、智能化　最常见的组合是带阀、带开关气缸；在物料搬运中，还使用了气缸、摆动气缸、气动夹头和真空吸盘的组合体，同时配有电磁阀、程控器，结构紧凑，占用空间小，行程可调。

② 小型化、集成化、精密化　除小型化外，目前开发了非圆活塞气缸、带导杆气缸等，可减小普通气缸活塞杆工作时的摆转；为了使气缸精确定位，开发了制动气缸等。为了使气缸的定位更精确，使用了传感器、比例阀等实现反馈控制，定位精度达0.01mm。在精密气缸方面已开发了0.3 mm/s低速气缸和0.01N微小载荷气缸。在气源处理中，过滤精度为0.01mm，过滤效率为99.9999%的过滤器和灵敏度为0.001MPa的减压阀已被开发出来。

③ 高速化　目前气缸的活塞速度范围为50～750mm/s。为了提高生产率，自动化的节拍正在加快。今后要求气缸的活塞速度提高到5～9m/s。与此相应，阀的响应速度也将加快，要求由现在的1/90s级提高到1/900s级。

④ 无油、无味、无菌化　由于人类对环境的要求越来越高，不希望气动元件排放的废气带油雾污染环境，因此无油润滑的气动元件将会普及。有些特殊行业，如食品、饮料、制药、电子等，对空气的要求更为严格，除无油外，还要求无味、无菌等，这类特殊要求的过滤器将被不断开发出来。

⑤ 高寿命、高可靠性和智能诊断功能　气动元件大多用于自动化生产中，元件的故障往往会影响设备的运行，使生产线停止工作，造成严重的经济损失，因此，对气动元件的工程可靠性提出了更高的要求。

⑥ 节能、低功耗　气动元件的低功耗能够节约能源，并能更好地与微电子技术、计算机技术相结合。功耗≤0.5W的电磁阀已被开发和商品化，可由计算机直接控制。

⑦ 机电一体化　为了精确达到预定的控制目标，应采用闭路反馈控制方式。为了实现这种控制方式要解决计算机的数字信号、传感器反馈模拟信号和气动控制气压或气流量三者之间的相互转换问题。

⑧ 应用新技术、新工艺、新材料　在气动元件制造中，型材挤压、铸件浸渗和模块拼装等技术已被广泛应用；压铸新技术（液压抽芯、真空压铸等）目前已逐步推广；压电技术、总线技术、新型软磁材料、透析滤膜等正在被应用。

第2章 气压传动基础知识

2.1 空气的特性

2.1.1 空气的组成

自然空气由多种气体混合而成。其主要成分是氮气和氧气，其次是氩气和少量的二氧化碳及其他气体。另外还含有一定量的水蒸气及砂土等细小固体。在城市和工厂区，由于烟雾及汽车排气，大气中还含有二氧化硫、亚硝酸、碳氢化合物等物质。

完全不含有水蒸气的空气称为干空气。干空气在基准状态（温度 0℃，压力 0.1013MPa）的体积组成和质量组成如表 2-1 所示。

表 2-1 干空气的组成

成分	氮气（N_2）	氧气（O_2）	氩（Ar）	二氧化碳（CO_2）	其他气体
体积组成 /%	78.03	20.93	0.932	0.03	0.078
质量组成 /%	75.50	23.10	1.28	0.045	0.075

空气中氮气所占比例最大，由于氮气的化学性质不活泼，具有稳定性，不会自燃，所以空气作为工作介质可以用在易燃、易爆场所。

2.1.2 空气的湿度

（1）干空气和湿空气

空气通常分为干空气和湿空气两种形态，以是否含水蒸气作为区分标志。

湿空气：把含有水蒸气的空气称为湿空气。大气中的空气基本上都是湿空气。

干空气：不含水蒸气的空气称为干空气。

空气中含有水分的多少对系统的稳定性有直接的影响，因此各种气动元件对含水量有明确的规定，并且要采取一些措施防止水分的带入。

（2）湿度

湿空气中的水分（水蒸气）含量通常用湿度来表示。表示方法有绝对湿度、相对湿度以及含湿量。

① 绝对湿度 在标准状态下，单位体积湿空气中所含水蒸气的质量，称为湿空气的绝对湿度。

$$\chi = \frac{m_s}{V} \tag{2-1}$$

式中 χ —— 绝对湿度，kg/m³；

m_s —— 水蒸气质量，kg；

V —— 湿空气的体积，m³。

空气中的水蒸气含量是有极限的。在一定温度和压力下，空气中所含水蒸气达到最大可能的含量时，将空气称为饱和湿空气。饱和湿空气所处的状态称为饱和状态。

② 饱和绝对湿度 是指在一定温度下，单位体积饱和湿空气所含水蒸气的质量，用 χ_b 表示，其表达式为

$$\chi_b = \frac{p_b}{R_s T} \tag{2-2}$$

式中 p_b —— 饱和湿空气中水蒸气的分压力；

R_s —— 水蒸气的气体常数；

T —— 热力学温度。

在 2MPa 压力下，可近似地认为饱和空气中水蒸气的密度与压力大小无关，只取决于温度。标准大气压下，湿空气的饱和水蒸气分压力和饱和绝对湿度列于表 2-2。

表 2-2 饱和湿空气表

温度 t /℃	饱和水蒸气分压力 p_b /MPa	饱和绝对湿度 χ /(g/m³)	温度 t /℃	饱和水蒸气分压力 p_b /MPa	饱和绝对湿度 χ /(g/m³)
100	0.10123	588.7	20	0.00233	17.28
80	0.04732	290.6	15	0.00170	12.81
70	0.03113	196.8	10	0.00123	9.39
60	0.01991	129.6	5	0.00087	6.79
50	0.01233	82.77	0	0.00061	4.85
40	0.00737	51.05	−6	0.00037	3.16
35	0.00562	39.55	−10	0.00026	2.25
30	0.00424	30.32	−16	0.00015	1.48
25	0.00316	23.04	−20	0.0001	1.07

③ 相对湿度 是指在一定温度和压力下绝对湿度和饱和绝对湿度之比，用 φ 表示：

$$\varphi = \frac{\chi}{\chi_b} \times 100\% = \frac{p_s}{p_b} \times 100\% \tag{2-3}$$

式中 χ，χ_b —— 绝对湿度和饱和绝对湿度；

p_s，p_b —— 湿空气中水蒸气的分压力和饱和湿空气中水蒸气的分压力。

当 $p_s = 0$、$\varphi = 0$ 时，空气绝对干燥；当 $p_s = p_b$、$\varphi = 100\%$ 时，湿空气饱和，饱和空气吸收水蒸气的能力为零。温度降至此温度以下，湿空气中便有水滴析出。降温法清除湿空气中的水分，就是利用此原理。

④ 含湿量 单位质量湿空气中所含水蒸气的质量，用 d 表示：

$$d = \frac{m_s}{m_g} = \frac{\rho_s}{\rho_g} \tag{2-4}$$

式中 m_s —— 水蒸气的质量；

m_g —— 干空气的质量；

ρ_s —— 水蒸气的密度；

ρ_g —— 干空气的密度。

（3）露点

露点是指在规定的空气压力下，当温度一直下降到成为饱和状态时，水蒸气开始凝结的那一刹那的温度。如果空气继续冷却，那么它不能保留所有的水分，过量的水分则以小液滴的形式凝结出来形成冷凝水。空气中水分的含量完全取决于温度。

露点又可分为大气压露点和压力露点两种，大气压露点是指在大气压下水分的凝结温度。而压力露点是指气压系统在某一高压下的凝结温度。以空气压缩机为例，其吸入口为大气压露点，输出口为压力露点。

2.1.3 空气的状态参数

（1）压力及其表示方法

① 空气的压力　是由于气体分子热运动而相互碰撞，从而在容器的单位面积上产生的力的统计平均值，用 p 表示。

空气总压力是干空气的分压力和其中的水蒸气分压力之和，即

$$p = p_a + p_s \tag{2-5}$$

式中 p_a —— 空气中所含干空气分压力，Pa；

p_s —— 空气中所含水蒸气分压力，Pa。

湿度为 φ 的湿空气，其分压力

$$p_s = \varphi p_b \tag{2-6}$$

式中 p_b —— 同温度下饱和水蒸气分压力，Pa。

② 压力表示方法　空气压力可用绝对压力、表压力和真空度等来度量，绝对压力、表压力和真空度之间的关系如图 2-1 所示。

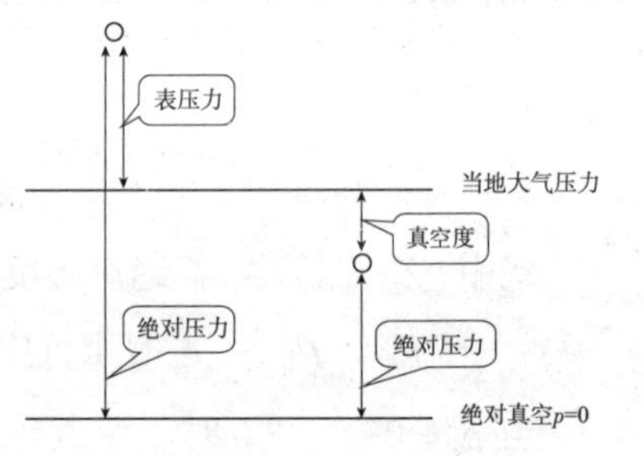

图 2-1 绝对压力、表压力和真空度之间的关系

绝对压力：以绝对真空作为计算压力的起点。

表压力：高出当地大气压的压力值。压力表测得的值为表压力。

真空度：低于当地大气压的压力值。

由图 2-1 可知：

表压力 = 绝对压力 − 当地大气压

真空度 = 当地大气压 − 绝对压力

在工程计算中，常将当地大气压用标准大气压代替。

国际单位制中，压力的单位为 Pa（1Pa = 1N/m²），这也是我国的法定压力单位。较大的压力单位还有 kPa（1kPa = 1×10³Pa）或 MPa（1MPa = 1×10⁶Pa）。Pa 与其他压力单位的换算见表 2-3。

表 2-3 各种压力单位的换算

Pa	atm	bar	kgf/cm²	lbf/in²	mmHg	mmH_2O
1	9.87×10^{-6}	10^{-5}	1.02×10^{-5}	1.45×10^{-4}	7.5×10^{-3}	0.102

（2）空气的温度

温度是指空气的冷热程度，它常用以下三种形式表达。

绝对温度：以气体分子停止运动时的最低极限温度为起点测量的温度，用T表示。其单位为开尔文，单位符号为K。

摄氏温度：用符号t表示，其单位为摄氏度，单位符号为℃。

华氏温度：用符号t_F表示，其单位为华氏度，单位符号为℉。

三者之间的关系是：

$$T = t + 273.1$$

$$t_F = 1.8t + 32$$

（3）空气的密度

气体与固体不同，它既无一定的体积，也无一定的形状，要说明气体的质量是多少， 必须说明质量占有多大容积。单位体积的空气质量称为空气密度。

$$\rho = \frac{m}{V} \quad (\mathrm{kg/m^3}) \tag{2-7}$$

单位质量的空气体积称为空气比体积。

$$\upsilon = \frac{V}{m} \quad (\mathrm{m^3/kg}) \tag{2-8}$$

干空气密度

$$\rho_a = 3.484 \times 10^{-3} p / T \quad (\mathrm{kg/m^3}) \tag{2-9}$$

式中 p —— 空气的绝对压力，Pa；

T —— 空气的热力学温度，K。

对于水蒸气

$$\rho_s = \varphi \rho_b = 2.165 \times 10^{-3} \varphi p_b / T \quad (\mathrm{kg/m^3}) \tag{2-10}$$

式中 φ —— 相对湿度，%；

T —— 空气的热力学温度，K；

p_b —— 温度t下的饱和水蒸气分压力，Pa。

对于湿空气

$$\rho = \rho_a + \rho_s = 3.84 \times 10^{-3} \left(p - 0.379 \varphi p_b / T \right) \tag{2-11}$$

式中 p —— 空气的绝对压力，Pa；

φ —— 相对湿度，%；

T —— 空气的热力学温度，K；

p_b —— 温度t下的饱和水蒸气分压力，Pa。

2.1.4 空气的主要性能

（1）空气的压缩性和膨胀性

气体在压力变化时，其体积随之改变的性质称为气体的压缩性。气体因温度变化，体积随之改变的性质称为气体的膨胀性。气体的压缩性和膨胀性都远远大于液体的压缩性和膨胀性。例如，对于大气压下的气体等温压缩，压力增大 0.1MPa，体积减小一半。而将油的压力增大 18MPa，其体积仅缩小 1%。在压力不变、温度变化 1℃时，气体体积变化约 1/273，而水的体积只改变 1/20000，空气体积变化的能力是水的 73 倍。

气体的体积随压力和温度变化的规律服从气体状态方程。气体容易压缩，有利于气体的储存，但气体的可压缩性导致气压传动系统刚度差，定位精度低。

（2）空气的黏性

流体的黏性是指流体具有抗拒流动的性质。气体与液体相比，其黏性小得多，但实际上气体都具有黏性。

空气黏度的变化只与温度有关，其大小用动力黏度η（Pa•s）和运动黏度$\upsilon=\eta/\rho$（m²/s）表示。空气的动力黏度η与温度t有如下关系：

$$\eta=\eta_0\frac{273+C}{273+t+C}\left(\frac{273+t}{273}\right)^{1.5} \tag{2-12}$$

式中 η_0 —— 0℃时气体的黏度，空气为 17.09×10^{-6}Pa•s，水蒸气为 8.93×10^{-6}Pa•s；

C —— 常数，空气为 111，水蒸气为 961；

t —— 气体温度，℃。

对于湿空气，可将其视为干空气与水蒸气的混合气体，其黏度可由下式确定：

$$\frac{1}{\eta}=\frac{Y_a}{\eta_a}+\frac{Y_s}{\eta_s} \tag{2-13}$$

式中 η_a —— 空气的黏度；

η_s —— 水蒸气的黏度；

Y_a —— 空气的质量分数，%，$Y_a=\rho_a/\rho$，ρ_a、ρ 由式（2-7）、式（2-9）确定；

Y_s —— 水蒸气的质量分数，%，$Y_s=\rho_s/\rho$，ρ_s、ρ 由式（2-7）、式（2-10）确定。

2.1.5 空气的污染

为了提高气动系统的运行精度和元件的使用寿命，必须对压缩空气（工作介质）进行良好的净化，以避免污染带来的危害。

（1）压缩空气的污染和危害

空气中含有一定量的水分、油污和灰尘杂质，如净化处理不当，这些污染物一旦进入气动系统，将给系统造成诸多不良影响。因此，气压传动系统中使用的压缩空气，必须经过干燥、净化处理后才可使用。压缩空气的污染杂质主要来源于以下几个方面。

① 由外部吸入系统内的杂质 空气压缩机吸气口的过滤装置使用不当时，因空压机的吸力会将空气中的尘埃、其他混合物等杂质吸入，如后续净化不彻底，会使部分杂质混入系统内，破坏系统运行精度，并使运动元件产生磨损而降低使用寿命。另外，即便系统停机时，外界的杂质也会从阀的 排气口进入系统内部，造成污染损坏。

② 系统运行时内部产生的杂质 空气压缩机内部相对运动表面的润滑油在高温下会变质生成油泥，由于汽蚀导致元件或管道腐蚀所产生的锈屑，以及元件铸造、焊接时残留的砂粒、焊渣等，这些污染物会使孔口、阀芯堵塞，并造成运动元件磨损。

③ 系统安装、维修时遗留的污染物　防护不当，或清理不彻底，都会将一些污染物残留在系统内部，运行时造成污染。

（2）空气的质量等级

压缩空气的质量主要是指其污染程度，对于不同的气动系统，应有不同的要求。因此，需要根据系统的具体情况，合理控制压缩空气中所含固体尘埃颗粒、含水率和含油率等污染指标。压缩空气污染物和清洁度等级见表 2-4，可供使用参考。

表 2-4　压缩空气污染物和清洁度等级

等级	最大颗粒		压力露点（最大值）/℃	最大含油量 /(mg/m³)
	尺寸 /μm	浓度 /(mg/m³)		
1	0.1	0.1	-70	0.01
2	1	1	-40	0.1
3	5	5	-20	1
4	15	8	+3	5
5	40	10	+7	25
6			+10	
7			不规定	

2.2 气体的状态方程和状态变化

2.2.1 气体的状态方程

（1）理想气体状态方程

忽略气体分子的自身体积，将分子看成是有质量的几何点；假设分子间没有相互吸引和排斥，即不计分子势能，分子之间及分子与器壁之间发生的碰撞是完全弹性的，不造成动能损失。这种气体称为理想气体。

理想气体在平衡状态时，其状态参数之间有如下关系：

$$pv = RT \tag{2-14}$$

式中 p —— 压力，Pa；

v —— 比体积，m³/kg；

R —— 气体常数，空气为 287 J/（kg•K）；

T —— 温度，K。

比体积与体积 V 有如下关系：

$$v = \frac{V}{m} \tag{2-15}$$

式中 V—— 体积，m³；

m—— 质量，kg。

因为比体积与密度 ρ 的关系为 $v = 1/\rho$，因此式（2-14）又被写为

$$p = \rho RT \tag{2-16}$$

式中 ρ —— 密度，kg/m³。

（2）实际气体状态方程

实际上，任何实际存在的气体，其分子间有相互作用力，且分子占有体积。实际气体密度较大时，就不能将其视为理想气体。实际气体的范德瓦尔斯方程为

$$\left(p + a/\upsilon^2\right)\left(\upsilon - b\right) = RT \tag{2-17}$$

式中 a，b —— 由气体种类确定的常数。

工程中，常引入修正系数 Z（压缩率），这时实际气体的状态方程为

$$p\upsilon = ZRT \tag{2-18}$$

在气动技术所使用的压力范围内（< 2MPa）$Z \approx 1$ 误差仅为 1%，故可将压缩空气视为理想气体。

2.2.2 气体的状态变化

在气动系统中，工作介质的实际变化过程非常复杂。为了便于进行工程分析，通常是突出状态参数的主要特征，把复杂的过程简化为一些基本的热力过程。空气的状态变化过程有等容过程、等压过程、等温过程、绝热过程和多变过程。

① 等容过程 一定质量的气体在体积不变的条件下，所进行的状态变化过程称为等容过程。由式（2-14）可得到等容过程的方程（查理法则）：

$$p_1/T_1 = p_2/T_2 \tag{2-19}$$

密闭气罐内的气体，在受到外界温度变化的影响下，罐内气体状态发生的变化过程可以看作等容过程。即温度升高压力增大，温度降低压力减小，压力与温度的比值为常数。

② 等压过程 一定质量的气体在压力不变的条件下，所进行的状态变化过程称为等压过程。由式（2-14）可得到等压过程的方程（盖·吕萨克法则）：

$$\upsilon_1/T_1 = \upsilon_2/T_2 \tag{2-20}$$

负载一定的密闭气缸，被加热或放热时，缸内气体的状态变化过程可看作等压变化过程。即温度升高，体积增大，温度降低体积减小。体积或比体积与温度的比值为常数。

③ 等温过程 一定质量的气体在温度不变的条件下，所进行的状态变化过程称为等温过程。由式（2-14）式可得到等温过程的方程（波义耳法则）：

$$p_1\upsilon_1 = p_2\upsilon_2 \tag{2-21}$$

气罐内的气体通过小孔长时间放气的过程，可以看作是等温过程。即压力与体积或比体积的乘积为一定值。

④ 绝热过程 绝热过程即气体与外界无热交换的状态变化过程。气体流动速度较快、尚来不及与外界交换热量，这样的气体流动过程可视为绝热过程。绝热过程气体状态方程为

$$\frac{T_2}{T_1} = \left(\frac{p_2}{p_1}\right)^{\frac{k-1}{k}} = \left(\frac{\upsilon_1}{\upsilon_2}\right)^{k-1} \tag{2-22}$$

式中 k —— 气体的绝热指数，$k=c_p/c_V$，对于不同的气体，k的取值不同，自然空气可取$k=1.4$；

c_p —— 空气质量等压比热容，J/(kg·K)；

c_V —— 空气质量等容比热容，J/(kg·K)。

气罐内的气体，在很短的时间内放气，罐内气体的变化可以看作是绝热过程。

⑤ 多变过程 一定质量的气体，若基本的状态参数都在变化，与外界也不是绝热的，这种变化过程 称为多变过程。在气动过程中大多数的变化过程为多变过程，其状态方程为：

$$\frac{T_2}{T_1}=\left(\frac{p_2}{p_1}\right)^{\frac{n-1}{n}}=\left(\frac{\upsilon_1}{\upsilon_2}\right)^{n-1} \tag{2-23}$$

式中 n —— 气体的多变指数，对于不同的气体，n的取值不同，自然空气可取$n=1.4$。

2.3 气体的流动规律

2.3.1 气体流动的基本方程

(1) 连续性方程

当空气在管道内作稳定、连续流动时应遵守连续性方程，根据质量守恒定律，通过流管任意截面的气体的质量都相等可推导出：

$$\rho_1 v_1 A_1=\rho_2 v_2 A_2=\text{常数} \tag{2-24}$$

式中 A_1，A_2 —— 流入处和流出处的管道截面积，m^2；

v_1，v_2 —— 流入处和流出处的空气流动速度，m/s；

ρ_1，ρ_2 —— 流入处和流出处的空气密度，kg/m^3。

(2) 伯努利方程

对于气动技术中所使用的压缩空气，其流动可看作一维、定常、绝热的流动。由于空气的质量较小，可忽略其质量力。其流动过程的参数关系可用伯努利方程表示：

$$\frac{v^2}{2}+\frac{p}{\rho}\times\frac{k}{k-1}=C \tag{2-25}$$

式中 p —— 气体压力，Pa；

ρ —— 气体密度，kg/m^3；

v —— 气体流动速度，m/s；

k —— 气体的绝热指数，空气为1.4；

C —— 常数。

(3) 能量方程

当流体机械对气体做功时，绝热过程下气体的能量方程为

$$\frac{k}{k-1}\times\frac{p_1}{\rho_1}+\frac{v_1^2}{2}+L_k=\frac{k}{k-1}\times\frac{p_2}{\rho_2}+\frac{v_2^2}{2} \tag{2-26}$$

$$L_k=\frac{k}{k-1}\times\frac{p_1}{\rho_1}\left[\left(\frac{p_2}{\rho_2}\right)^{\frac{k-1}{k}}-1\right]+\frac{v_2^2-v_1^2}{2} \tag{2-27}$$

同样，多变过程下气体的能量方程为

$$\frac{n}{n-1}\times\frac{p_1}{\rho_1}+\frac{v_1^2}{2}+L_n=\frac{n}{n-1}\times\frac{p_2}{\rho_2}+\frac{v_2^2}{2} \tag{2-28}$$

$$L_n=\frac{n}{n-1}\times\frac{p_1}{\rho_1}\left[\left(\frac{p_2}{\rho_2}\right)^{\frac{n-1}{n}}-1\right]+\frac{v_2^2-v_1^2}{2} \tag{2-29}$$

式中 L_k，L_n —— 绝热、多变过程中，流体机械对单位质量气体所做的全功，J/kg。

若在式（2-27）和式（2-29）中去掉$\frac{v_2^2-v_1^2}{2}$项，剩下的便是流体机械对单位质量气体所做的压缩功。

2.3.2 气体的通流能力

通流能力是指单位时间内通过阀、管路等的气体体积或质量的能力。

（1）气体管道的阻力

一般，压缩空气在管道内的流动速度不是很大，流动过程中可能通过管道与外界产生一定的热交换，由于温度比较均匀而常作为等温过程处理。为了简化计算，在考虑流动阻力时常作为不可压缩流体，利用前面介绍的阻力计算公式。工程上常以单位时间内流过有效截面积的气体质量即质量流量 q_m 来计算气体流量。因此每米管长的气体流动压力损失可计算如下：

$$\varDelta_q=\frac{8\lambda q_m^2}{\pi^2\rho d^5} \tag{2-30}$$

式中 λ —— 沿程阻力系数，可通过查表得出；

d —— 管径，m。

（2）节流孔的有效截面积

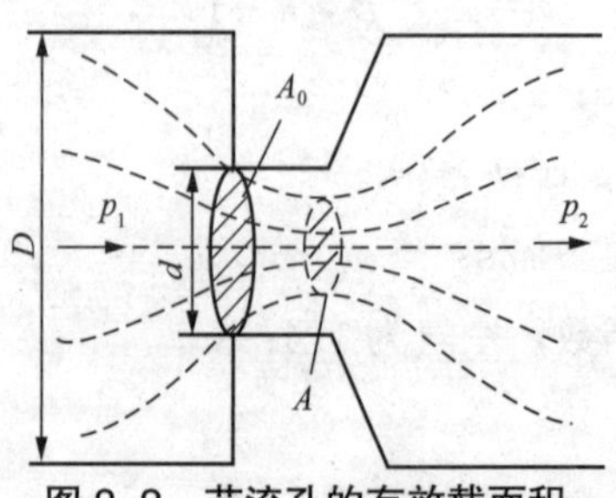

图 2-2　节流孔的有效截面积

如图 2-2 所示，气体在管道中流至节流口时，由于孔口具有尖锐边缘导致气体流束收缩，其最小收缩截面积称为节流口的有效截面积，这个有效截面积表示节流孔的通流能力。通常将节流孔的有效截面积 A 与孔口实际截面积 A_0 之比 α 称为收缩系数，即

$$\alpha = \frac{A}{A_0} \tag{2-31}$$

该收缩系数通常可从相应的手册中查到。

（3）通过节流孔的流量

声音是由于物体的振动引起周围介质（如空气或液体）的密度和压力的微小变化而产生的，而声速即为这种微弱压力波的传递速度。而在气体力学中，压缩性具有重要影响，通常采用马赫数 M_a 来判定压缩性对气流运动的影响。马赫数是气流速度 v 与局部声速 c 之比，即 $M_a = v/c$。一般认为，可压缩性气体在管道中运动时存在三种基本情况：当 $M_a < 1$ 即 $v < c$ 时气体呈亚声速流动；$M_a = 1$ 即 $v = c$ 时，气体呈临界流动；而当 $M_a > 1$ 即 $v > c$ 时，气体呈超声速流动。气体流动状态不同，其流量计算方法也不同。

气流通过气动元件的进、出口压力比 $p_1/p_2 \geqslant 1.893$ 或 $p_2/p_1 \leqslant 0.528$ 时，流速在声速区，自由状态的流量为

$$q_z = 113.4Ap_1\sqrt{273/T_1} \tag{2-32}$$

式中　T_1 —— 进口气体的绝对温度，K。

如果 $p_2/p_1 > 0.528$ 或 $p_1/p_2 < 1.893$ 时，流速在亚声速区，此时自由状态的流量为

$$q_z = 234.44A\sqrt{\Delta pp_1}\sqrt{273/T_1} \tag{2-33}$$

式中　Δp —— 进、出口压力差，MPa，$\Delta p = p_1 - p_2$。

2.4 容器的充气和排气计算

气罐、气缸、马达、管道及其他的气动执行元件都可以看作气压容器，气压容器的充气和放气过程较为复杂，它关系到气动系统与外界之间的能量交换，也就是能量的消耗和功率的消耗，容器的充、放气的计算主要涉及充、放气过程温度和时间的计算。

2.4.1 充气温度和时间的计算

图2-3所示为容器充气过程。当电磁换向阀接通时，容器充气，换向阀截止时，充气结束。

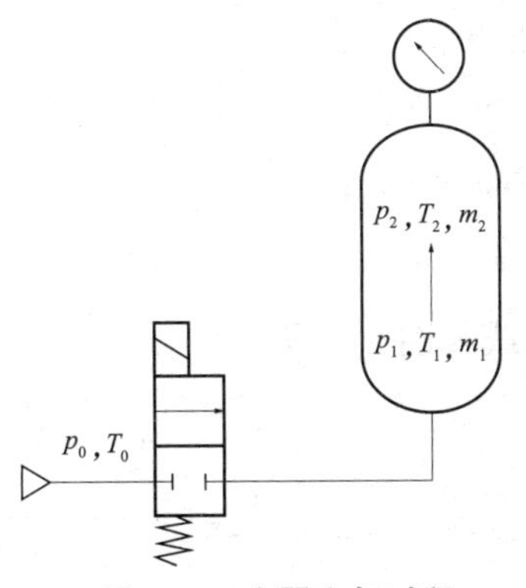

图2-3　容器充气过程

（1）充气温度

设容器的容积为V，气源的压力为p_0，气源的温度为T_0。充气后容器内的压力从p_1升高到p_2，容器的温度由原来的温度T_1升高到T_2。因为充气过程进行得较快，热量来不及与外界进行交换，充气的过程按绝热过程考虑。根据能量守恒定律，充气后的温度为

$$\frac{T_2}{T_1}=\frac{k}{\frac{T_1}{T_0}+\left(k-\frac{T_1}{T_0}\right)\frac{p_1}{p_2}} \tag{2-34}$$

如果充气前容器内气体温度等于充入气体的温度，即$T_1=T_0$，并且充气至气源的压力，则上面的公式简化为

$$T_2=\frac{kT_0}{1+(k-1)\frac{p_1}{p_0}} \tag{2-35}$$

充入容器的气体质量为

$$\Delta m=m_2-m_1=\frac{V}{kRT_0}(p_2-p_1) \tag{2-36}$$

（2）充气时间

充气的过程分为两个阶段：当容器中的气体压力不大于临界压力，即$p\leqslant 0.528p_0$时，充气管道中的气体流速达到声速，称为声速充气阶段，该阶段充气所需时间为t_1；当容器中的压力大于临界压力，即$p>0.528p_0$时，充气管道中气体的流速小于声速，称为亚声速充气阶段，该阶段充气所需时间为t_2。容器充气到气源压力时所需时间为

$$\begin{cases} t=t_1+t_2=\left(1.285-\frac{p_1}{p_0}\right)\tau \\ \tau=5.217\times10^{-3}\frac{V}{kA}\sqrt{\frac{273}{T_0}} \end{cases} \tag{2-37}$$

式中 p_0 —— 充气气源的绝对压力，Pa；

p_1 —— 容器中的初始绝对压力，Pa；

τ —— 充气时间常数，s；

V —— 充气容器的容积，m^3；

A —— 管道的有效截面积，m^2；

T_0 —— 气源的热力学温度，K。

容器充气压力-时间特性曲线如图2-4所示。

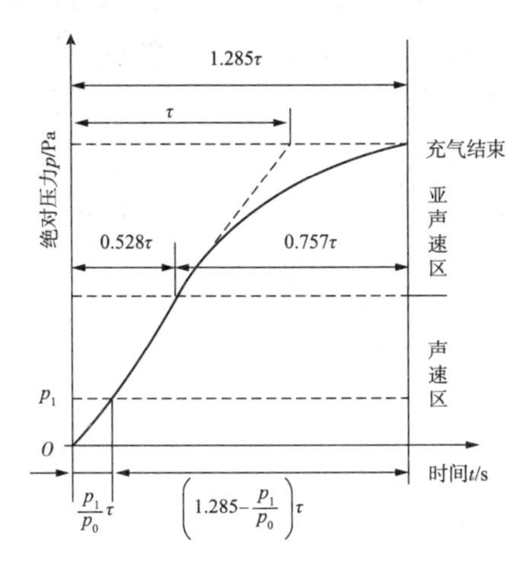

图 2-4 容器充气压力－时间特性曲线

2.4.2 放气温度和时间的计算

（1）放气温度

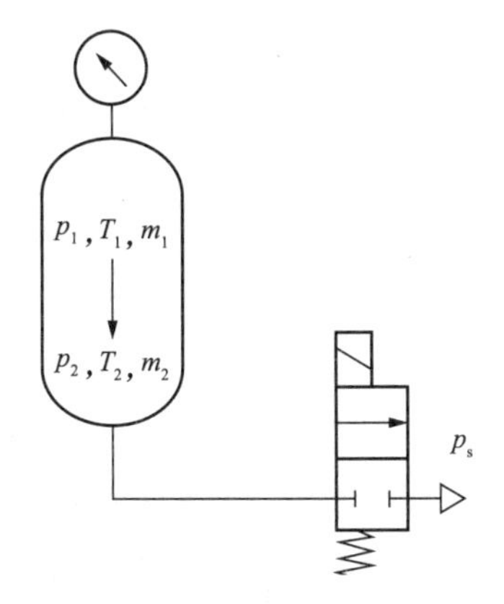

图 2-5 容器放气过程

图 2-5 所示为容器放气过程。设容器的容积为V，放气后容器内的压力 p_1 降低到 p_2，容器的温度由原来的温度 T_1 降低到 T_2。因为放气的过程进行得较快，热量来不及与外界进行交换，放气的过程按绝热过程考虑。根据能量守恒定律，放气后的温度为

$$T_2 = T_1\left(\frac{p_2}{p_1}\right)^{\frac{k-1}{k}} \tag{2-38}$$

放气后容器中剩余的气体质量为

$$m_2 = m_1\left(\frac{p_2}{p_1}\right)^{\frac{1}{k}} \tag{2-39}$$

（2）放气时间

放气的过程分也为两个阶段：当容器中的气体压力不小于 1.893 个大气压，即 $p \geqslant 1.893p_a$ 时，

放气管道中的气体流速达到声速，称为声速放气阶段，该阶段放气所需时间为t_1；当容器中的压力小于 1.893 个大气压，即$p<1.893p_a$时，放气管道中气体的流速小于声速，称为亚声速放气阶段，该阶段放气所需时间为t_2。

$$\begin{cases} t=t_1+t_2=\left\{\dfrac{2k}{k-1}\left[\left(\dfrac{p_1}{p_e}\right)^{\frac{k-1}{2k}}-1\right]+0.945\left(\dfrac{p_1}{p_a}\right)^{\frac{k-1}{2k}}\right\}\tau \\ \tau=5.217\times10^{-3}\dfrac{V}{kA}\sqrt{\dfrac{273}{T_1}} \end{cases} \tag{2-40}$$

式中 p_1 —— 放气前容器中绝对压力，Pa；

p_a —— 大气绝对压力，Pa；

τ —— 放气时间常数，s；

V —— 放气容器的容积，m³；

A —— 管道的有效截面积，m²；

T_1 —— 容器放气前的热力学温度，K。

容器放气压力－时间特性曲线如图 2-6 所示。

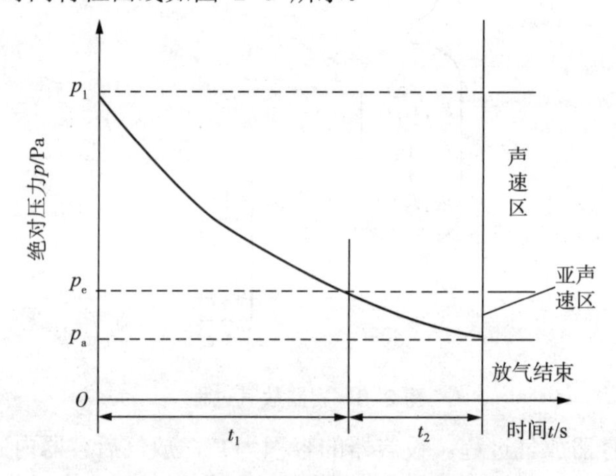

图 2-6　容器放气压力－时间特性曲线

第3章 气源及气源处理元件

自然界的空气中含有一些固体颗粒、灰尘及水分等，经过压缩时，压缩机中又有部分润滑油会混入到压缩空气中去。因此，经压缩机产生的压缩空气实际上是一种含有固体灰尘、炭粉、水和油等各种杂质的压缩气体。在气动系统中，直接使用这种未经净化处理的气体，会使气动元件的寿命降低或损坏，引起气动系统故障，导致生产效率降低，维修成本增加。因此，压缩空气净化处理是气动系统中必不可少的一个重要环节。对压缩气体进行净化处理，就是要去掉空气中那些影响气动系统正常工作的水分、油分、固体尘埃和碳化物，满足系统正常工作的需要。

3.1 气源装置

用于产生、处理和储存压缩空气的设备称为气源装置。气源装置的功能是为气动系统提供满足一定质量要求的清洁、干燥的压缩空气。气源装置的组成如图3-1所示，一般由空气压缩机及空气冷却、净化、干燥、储存元件等组成。

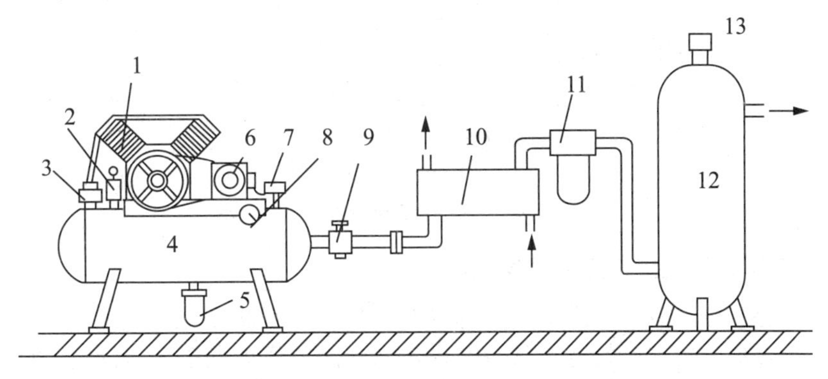

图3–1 气源装置的组成

1—空气压缩机；2，13—安全阀；3—单向阀；4—小气罐；5—排水器；6—电动机；7—压力开关；8—压力表；9—截止阀；10—后冷却器；11—油水分离器；12—大气罐

通过电动机6驱动的空气压缩机1，将大气压力状态下的空气压缩到较高的压力状态，输送到气动系统。压力开关7根据压力的大小来控制电动机的启动和停止。当小气罐4内压力上升到调定的最高压力时，压力开关发出信号让电动机停止工作；当小气罐内压力降至调定的最低压力时，压力开关又发出信号让电动机重新工作。当小气罐4内压力超过允许限度时，安全阀2自动打开向外排气，以保证空气压缩机的安全。当大气罐12内压力超过允许限度时，安全阀13自动打开向外排气，以保证大气罐的安全。单向阀3在空气压缩机不工作时，用于阻止压缩空气反向流动。后冷却器10通过降低压缩空气的温度，将水蒸气及污油雾冷凝成液态水滴和油滴。油水分离器11用于进一步将压缩空气中的油、水等污染物分离出来。在后冷却器、油水分离器、空气压缩机和气罐等的最低处，都需设有手动或自动排水器，以便于排除各处冷凝的液态油水等污染物。

3.1.1 空气压缩机

（1）空气压缩机的功用

空气压缩机是气动系统的动力装置，是将原动机的机械能转换成气体压力能的装置。其功用是为气动设备提供符合要求的压缩空气。

（2）空气压缩机的类型

空气压缩机的种类很多，分类形式也有数种。按压力高低可分为低压型（0.2～1.0MPa）、中压型（1.0～10MPa）和高压型（>10MPa）；按排气量可分为微型压缩机（$V<1\text{m}^3/\text{min}$）、小型压缩机（$V=1\sim10\text{m}^3/\text{min}$）、中型压缩机（$V=10\sim100\text{m}^3/\text{min}$）和大型压缩机（$V>100\text{m}^3/\text{min}$）；若按工作原理可分为容积型和动力型（也称透平型或涡轮型）两类，如图 3-2 所示。

容积型压缩机的工作原理是压缩气体的体积，使单位体积内气体分子的密度增大以提高压缩空气的压力。

动力型压缩机的工作原理是提高气体分子的运动速度，然后使气体的动能转化为压力能以提高压缩空气的压力。

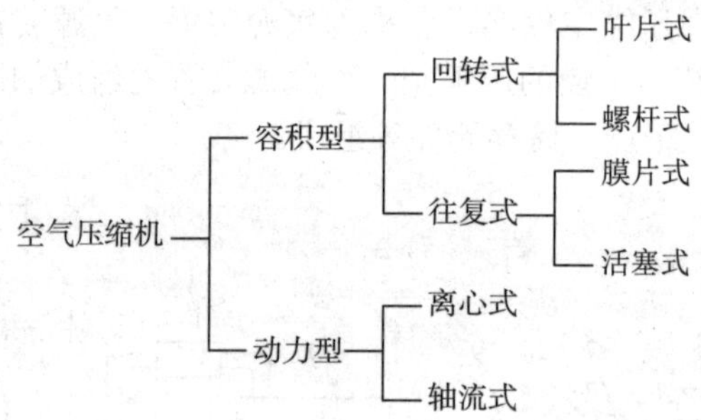

图 3-2 空气压缩机分类

（3）几种典型空气压缩机的工作原理及结构特点

① 往复活塞式空气压缩机 气动系统中最常用的空气压缩机是往复活塞式，其工作原理如图 3-3 所示。当活塞 3 向右运动时，气缸 2 内活塞左腔的压力低于大气压力，吸气阀 9 被打开，空气在大气压力作用下进入气缸 2 内，这个过程称为吸气过程。当活塞向左移动时，吸气阀 9 在缸内压缩气体的作用下关闭，缸内气体被压缩，这个过程称为压缩过程。当气缸内空气压力增高到略高于输气管内压力后，排气阀 1 被打开，压缩空气进入输气管道，这个过程称为排气过程。活塞 3 的往复运动是由电动机带动曲柄转动，通过连杆、滑块、活塞杆转化为直线往复运动而产生的。图 3-3 中只表示了一个活塞、一个缸的空气压缩机，大多数空气压缩机是多缸、多活塞的组合。

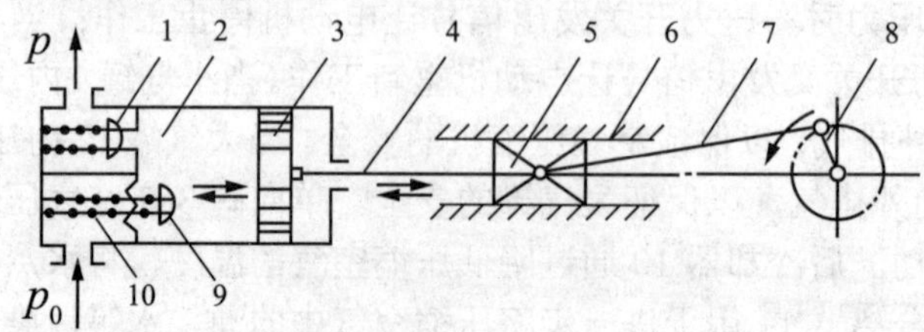

图 3-3 往复活塞式空气压缩机工作原理

1—排气阀；2—气缸；3—活塞；4—活塞杆；5—滑块；6—滑道；7—连杆；8—曲柄；9—吸气阀；10—弹簧

② 两级活塞式空气压缩机 如图 3-4 所示。通常第 1 级将空气压缩到 0.3MPa，第 2 级将空气压缩到 0.7MPa。为了提高空气压缩机的工作效率，设置了中间冷却器，用来降低第 2 级活塞的进口空气温度。

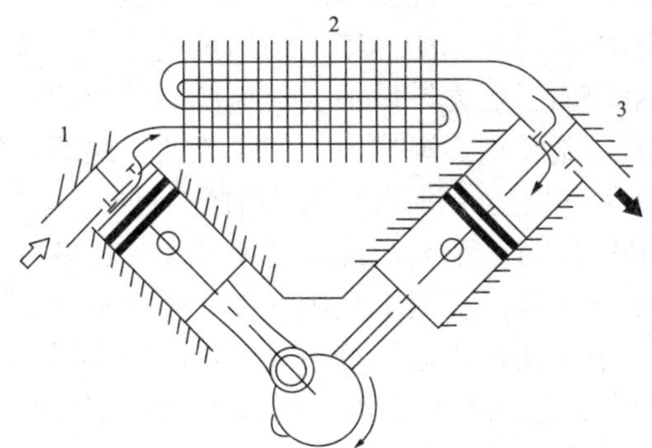

图 3-4 两级活塞式空气压缩机

1—第 1 级活塞；2—冷却器；3—第 2 级活塞

③ 膜片式空气压缩机 如图 3-5 所示。其基本原理是依靠膜片运动改变气室容积的大小来压缩空气。膜片向下运动，气室容积增大形成真空，空气由输入口进入气室中。膜片向上运动，气室容积减小，空气被压缩由输出口输出。

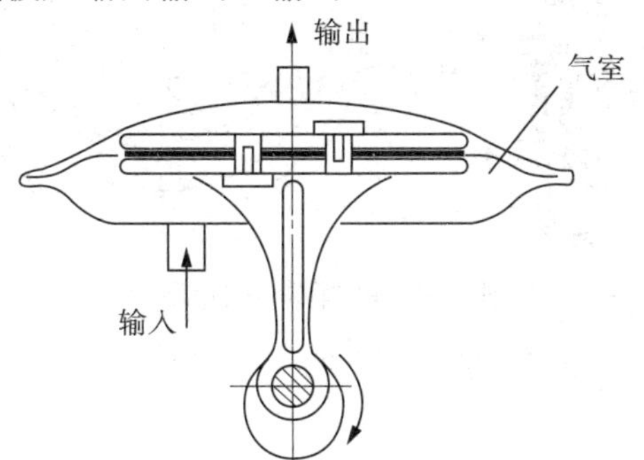

图 3-5 膜片式空气压缩机

④ 叶片式空气压缩机 主要由定子壳体、转子和叶片组成，如图 3-6 所示。转子偏心地安装在壳体内，其上有一组可在径向槽内滑动的叶片，当电动机带动转子旋转时，离心力使叶片与定子相接触，压缩由壳体、转子和叶片组成的空间内的空气，转子每旋转一周，依次使多个单元容积的大小发生变化，实现容积增大时吸气，容积减小时压缩排气。

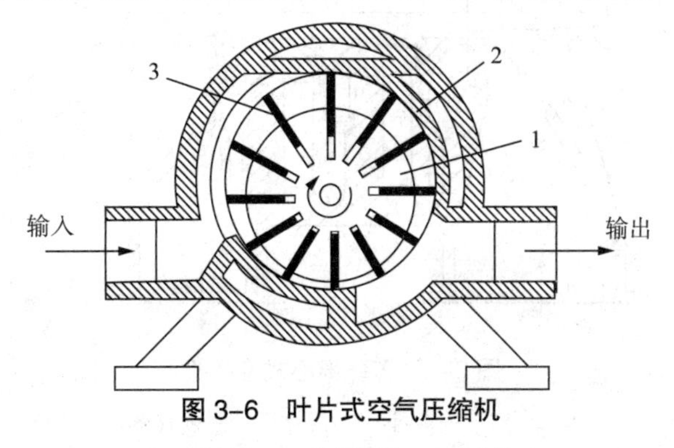

图 3-6 叶片式空气压缩机

1—转子；2—定子壳体；3—叶片

⑤ 离心式空气压缩机 是一种叶片旋转式压缩机（即透平式压缩机）。图 3-7 所示为单级离心式空压机，汽轮机（或电动机）带动压缩机主轴叶轮 3 转动，在离心力作用下，气体被甩到叶轮后面的扩压器 4 中去，而在叶轮中间形成稀薄地带，气体从左侧叶轮中间的进气口进入叶轮，由于叶轮不断旋转，气体能连续不断地被甩出去，从而保持了压缩机中气体的连续流动。气体因离心作用增加了压力，以很大的速度离开叶轮进入扩压器，扩压器起扩压和导流作用。由于扩压器的通流面积逐渐增大，使气流速度逐渐降低，依据能量守恒与转换定律，部分动能减少而转变为静压能，进一步实现增压的目的。

如果一个工作叶轮得到的压力还不够，可通过使多级叶轮串联起来工作的办法来达到对出口压力的要求，一般为 5 ～ 9 级，多则十几级。图 3-8 所示为多级离心式空压机，级间的串联通过弯道 5 和回流器 6 来实现。弯道起引导气流转向的作用，由离心方向转为向心方向流动；回流器的作用是通过靠流道内叶片导流，使气体无冲击地进入下一级叶轮中心。通常，扩压器、弯道、回流器统称为定子或导论。

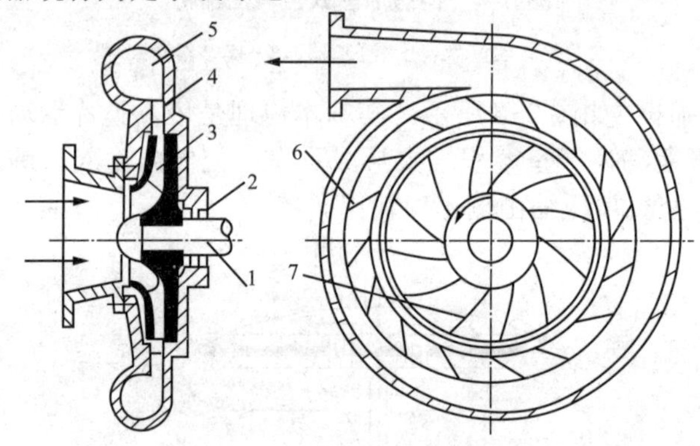

图 3-7 单级离心式空压机

1—轴；2—轴封；3—叶轮；4—扩压器；5—蜗壳；

6—扩压器叶片；7—叶轮叶片

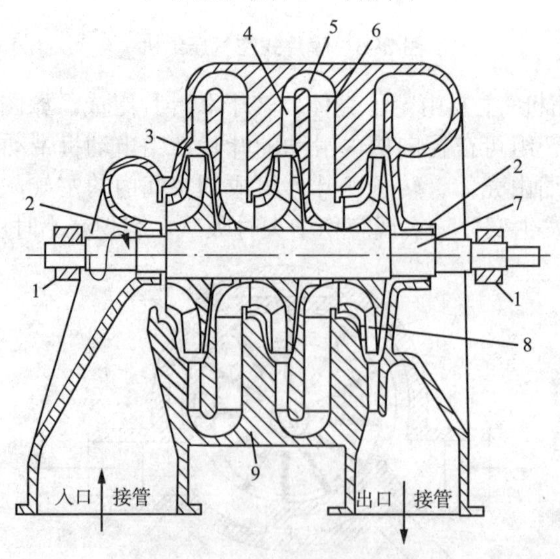

图 3-8 多级离心式空压机

1—轴承；2—轴封；3,8—叶轮；4—扩压器；

5—弯道；6—回流器；7—轴；9—涡壳

离心式空气压缩机由于具有排气量大、排气平稳、均匀、转速高、功率大、体积小、易损件少、维修方便等优点，适用于低压力、大流量的场合，在大型企业中应用广泛。

⑥ 螺杆式空气压缩机 结构原理如图3-9所示，由机体及啮合的阳转子和阴转子等组成。压缩机工作时在电动机带动下，两个相互啮合的转子以相反方向转动，使螺杆与壳体组成的空间的大小发生变化，空间增大时吸气，空间缩小时压缩排气。

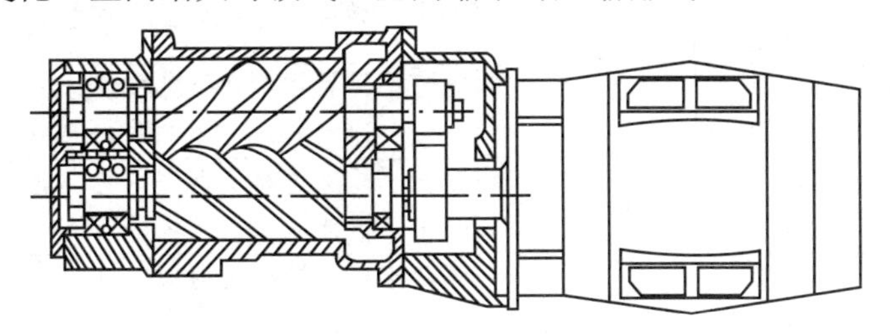

图3-9 螺杆式空气压缩机

⑦ 轴流式空气压缩机 如图3-10所示，轴流式空气压缩机由导向器、动叶片、静叶片、壳体等组成。压缩机工作时，气体先经过吸气管进入进口导向器得到加速，随后进入动叶片，气体随着动叶片高速旋转，压力和速度都得到提高，然后气体进入静叶片，把气流引导到下一级动叶片，部分动能被转化为压力能，气体经过多级压缩后压力逐渐增大，经过最后一级加压后，气体经过静叶片整流导向变成轴向经排气管排出。

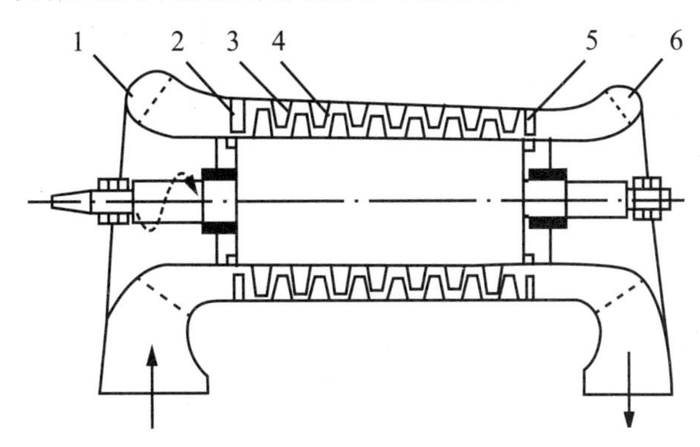

图3-10 轴流式空气压缩机

1—进气口； 2，5—导向器； 3—动叶片；4—静叶片；6—排气口

（4）空气压缩机的图形符号

空气压缩机（气压源）的图形符号如图3-11所示。

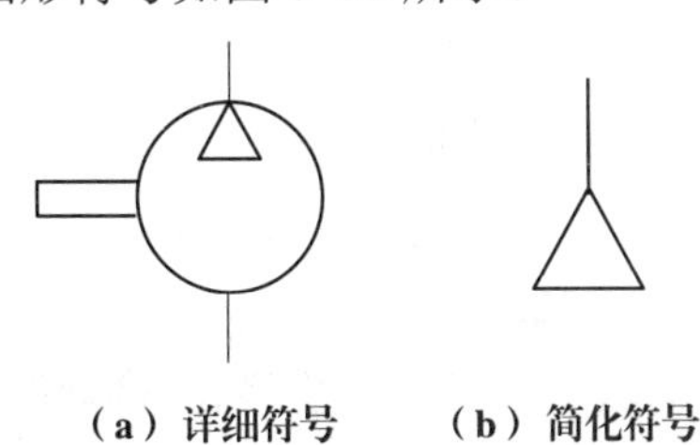

（a）详细符号 （b）简化符号

图3-11 空气压缩机（气压源）的图形符号

（5）各类空气压缩机的性能及适用范围

各类气动系统中常用空气压缩机的性能、特点及适用范围见表3-1。

表 3-1 空气压缩机性能、特点及适用范围

压缩机类型		排气压力/MPa	排气量/(m^3/min)	特点及适用范围
活塞式	单级	＜0.7	100 以下	适用压力范围广，排气量小于 100m^3/min 时压力损失小，效率高于回转式压缩机，排气有脉动
	两级	＜1.0		
	多级	＞1.0		
隔膜式	单级	＜0.4	1 以下	气缸不需要润滑，密封性较好，排气不均匀，有脉动，适用于排量较小、空气纯度要求高的场合
	两级	＜0.7		
叶片式	单级	＜0.5	6 以下	运转平稳、连续无脉动，密封困难，效率较低，适用于中低压范围
	两级	＜1.0		
螺杆式	单级	＜0.5	500 以下	运转平稳、连续无脉动，制造复杂，效率较低，适用于中低压范围
	两级	＜1.0		
离心式	单级	＜0.4	16～6300	转速高，运转平稳、连续无脉动，结构简单，维修方便，效率较低，适用于低压大排量范围（排量小时经济性差）
	四级	＜2.0		
	多级	＜10		
轴流式		＜10	400 以下	

（6）空气压缩机的选用

首先按空气压缩机的特性要求来确定空气压缩机类型，再根据气动系统所需要的工作压力和流量两个参数来选取空气压缩机的型号。

① 空气压缩机的输出压力 p_c

$$p_c = p + \Sigma\Delta p \tag{3-1}$$

式中 p —— 气动执行元件使用的最高工作压力，MPa；

$\Sigma\Delta p$ —— 气动系统总的压力损失，MPa，一般情况下，令 $\Sigma\Delta p$ =(0.15～0.2)MPa。

② 空气压缩机的输出流量 q_c 设空气压缩机的理论输出流量为 q_b，则不设气罐时：

$$q_b \geqslant q_{max} \tag{3-2}$$

式中 q_{max} —— 气动系统的最大耗气量，m^3/min。

设气罐时：

$$q_b \geqslant q_a \tag{3-3}$$

式中 q_a —— 气动系统的平均耗气量，m^3/min。

空气压缩机实际输出流量 q_c 为

$$q_c = kq_b \tag{3-4}$$

式中 k —— 修正系数，考虑气动元件、管接头等处的泄漏，风动工具等的磨损泄漏，可能增添新的气动装置和多台气动设备不一定同时使用等因素，通常可取 k =1.5～2.0。

③ 在结构特征方面 应考虑压缩机寿命、价格、气体脉动、噪声大小、无油润滑的必要性等因素。

（7）空气压缩机使用注意事项

① 空气压缩机用润滑油 空气压缩机冷却良好，压缩空气温度为 70～180℃，若冷却不好，可达 200℃以上。为了防止高温下压缩机油发生氧化、变质而成为油泥，应使用厂家指定的

压缩机油，并要定期更换。

② 空气压缩机的安装地点 选择空气压缩机的安装地点时，必须考虑周围空气清洁、粉尘少、湿度小，以保证吸入空气的质量。同时要严格遵守国家限制噪声的规定，必要时可采用隔音箱。

③ 空气压缩机的维护 空气压缩机启动前，应检查润滑油位是否正常，用手拉动传动带使活塞往复运动 1 ～ 2 次，启动前和停车后，都应将小气罐中的冷凝水放掉。

3.1.2 后冷却器

（1）后冷却器的功用

后冷却器功用是对压缩机产生的压缩空气进行冷却降温处理。

一般从空气压缩机输出的压缩空气温度很高，压缩空气中所含的油、水均以气态的形式存在，为防止气态的水和油对储气罐或气动设备的腐蚀和损害，需在压缩机出口之后安装后冷却器，使压缩空气降温至 40 ～ 50℃，使其中的大部分水气、油雾凝结成水滴和油滴后分离。小型压缩机常与气罐装在一起，靠气罐表面冷却进行水和油的分离，而对中、大型压缩机其后常装有后冷却器。

（2）后冷却器的类型和工作原理

后冷却器的结构形式有蛇形管式、列管式、散热片式、管套式。按冷却方式不同，后冷却器又可分为风冷式和水冷式两种。

① 风冷式后冷却器 如图 3-12 所示，由风扇将冷空气吹向散热管道，从压缩机输出的压缩空气进入后冷却器后，经过较长的散热管道，使压缩空气冷却。风冷式后冷却器具有占地面积小、重量轻、运转成本低、易维修等特点，适用于进口压缩空气温度低于 100℃和处理空气量较少的场合。

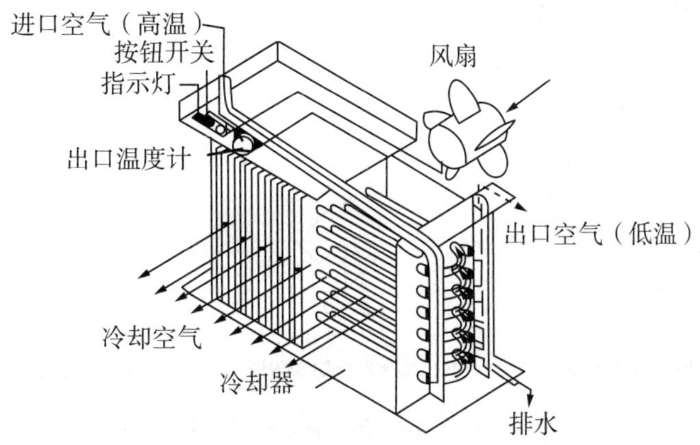

图 3-12　风冷式后冷却器

② 水冷式后冷却器 图 3-13 所示为水冷式后冷却器，在工作时，一般是冷却水在管内流动，空气在管间流动。水与空气的流动方向相反，因为水冷式后冷却器冷却介质为水，所以它的冷却效率较高。压缩空气在冷却过程中生成的冷凝液可通过排水器排出。水冷式后冷却器具有散热面积大（是风冷式的 25 倍）、热交换均匀、分水效率高等特点，常用于中型和大型压缩机，特别适用于进口压缩空气温度较高，且处理空气量较大、湿度大、粉尘多的场合。

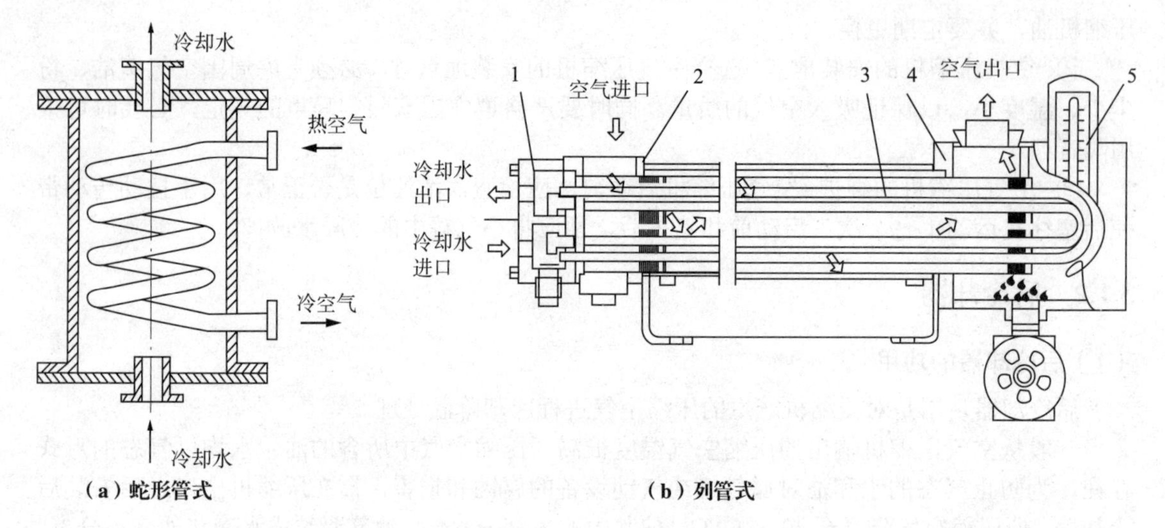

（a）蛇形管式　（b）列管式

图 3-13　水冷式后冷却器

1—水室盖；2—外筒；3—带散热片的管束；4—气室盖；5—出口温度计；

在安装水冷式后冷却器时应注意以下问题。

a. 应安装在容易维修和保养的位置。

b. 避免污染物降低冷却效能，在入口前应加装 10μm 的过滤器。

c. 应装上安全阀、压力表，并建议装入水和空气的温度计。

d. 采用洁净冷却水，避免冷却管道被腐蚀。

e. 应装上警告开关，显示水源供应情况。

f. 经常检测水温并保持管道洁净畅通。

g. 安装自动排水器，并确保凝聚的水分能被适当排掉。

h. 后冷却器都应安装在空气压缩机出口处的管道上。

（3）后冷却器的图形符号

后冷却器的图形符号如图 3-14 所示。

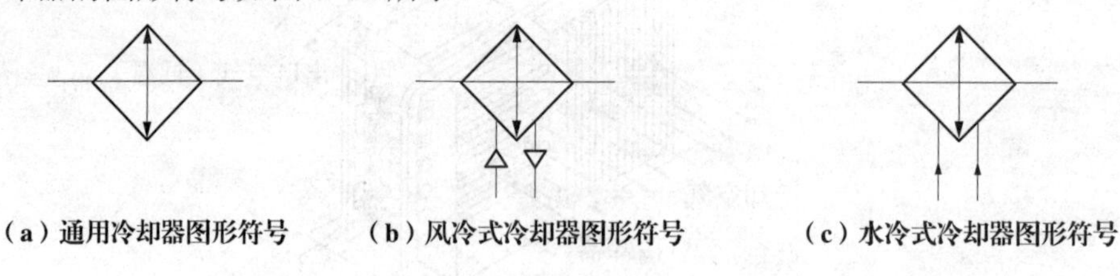

（a）通用冷却器图形符号　（b）风冷式冷却器图形符号　（c）水冷式冷却器图形符号

图 3-14　后冷却器的图形符号

3.1.3　储气罐

（1）储气罐的功用

储气罐的功用体现在下列三个方面。

① 储存一定数量的压缩空气，以备发生故障或临时需要应急使用。

② 消除由于空气压缩机断续排气而对系统引起的压力脉动，保证输出气流的连续性和平稳性。

③ 进一步分离压缩空气中的油、水等杂质。

（2）储气罐的基本结构及类型

储气罐一般采用圆筒状焊接结构，有立式和卧式两种，通常以立式居多，如图 3-15(a) 所示。立式储气罐的高度为其直径的 2 ～ 3 倍，同时应使进气管在下，出气管在上，并尽可能加大两气管之间的距离，以利于进一步分离空气中的油和水。同时，气罐上应配置安全阀、压力表、排水阀和清理检查用的孔口等。图 3-15（b）所示为储气罐图形符号。

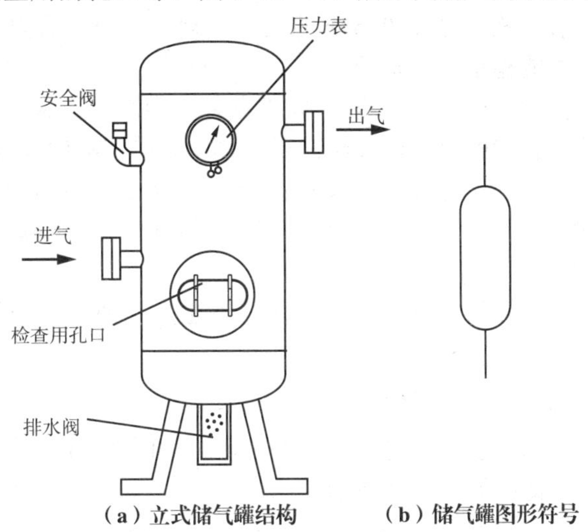

（a）立式储气罐结构　　（b）储气罐图形符号

图 3-15　储气罐结构及其图形符号

（3）容积确定

在选择储气罐的容积 V_c（单位为m³）时，一般是以空气压缩机的排气量 q 为依据来确定的，可参考下列经验公式：当 $q < 0.1\text{m}^3/\text{s}$ 时，$V_c = 0.2q$；当 $q = 0.1 \sim 0.5\text{m}^3/\text{s}$ 时，$V_c = 0.15q$；当 $q > 0.5\text{m}^3/\text{s}$ 时，$V_c = 0.1q$。

3.2 气源处理元件

3.2.1 概述

由空气压缩机排出的压缩空气，虽然能满足一定的压力和流量的要求，但不能被气动装置所使用。因为一般气动设备所使用的空气压缩机都是属于工作压力较低（小于 1MPa），用油润滑的活塞式空气压缩机，它从大气中吸入含有水分和灰尘的空气，经压缩后，空气温度会提高到 140 ～ 180℃，这时空气压缩机气缸中的润滑油也部分成为气态。这样油分、水分以及灰尘便形成混合的胶体微尘与杂质混在压缩空气中一同排出。如果将此压缩空气直接输送给气动装置使用，将影响气动系统正常工作。

（1）压缩空气中的杂质来源

① 由压缩机吸入口处进入的湿气和粉尘。

② 大气被压缩后经冷却产生的冷凝水。

③ 在压缩过程中润滑油劣化变质成为油泥。

④ 管道和气动元件生锈及运动摩擦部分产生的金属粉末等。

（2）空气净化处理的必要性

① 混在压缩空气中的油蒸气可能聚集在储气罐、管道、气动系统的容器中形成易燃物，有引起爆炸的危险；另一方面，润滑油汽化后，会形成一种有机酸，对金属设备、气动装置有腐蚀作用，影响设备的寿命。

② 混在压缩空气中的杂质沉积在管道和气动元件的通道内，减少了通道面积，增加了管道阻力。特别是对内径只有 0.2 ～ 0.5mm 的某些气动元件会造成阻塞，使压力信号不能正确传递，整个气动系统不能稳定工作甚至失灵。

③ 压缩空气中含有的饱和水分，在一定的条件下会凝结成水，并聚集在个别管道中。在寒冷的冬季，凝结的水会使管道及附件结冰而损坏，影响气动装置的正常工作。

④ 压缩空气中的灰尘等杂质，对气动系统中作往复运动或转动的气动元件（如气缸、气马达、气动换向阀等）的运动副会产生研磨作用，使这些元件因漏气而降低效率，影响其使用寿命。

因此，气源装置必须设置一些除油、除水、除尘，并使压缩空气干燥、提高压缩空气质量的气源净化处理辅助设备。

（3）压缩空气的品质分级与应用场合

压缩空气根据其过滤程度不同可分为八个等级，如图 3-16 所示。各等级的压缩空气可应用于不同的场合，具体情况如表 3-2 所示。

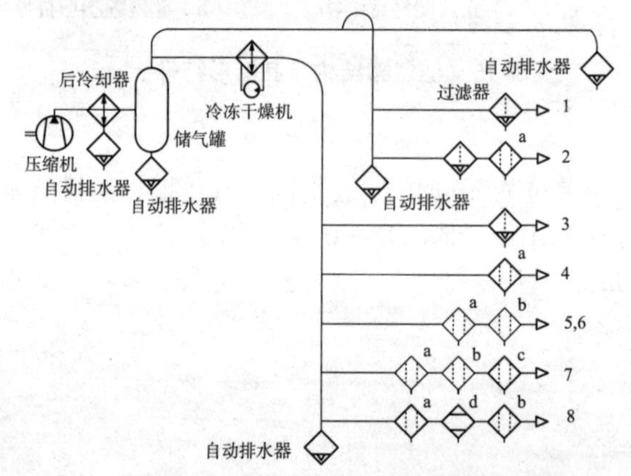

图 3-16 压缩空气八种过滤过程示意图

a—油雾分离器；b—微雾分离器；c—除臭过滤器；d—无热再生式干燥机

表 3-2 空气的品质定义和应用

系统	系统组合	去除程度	空气质量	应用
1	过滤器	尘埃粒子 >5μm，油雾 >99%，饱和状态的湿度 >96%	允许有一点固态的杂质、水分和油的地方	用于车间的气动夹具，夹盘，吹扫压缩空气，简单的气动设备
2	油雾分离器	尘埃粒子 >0.3μm，油雾 >99.9%，饱和状态的湿度 99%	要去除灰尘、油，但可存在相当量冷凝水	一般工业用的气动元件和气动控制装置，气动工具和气动马达

续表

系统	系统组合	去除程度	空气质量	应用
3	冷冻干燥机 + 过滤器	湿度到大气压露点－17℃，其他同 1	绝对必要去除空气中的水分，但可允许少量细颗粒的灰尘和油的地方	用途同 1，但空气是干燥的，也可用于一般的喷涂
4	冷冻干燥机 + 油雾分离器	尘埃粒子 >0.3μm，油雾 >99.9%，湿度到大气压露点－17℃	无水分，允许有细小的灰尘和油的地方	过程控制，仪表设备，高质量的喷涂
5	冷冻干燥机 + 油雾分离器	尘埃粒子 >0.01μm，油雾 >99.9999%，湿度同 4	清洁空气需要去除任何杂质	气动精密仪表装置，静电喷涂，清洁和干燥电子组件
6	冷冻干燥机 + 微雾分离器			
7	冷冻干燥机 +（油雾分离器、微雾分离器、除臭过滤器）	同 5，并除臭	绝对清洁空气，同 5，且用于需要完全没有臭气的地方	制药，食品工业包装，输送机和啤酒制造设备
8	冷冻干燥机 +（油雾分离器、无热再生式干燥机、微雾分离器）	所有的杂质如 6，且大气压露点低于－30℃	必须避免当膨胀和降低温度时出现冷凝水的地方	干燥电子组件，储存药品，输送粉末

3.2.2 油水分离器

（1）油水分离器的作用

油水分离器的作用是将压缩空气中的水分、油分和灰尘等分离出来。

油水分离器安装在后冷却器出口管道上，分离并排出压缩空气中凝聚的油分、水分和灰尘杂质等，使压缩空气得到初步净化。

（2）油水分离器的结构类型及工作原理

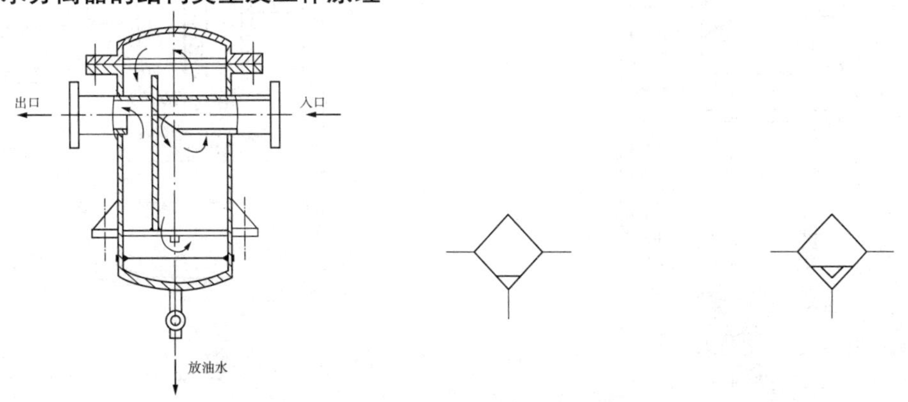

（a）油水分离器结构　（b）手动排水油水分离器符号　（c）自动排水油水分离器符号

图 3-17　油水分离器结构及其图形符号

油水分离器的结构类型有环形回转式、撞击挡板式、离心旋转式、水浴式以及以上形式的组合使用等。

撞击挡板式的油水分离器结构如图 3-17（a）所示，当压缩空气由进气管进入分离器后，气流受到隔板的阻挡，速度和流向发生了急剧的变化，压缩空气中凝结的水滴、油滴、灰尘等杂质受到惯性力而被分离出来。图 3-17（b）、（c）为油水分离器的图形符号。

3.2.3 空气过滤器

（1）空气过滤器功用

空气过滤器的功用是进一步滤除压缩空气中的杂质。气体经空气压缩机压缩后，先经过主管道再到各支管道，不同的场合，对压缩空气的要求也不同。为除去压缩空气中的杂质，在主管道中设置主管过滤器，在支管道中再按工作需要装设各种除尘、除油或除臭的过滤器。

（2）空气过滤器的类型

① 主管过滤器 作用主要是除去压缩空气中的粉尘、水滴和油污。

图 3-18 所示为一种主管过滤器。从入口进入主管过滤器的压缩空气经过滤芯 3 的过滤，水滴、油污、灰尘被过滤出来，流入过滤器的下部，经排水器排出。

② 分水滤气器 图 3-19 所示为分水滤气器，从入口流入的压缩空气经旋风叶片的导流后形成旋转气流，在离心力的作用下，空气中所含的液态水、油和杂质被甩到滤杯的内壁上，并沿着杯壁流到底部。已去除液态油、水和杂质后的压缩空气通过进一步清除其中微小的固态粒子后从出口流出。挡水板是防止积存在存水杯底部的液态水、油再次被卷入气流中。存水杯中的水需手动排除。

③ 除臭过滤器 功能是除去压缩空气中的气味和有害气体。

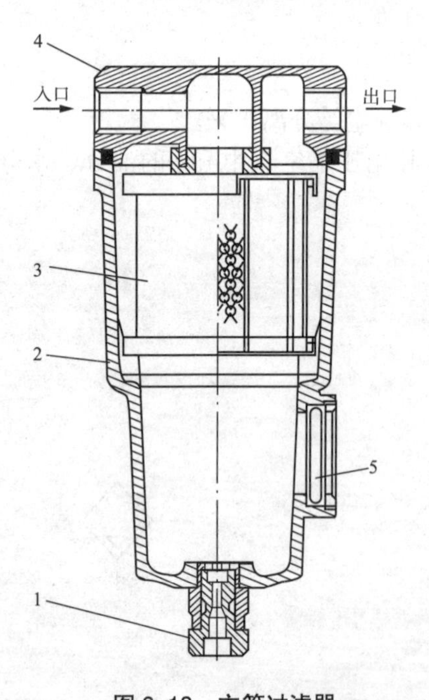

图 3-18 主管过滤器

1—手动排水器；2—外罩；3—滤芯；4—主体；5—观察窗

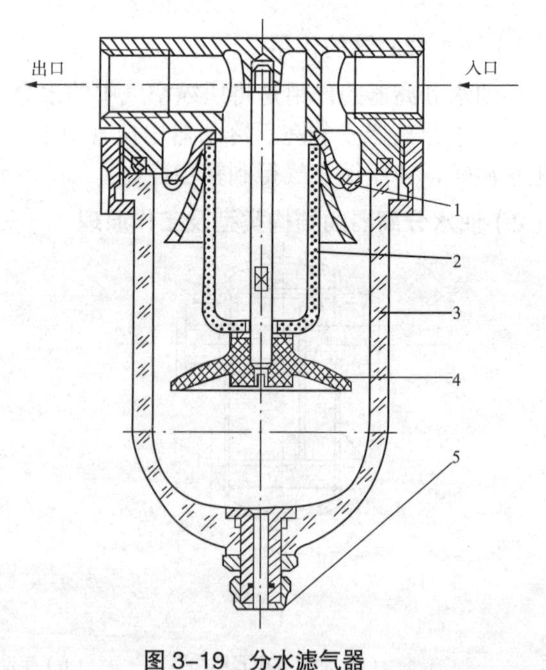

图 3-19 分水滤气器

1—旋风叶片；2—滤芯；3—存水杯；4—挡水板；5—放水阀

除臭过滤器的结构原理如图 3-20 所示，其工作原理与主管过滤器工作原理相似。主要不同之处在于其滤芯采用的是吸附面积较大的活性碳素纤维材料。

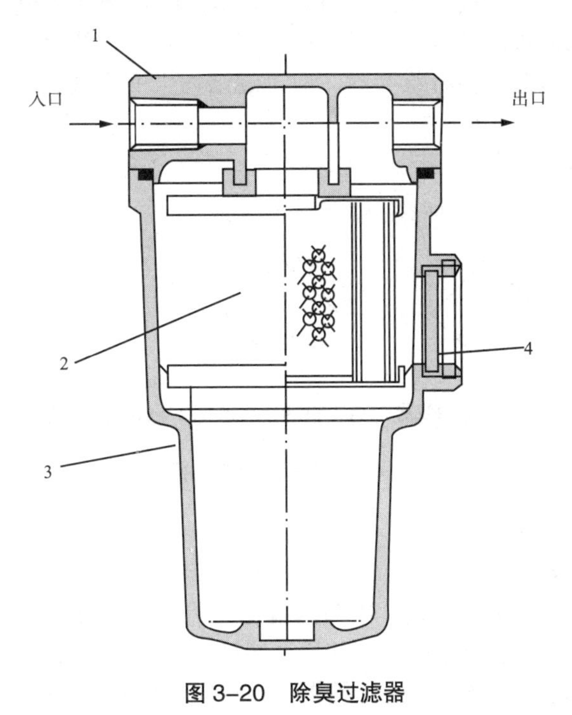

图 3-20 除臭过滤器

1—主体；2—滤芯；3—外罩；4—观察窗

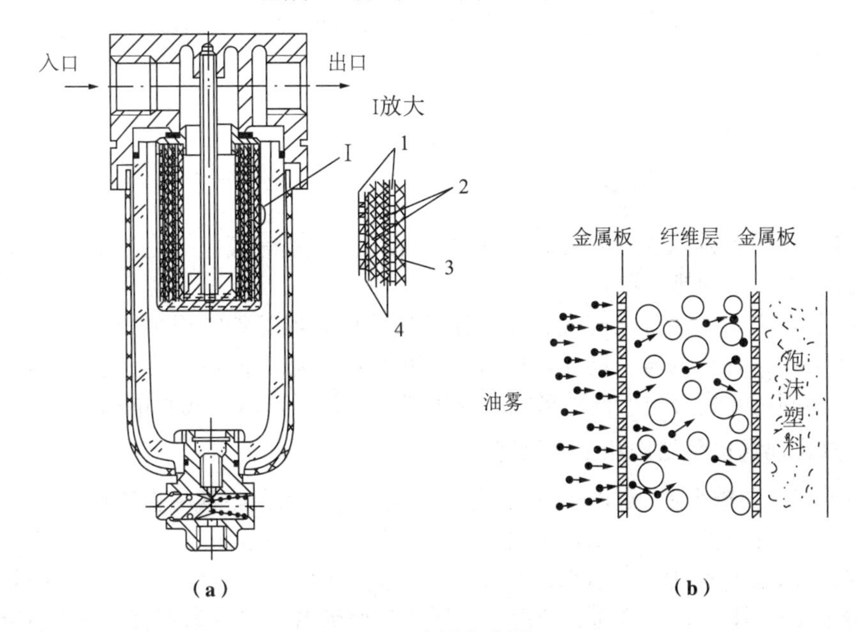

图 3-21 油雾分离器

1—多孔金属筒；2—纤维层；3—泡沫塑料；4—过滤纸

④ 油雾分离器 油雾分离器的功用是可分离掉主管过滤器和空气过滤器难以分离掉的 0.3 ～ 5μm 气状溶胶油粒子及大于 0.3μm 的锈末、炭粒等。

油雾分离器与主管过滤器的结构相似，仅滤芯材料不同。油雾分离器滤芯以超细纤维和玻璃纤维材料为主，具有较大的吸附面积。

油雾分离器的结构原理如图 3-21(a) 所示，图 3-21(b) 所示为凝聚式滤芯结构。压缩空气从进口流入滤芯内侧，再流向外侧。进入纤维层的油粒子，依靠其运动惯性被拦截并相互碰撞或粒子与多层纤维碰撞，被纤维吸附，粒子逐渐增大变成液态，在重力作用下流到杯子底部被排除。

（3）空气过滤器的图形符号

过滤器的图形符号如图 3-22 所示。

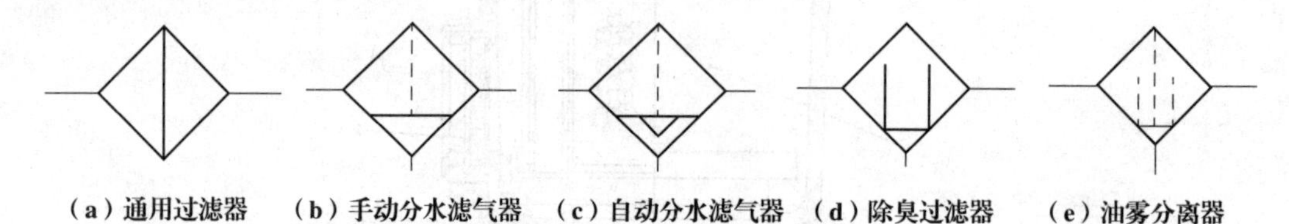

（a）通用过滤器　（b）手动分水滤气器　（c）自动分水滤气器　（d）除臭过滤器　（e）油雾分离器

图 3-22　过滤器的图形符号

（4）空气过滤器的主要性能指标

空气过滤器的主要性能指标有流量特性、分水效率和过滤精度。

流量特性表示在额定流量下其进、出口两端压力差与通过该元件中的标准流量之间的关系。它是衡量过滤器阻力大小的标准，在满足过滤精度条件下，希望阻力越小越好。

分水效率是衡量过滤器分离水分能力的指标。一般要求分水效率大于 80%。

过滤精度表示能够滤除灰尘最小颗粒的尺寸值，有 2μm、5μm、25μm 等。标准过滤精度为 5μm。过滤精度的高低与滤芯的通气孔大小有直接关系。孔径越大，过滤精度越低，但阻力损失也低。

3.2.4　分水排水器

（1）分水排水器的功用与种类

分水排水器用于排除管道低处及油水分离器、储气罐等底部的冷凝水，按其工作方式可分为手动排水器和自动排水器。

自动排水器用于自动排除空气管道、储气罐、过滤器等处的积水。在具有自动排水机构的分水过滤器中的各种内置自动排水机构，都可以构成独立的自动排水器。自动排水器根据其结构原理不同，一般有如下几种形式：浮子式、弹簧式、压差式和电动式。

（2）自动排水器的典型结构和工作原理

① 浮子式自动排水器　图 3-23 所示为浮子式自动排水器。其工作原理是当冷凝水积聚至一定水位时，由浮子的浮力启动排水机构进行自动排水。水分被分离出来后流入自动排水器内，使容器内水位不断升高，当水位升高至一定高度后，浮子的浮力大于浮子的自重及作用在上孔座面上的气压力时，喷嘴 2 开启，气压力克服弹簧力使活塞右移，打开排水阀座放水。排水后，浮子复位后关闭喷嘴。活塞左侧气体经手动操纵杆上的溢流阀孔排出后，在弹簧 7 的作用下活塞左移，自动关闭排水口。

② 电动式自动排水器　图 3-24 所示为电动自动排水器。电动机驱动凸轮旋转，拨动杠杆，使阀芯每分钟动作 1 ～ 4 次，即排水口开启 1 ～ 4 次。按下手动按钮同样也可排水。

电动式自动排水器的特点如下。

a. 可靠性高，高黏度液体也可以排出。

b. 排水能力大。

c. 可将气路末端或最低处的污水排尽，以防止管道锈蚀及污水干后产生的污染物危害下游的元件。

d. 抗振能力比浮子式强。

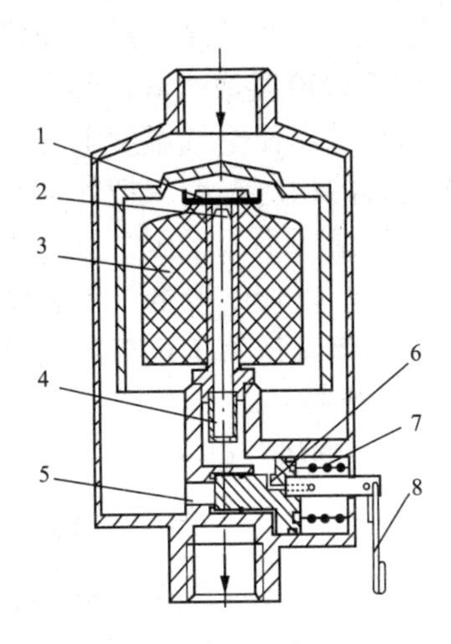

图 3-23　浮子式自动排水器

1—盖板；2—喷嘴；3—浮子；4—滤芯；5—排水口；6—溢流孔；7—弹簧；8—操纵杆

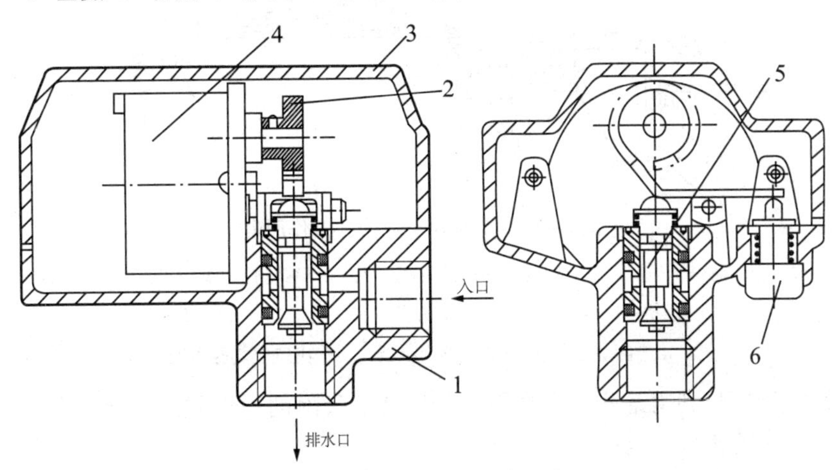

图 3-24　电动式自动排水器

1—主体；2—凸轮；3—外罩；4—电动机；5—阀芯组件；6—手动按钮

3.2.5　干燥器

压缩空气经后冷却器、油水分离器、气罐、主管过滤器得到初步净化后，仍含有一定量的水蒸气。气动回路在充、排气过程中，元件内部存在高速流动处或气流发生绝热膨胀处，温度要下降，空气中的水蒸气就会冷凝成水滴，这对气动元件的工作产生不利的影响。故有些应用场合，必须进一步清除水蒸气。干燥器就是用来进一步清除水蒸气的，但不能依靠它清除油分。

（1）干燥器的类型及工作原理

压缩空气的干燥方法主要有吸附法、离心法、机械降水法和冷却法。干燥器根据滤出水分的方法不同可分为冷冻式干燥器、吸附式干燥器 、吸收式干燥器、中空膜式干燥器等。

① 冷冻式干燥器 利用冷媒与压缩空气进行热交换，把压缩空气冷却至2～10℃的范围，以除去压缩空气中的水分（水蒸气成分）。图3-25所示为带后冷却器及自动排水器的冷冻式干燥器的工作原理。潮湿的热压缩空气，经风冷式后冷却器冷却后，再流入冷却器冷却到压力露点2～10℃。在此过程中，水蒸气冷凝成水滴，经自动排水器排出。除湿后的冷空气，通过热交换器，吸收进口侧空气的热量，使空气温度上升。提高输出空气的温度，可避免输出口管外壁结霜，并降低了压缩空气的相对湿度。把处于不饱和状态的干燥空气从输出口输出，供气动系统使用。只要输出空气温度不低于压力露点温度，就不会出现水滴。压缩机将制冷剂压缩以升高压力，经冷凝器冷却，使制冷剂由气态变成液态。液态制冷剂在毛细管中被减压，变为低温易蒸发的液态。在热交换器中，与压缩空气进行热交换，并被汽化。汽化后的制冷剂再回到压缩机中进行循环压缩。

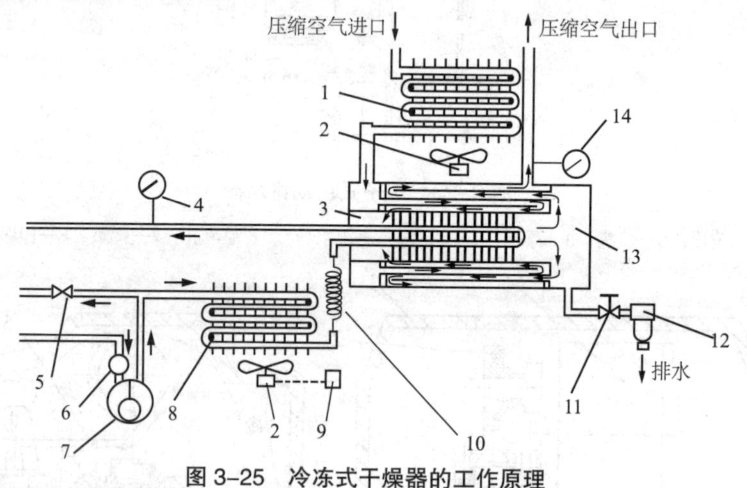

图3-25 冷冻式干燥器的工作原理

1—后冷却器；2—风扇；3—冷却器；4—蒸发温度表；5—容量控制阀； 6—抽吸储气罐；7—压缩机；8—冷凝器；9—压力开关；10—毛细管 ；11—截止阀；12—自动排水器；13 —热交换器；14—出口空气压力表

② 吸附式干燥器 利用某些具有吸附水分性能的吸附剂（如活性氧化铝、分子筛、硅胶等）来吸附压缩空气中的水分。

吸附式干燥器的结构及工作原理如图3-26所示，潮湿的压缩空气从进气口1进入，经过上吸附层、滤网、上栅板、下吸附层之后，在吸附剂的作用下，压缩空气中的水分被吸附剂所吸附，从而成为干燥的空气，干空气通过滤网、栅板、毛毡层的进一步过滤，杂质和粉尘被过滤掉，干燥洁净的空气从排气口14排出。

③ 中空隔膜式干燥器 图3-27所示为高分子中空隔膜式干燥器的工作原理。特殊的高分子中空隔膜只让水蒸气透过，空气中的氮气和氧气不能透过。当湿的压缩空气进入中空隔膜内侧时，在隔膜内外侧的水蒸气分压力差的作用下，仅水蒸气透过隔膜，进入中空隔膜的外侧，出口便得到干燥的压缩空气。利用部分出口的干燥压缩空气，通过极细的小孔降压，流向中空隔膜外侧，将水蒸气带出干燥器外。因中空隔膜外侧总处于低的水蒸气分压力状态，故能不断进行除湿。

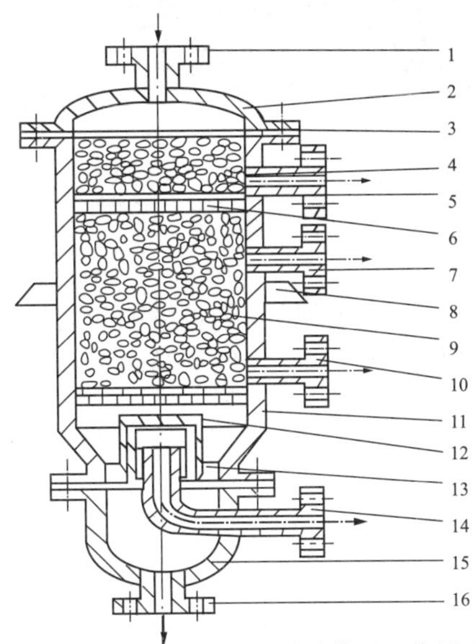

图 3-26 吸附式干燥器的结构及工作原理

1—湿空气进气口；2—上封头；3—密封；4，7—再生空气排气口；5，13—钢丝滤网；
6—上栅板；8—支撑架；9—下吸附层；10—再生空气进气口；11—主体；
12—毛毡层；14—干空气排气口；15—下封头；16—排水口

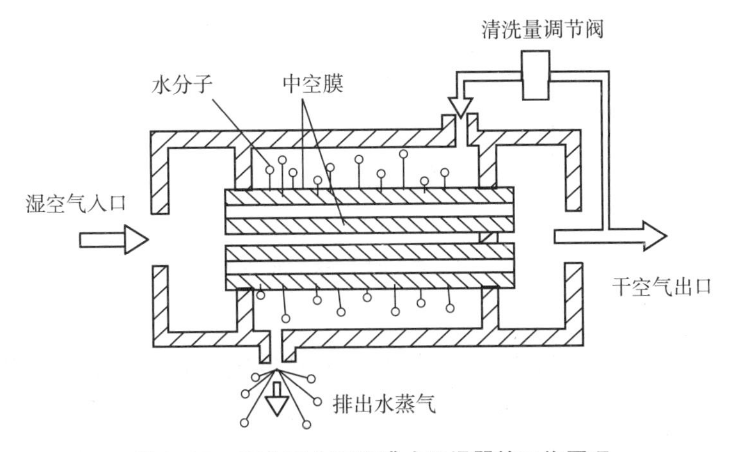

图 3-27 高分子中空隔膜式干燥器的工作原理

（2）干燥器的选择和使用

① 使用空气干燥器时，必须确定气动系统的露点温度，然后才能确定选用干燥器的类型和使用的吸附剂等。

② 决定干燥器的容量时，应注意整个气动系统所需流量大小以及输入压力、输入端的空气温度。

③ 若用有油润滑的空气压缩机作气压发生装置，必须注意压缩空气中混有油粒子，油能黏附于吸附剂的表面，使吸附剂吸附水蒸气的能力降低，对于这种情况，应在空气入口处设置除油装置。

④ 干燥器无自动排水器时，需要定期手动排水，否则一旦混入大量冷凝水后，干燥器的效率就会降低，影响压缩空气的质量。

第4章 气动执行元件

4.1 概述

气动执行元件是将压缩空气的压力能转换为机械能的装置。它包括气缸和气动马达。气缸用于直线往复运动，输出推力和直线位移。气动马达用于实现连续回转运动或摆动，输出转矩和角位移。

气动执行元件的分类如图 4-1 所示。

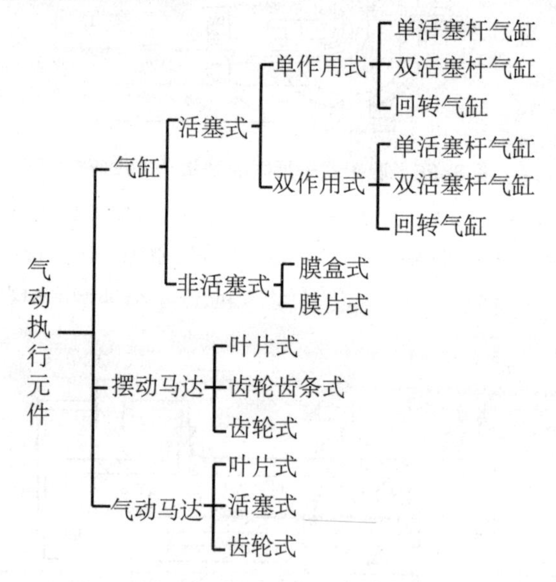

图 4-1 气动执行元件的分类

气动执行元件有如下特点。

① 与液压执行元件相比，气动执行元件的运动速度快，工作压力低，适用于低输出力的场合。能正常工作的环境温度范围宽，一般可在－35～80℃（有的甚至可达 200℃）的环境下正常工作。

② 相对机械传动来说，气动执行元件的结构简单，制造成本低，维修方便，便于调节其输出力和速度的大小。另外，其安装方式、运动方向和执行元件的数目，又可根据机械装置的要求由设计者自由地选择。特别是随着制造技术的发展，气动执行元件已向模块化、标准化发展。借助于计算机数据传输技术发展起来的气动阀岛，使气动系统的接线大大简化。这就为简化整个机械的结构设计和控制提供了有利条件。目前已有精密气动滑台、气动手指等功能部件构成的标准气动机械产品出售。

③ 由于气体的可压缩性，使气动执行元件在速度控制、抗负载影响等方面的性能劣于液压执行元件。当需要较精确地控制运动速度，减少负载变化对运动的影响时，常需要借助气动-液压联合装置等来实现。

4.2 气缸

4.2.1 气缸的分类、原理及特点

(1)气缸的分类

气缸是用于实现直线运动并对外做功的元件，其结构、形状有多种形式，分类方法也很多，常用的有以下几种。

① 按驱动方式分：单作用气缸、双作用气缸。

② 按结构特点分：活塞式气缸、叶片式气缸、薄膜式气缸、气 - 液阻尼缸。

③ 按安装方式分：耳座式气缸、法兰式气缸、轴销式气缸、凸缘式气缸。

④ 按尺寸规格分：微型、小型、中型、大型。

⑤ 按气缸功能分：普通气缸和特殊气缸。

普通气缸主要指活塞式单作用气缸和双作用气缸；特殊气缸包括气 - 液阻尼缸、薄膜式气缸、冲击式气缸、增压气缸、步进气缸、回转气缸等。

(2)气缸的原理及特点

气缸的分类、原理与特点见表 4-1。

表 4-1　气缸的分类、原理与特点

类别	名称	简图	原理和特点	名称	简图	原理和特点
单作用气缸	柱塞式气缸		压缩空气驱动柱塞向一个方向运动；借助外力复位；对负载的稳定性较好，输出力小，主要用于小直径气缸	活塞式气缸		压缩空气驱动活塞向一个方向运动；借助外力或重力复位；较双向作用气缸耗气量小
	膜片式气缸		以膜片代替活塞的气缸。单向作用，借助弹簧力复位。行程短、结构简单、密封性好，缸筒不需加工。仅适用于短行程			压缩空气驱动活塞向一个方向运动；借助弹簧力复位；结构简单、耗气量小，弹簧起背压作用，输出力随行程变化而变化。适用于小行程
双作用气缸	普通气缸		压缩空气驱动活塞向两个方向运动，活塞行程可根据实际需要选定。双向作用的力和速度不同	双杆气缸		压缩空气驱动活塞向两个方向运动，且其速度和行程分别相等。适用于长行程
	不可调缓冲气缸	(a) (b)	设有缓冲装置以使活塞临近行程终点时减速，防止活塞撞击缸端盖，减速值不可调整。 图（a）为一侧缓冲；（b）为两侧缓冲	可调缓冲气缸	(a) (b)	设有缓冲装置，使活塞接近行程终点时减速，且减速值可根据需要调整 图（a）为一侧可调缓冲；图（b）为两侧可调缓冲

续表

类别	名称	简图	原理和特点	名称	简图	原理和特点
特殊气缸	差动气缸	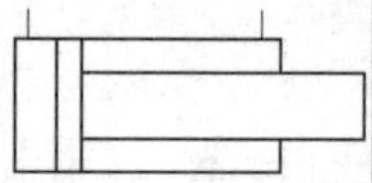	气缸活塞两侧有效面积差较大，利用压力差原理使活塞往复运动，工作时活塞杆侧始终通以压缩空气，其推力和速度均较小	双活塞气缸	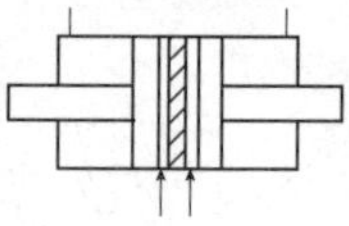	两个活塞同时向相反方向运动
	多位气缸	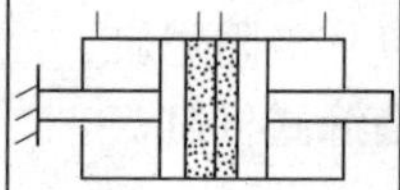	活塞沿行程长度方向可占有四个位置，当气缸的任一空腔接通气源，活塞杆就可占有四个位置中的一个	串联气缸	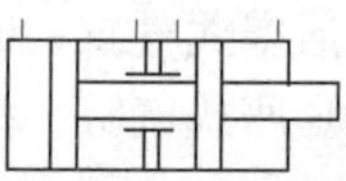	在一根活塞杆上串联多个活塞，因各活塞有效面积总和大，故增加了输出推力
	冲击式气缸	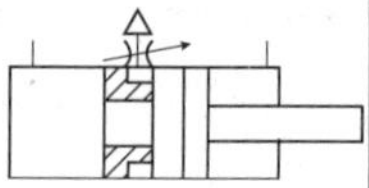	利用突然大量供气和快速排气相结合的方法得到活塞杆的快速冲击运动，用于切断、冲孔、打入工件等	滚动膜片气缸	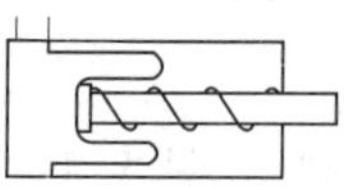	利用了膜片式气缸的优点，克服其缺点，可获得较大行程，但膜片因受气缸和活塞之间不间断的滚压而寿命较低。动作灵活，摩擦小
	数字气缸	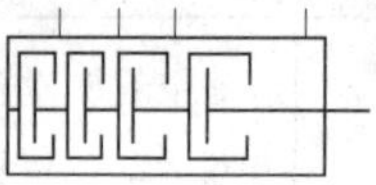	将若干个活塞沿轴向依次装在一起，每个活塞的行程由小到大按几何级数增加	伺服气缸	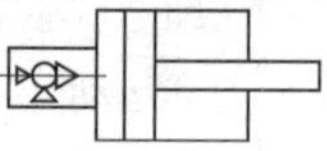	将输入的气压信号成比例地转换为活塞杆的机械位移。包括测量环节、比较环节、放大转换环节、执行环节及反馈环节，用于自动调节系统中
	缸筒可转缸	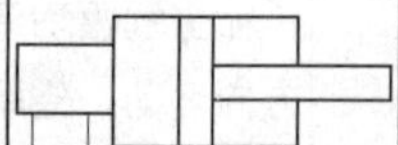	进、排气导管和气缸本体可相对转动。用于机床夹具和线材卷曲装置上	增压气缸	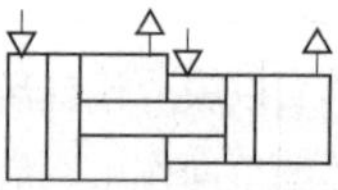	活塞杆两端面积不相等，利用压力与面积乘积不变原理，可由小活塞端输出高压气体
	气-液增压缸	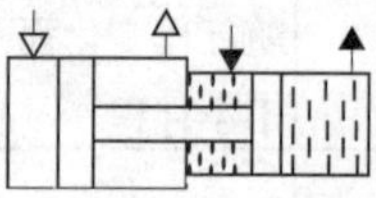	根据液体是不可压缩和力的平衡原理，利用两个相连活塞面积的不等，压缩空气驱动大活塞，可由小活塞输出高压液体	气-液阻尼缸	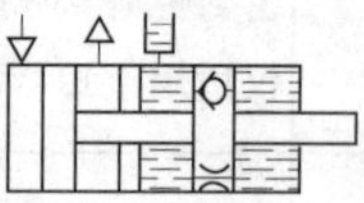	利用液体不可压缩的性能及液体排量易于控制的优点，获得活塞杆的稳速运动
	挠性气缸	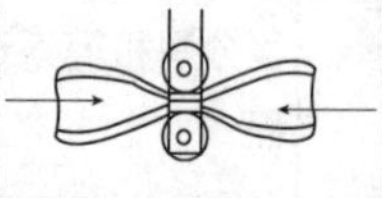	气缸为挠性管材，左端进气滚轮向右滚动，可带动机构向右移动，反之向左移动	钢索气缸	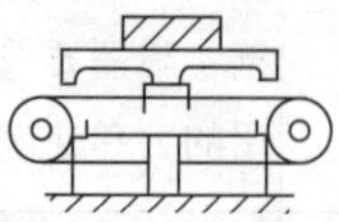	活塞杆由钢索构成，当活塞靠气压推动时，钢索跟随移动，并通过导轮牵动托盘，可带动托盘往复移动
	伸缩气缸	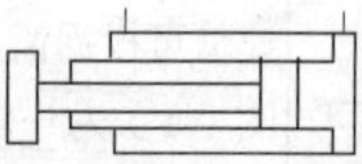	伸缩缸由套筒构成，可增大活塞行程，适用于翻斗车气缸。推力和速度随行程而变化	磁性无杆缸	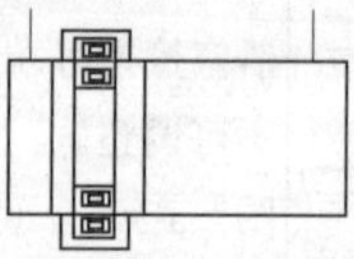	活塞内有磁性环，移动时带动气缸外有磁性的滑台运动。用于行程大、位置小及轻载时

（3）气缸的安装形式及特点

气缸的安装形式及特点见表 4-2。

表 4-2　气缸的安装形式及特点

分　类			简　图	特　点
固定式气缸	耳座式	轴向耳座	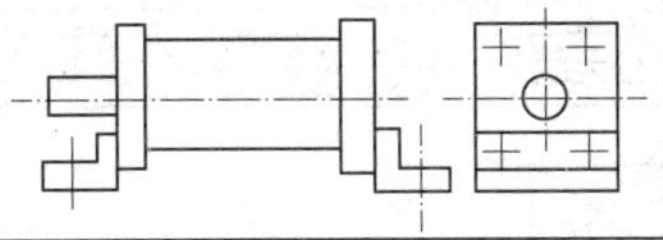	耳座承受力矩，气缸直径越大，力矩越大
		切向耳座	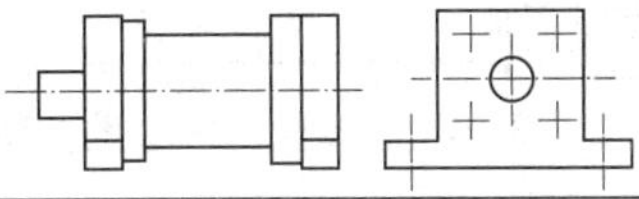	
	法兰式	前法兰	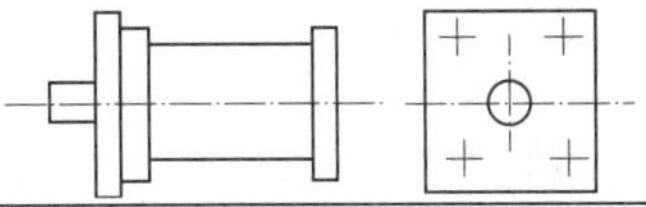	前法兰紧固，安装螺钉受拉力较大
		后法兰	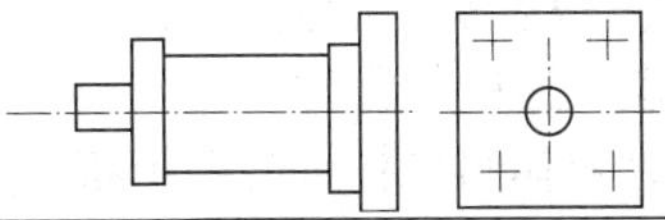	后法兰紧固，安装螺钉受拉力较小
		自配法兰	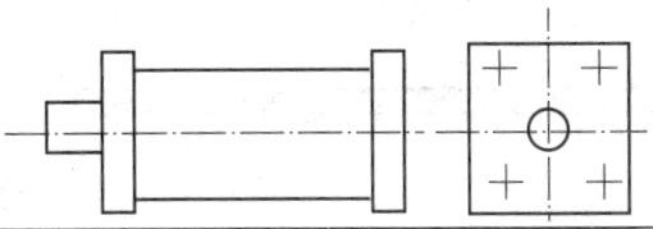	法兰在使用时视安装条件现配
轴销式气缸	尾部轴销		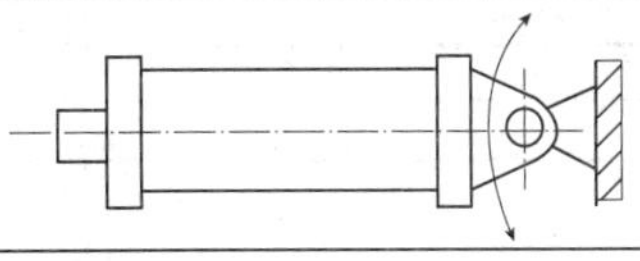	气缸可绕尾部轴摆动
	头部轴销		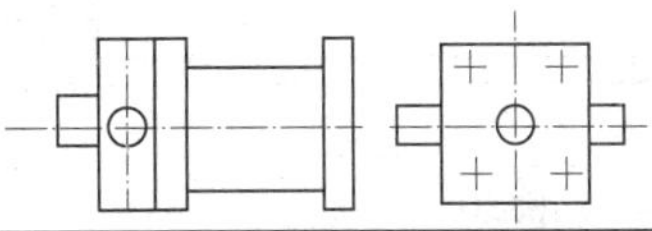	气缸可绕头部轴摆动
	中间轴销		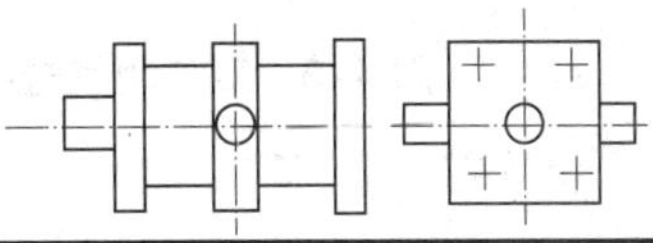	气缸可绕中间轴摆动

4.2.2　单作用气缸

单作用气缸是指压缩空气仅在气缸的一端进气，并推动活塞运动，而活塞的返回则是借助于其他外力，如重力、弹簧力等工作的气缸。单作用气缸的典型结构如图 4-2 所示。

单作用气缸有如下特点。

① 由于单边进气，所以结构简单，耗气量小。

② 由于用弹簧复位，使压缩空气的能量有一部分用来克服弹簧的反力，因而减小了活塞杆的输出推力。

③ 缸筒内因安装弹簧而减小了空间，缩短了活塞的有效行程。

④ 气缸复位弹簧的弹力是随其变形的大小而变化的，因此活塞杆的推力和运动速度在行

程中是变化的。

单作用活塞式气缸多用于短行程及对活塞杆推力、运动速度要求不高的场合，如定位和夹紧装置等。

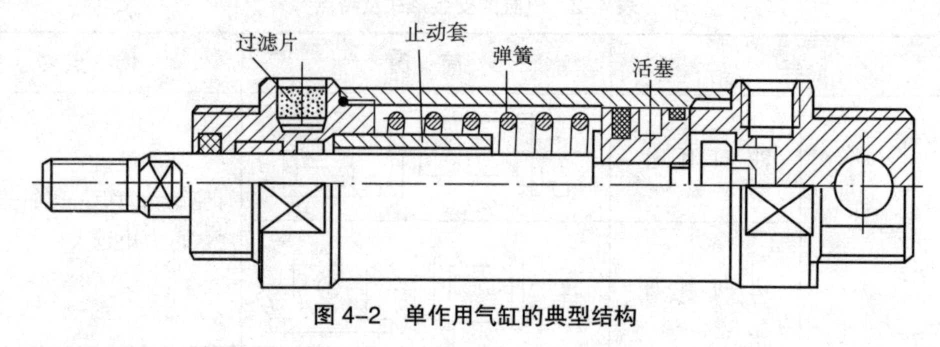

图 4-2 单作用气缸的典型结构

4.2.3 双作用气缸

图 4-3（a）所示为双作用单杆缸的典型结构。双作用是指活塞的往复运动均由压缩空气来推动。在单活塞杆的气缸中，因活塞左边面积比较大，当空气压力作用在左边时，提供一慢速的和作用力大的工作行程；返回行程时，由于活塞右边的面积较小，所以速度较快而作用力变小。图 4-3（b）所示为双作用单杆缸的图形符号，也常用作气缸的通用图形符号。

双作用气缸的使用最为广泛，一般应用于包装机械、食品机械、加工机械等设备上。

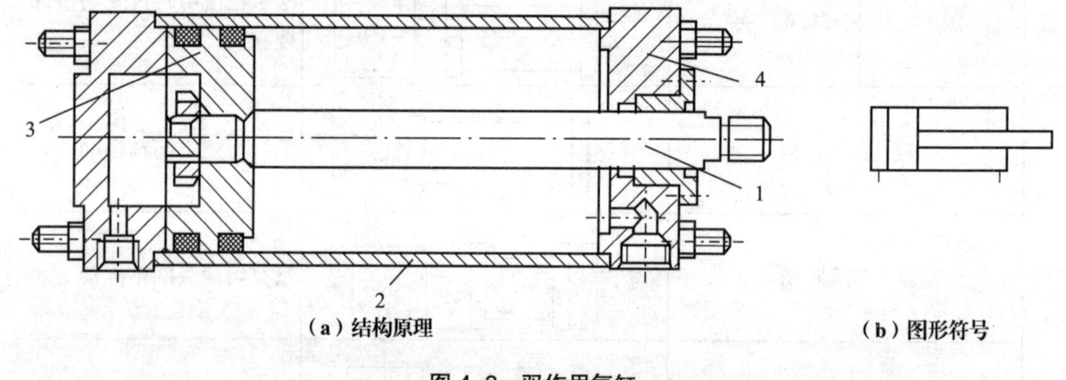

（a）结构原理　　（b）图形符号

图 4-3 双作用气缸

1—活塞杆；2—缸筒；3—活塞；4—缸盖

4.2.4 特殊气缸

（1）缓冲气缸及液压吸振器

① 缓冲气缸 气缸盖上设有缓冲装置的气缸称为缓冲气缸。常用的缓冲装置有气垫缓冲装置、橡胶缓冲垫和液压吸振器三种。

气垫缓冲是通过压缩气缸行程末端固定体积的气体来实现的，其结构原理如图 4-4（a）所示，活塞进入缓冲行程之前，空气从正常排气口排出，进入缓冲行程后，剩下的积聚在压缩腔内的空气只能通过可调节流阀慢慢排出，从而达到使活塞减速的目的，在行程末端得到缓冲。常用的缓冲装置由节流阀、缓冲柱塞、单向阀和缓冲密封圈等组成。

在没有必要采用气垫缓冲方式的情况下，用橡胶缓冲垫作为缓冲件就完全可以满足使用要求了。弹性橡胶垫片装在活塞的两端，当活塞运行到端部时，橡胶垫片与缸盖相接触，起到缓冲作用。

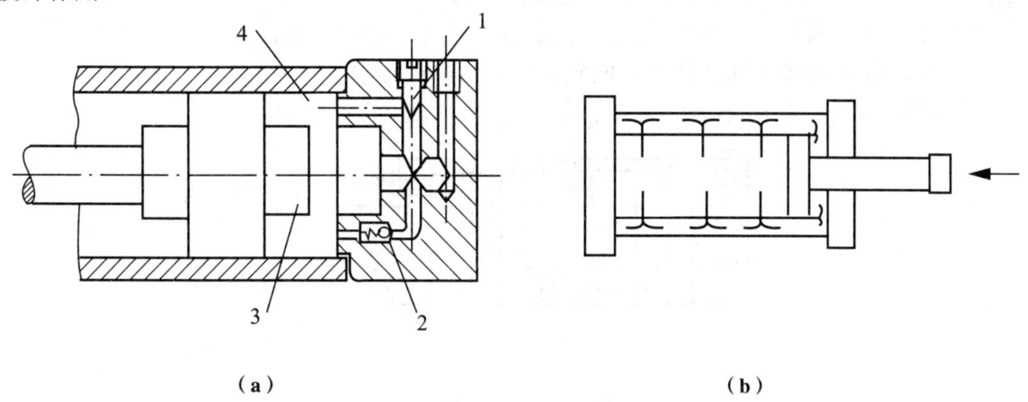

（a）　　（b）

图 4-4　缓冲原理

1—节流阀；2—单向阀；3—缓冲柱塞；4—气垫密闭容积

② 液压吸振器　在气缸活塞运动速度比较高、拖动负载比较大的情况下，容易造成很大的撞击。这种情况下，可以在末端板上安装液压吸振器来吸收比较大的动能，起到缓冲作用。当动能传递到吸振器活塞杆头部时，吸振器在活塞底部建立起油压，如图 4-4（b）所示。这个油压的压力能通过吸振器内管内的释放小孔逐渐释放，以达到吸收动能、缓冲惯性冲击的目的。

（2）多位气缸

采用数个气缸串联起来，并通过设定各个气缸的行程以获得多个停止位置的气缸，称多位气缸。其结构原理如图 4-5 所示。图 4-5（a）所示为三位气缸，是由两个普通双作用气缸串接而成的双活塞气缸。两个活塞的行程分别为 S_1、S_2，且 $S_1 < S_2$。当四个气口都未输入气压时，气缸处于零位，气缸活塞杆伸出位置为 0；当 A 口输入气压，B 口排气时，气缸活塞杆伸出位置为 S_1；当 C 口输入气压，D 口排气时，气缸活塞杆伸出位置为 S_2；在 D 口输入气压后，C 口排气，气缸复位。即气缸活塞杆有三个伸出停止位置，即 0、S_1 和 S_2。

图 4-5(b)所示为四位气缸，是由两个相同缸径的普通双作用气缸对接而成的双活塞气缸。两活塞行程 S_1、S_2 可以相同，也可以不同，活塞运动方向相反。将一端活塞杆固定，则气缸另一端活塞杆有四个停止位置，即 0、S_1、S_2 和 S_1+S_2。

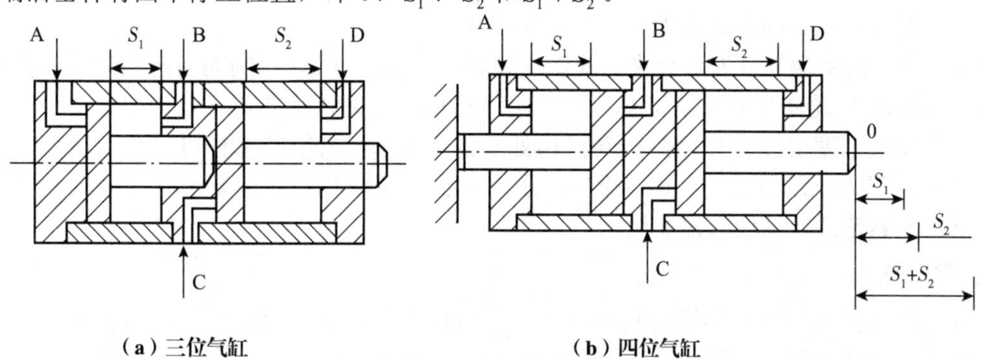

（a）三位气缸　　（b）四位气缸

图 4-5　多位气缸

(3) 增力气缸

如图 4-6 所示，将两个缸径相同的普通双作用气缸串联在一起即构成增力气缸。由于两个活塞串联在一根活塞杆上，其输出力比一个活塞的气缸增加一倍。这种气缸常用于要求增加气缸输出力，而不能增大气缸直径，但允许增长缸体的场合。

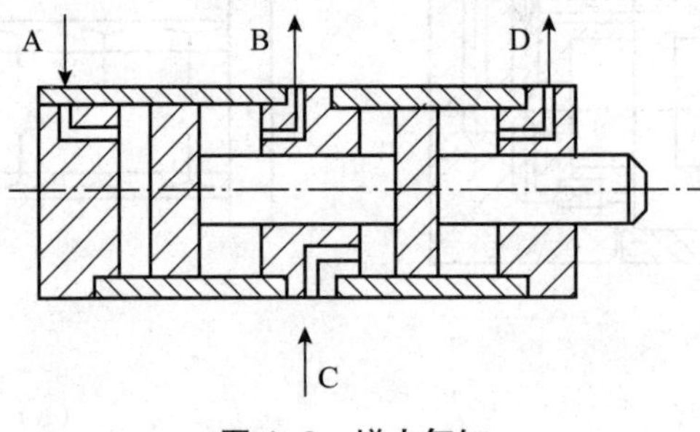

图 4-6　增力气缸

(4) 滑台气缸

图 4-7 所示为滑台气缸。它由两个双活塞杆双作用气缸并联构成，动作原理与普通气缸相同。两个气缸腔室之间是通过中间缸壁上的导气孔相通的，以保证两个气缸同时动作。其特点是缸的输出力增加一倍，外形轻巧，节省安装空间。安装方式有滑台固定型和边座固定型两种。适用于气动机械手臂等应用场合。

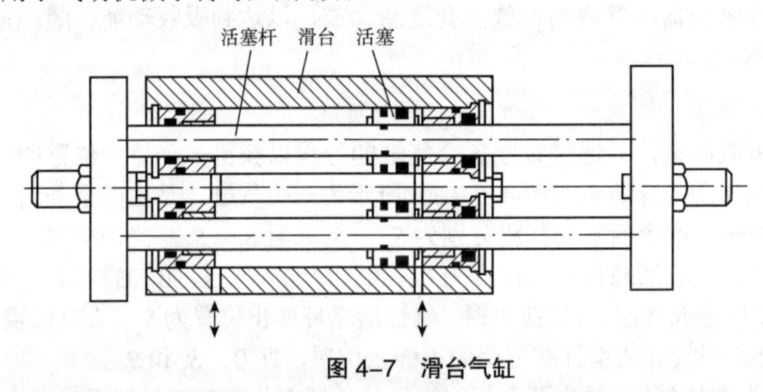

图 4-7　滑台气缸

(5) 制动气缸

带有制动装置的气缸称为制动气缸，也称锁紧气缸。制动装置一般安装在普通气缸的前端，其结构有卡套锥面式、弹簧式和偏心式等多种形式。

图 4-8 所示的制动气缸为卡套锥面式制动装置，它由制动闸瓦、制动活塞和弹簧等构成。在工作中其制动装置有两个工作状态，即放松状态和制动夹紧状态。气缸运动时，在 C 口输入气压，使制动活塞受压右移，则制动机构处于放松状态，气缸活塞杆可以自由运动。当气缸由运动状态进入制动状态时，C 口排气，压缩弹簧迅速使制动活塞复位并压紧制动闸瓦，此时制动闸瓦紧抱活塞杆使之停止运动。

(6) 锁定气缸

在气缸活塞杆行程的两端设有防止活塞退回或伸出的锁定装置的气缸称为锁定气缸。它可防止停电时发生故障，保障安全。其结构如图 4-9 所示，锁定装置采用弹簧结构。其动作原理是活塞杆行程到位时靠弹簧定位并被锁定不动。工作时，当工作气压达到一定压力时弹簧被压缩，使定位脱开，活塞杆开始运动。图 4-9（a）和（b）是锁定装置的两种配置形式。

各种类型的气缸根据需要都可以设置锁定装置。

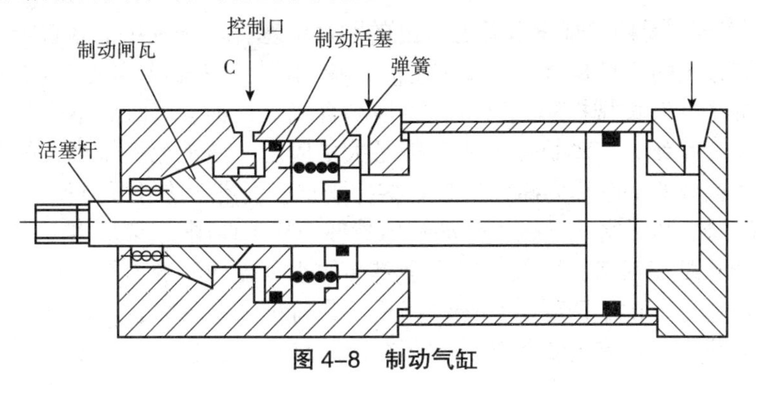

图 4-8　制动气缸

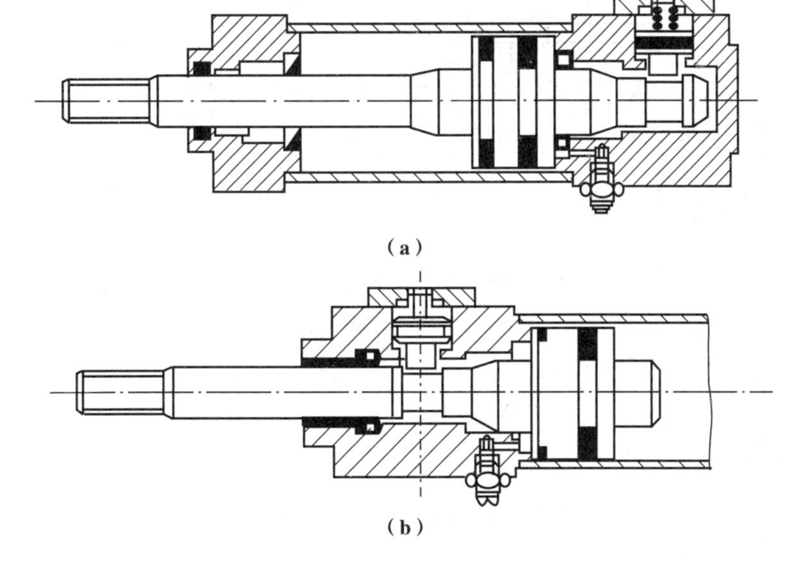

图 4-9　锁定气缸

(7) 带阀气缸

带阀气缸是一种为了节省阀和气缸之间的接管，将两者制成一体的气缸。带阀气缸一般由标准气缸、阀、中间连接板和连接管道组合而成，如图 4-10 所示。带阀气缸具有结构紧凑、使用方便、节省管道和耗气量小等优点。

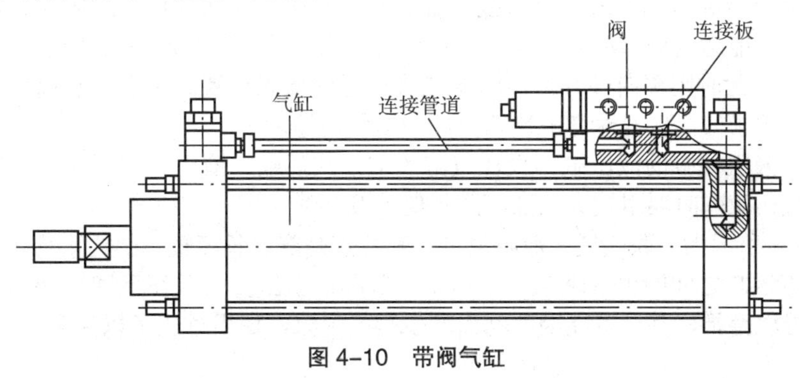

图 4-10　带阀气缸

（8）无杆气缸

① 普通无杆气缸 无杆气缸没有普通气缸的刚性活塞杆，它利用活塞直接或间接实现往复运动。这种气缸最大的优点是节省了安装空间，特别适用于小缸径长行程的场合。

无活塞杆气缸主要有机械接触式气缸、磁性耦合气缸、钢索气缸和钢带气缸。前两种无杆气缸在气动自动化系统、气动机器人中获得了大量应用。通常把机械耦合的无杆气缸简称为无杆气缸，磁性耦合的气缸称为磁性气缸。这样既不会混淆，称呼又方便。

② 磁性无杆气缸 其活塞通过磁力带动缸体外部的移动体同步移动，结构如图 4-11 所示。它的工作原理及特点是在活塞上安装一组高强磁性的永久磁环，磁力线通过薄壁缸筒与套在外面的另一组磁环作用，由于两组磁环磁性相反，具有很强的吸力。当活塞在缸筒内被气压推动时，则在磁力作用下，带动缸筒外的磁环套一起移动。气缸活塞的推力必须与磁环的吸力相适应。

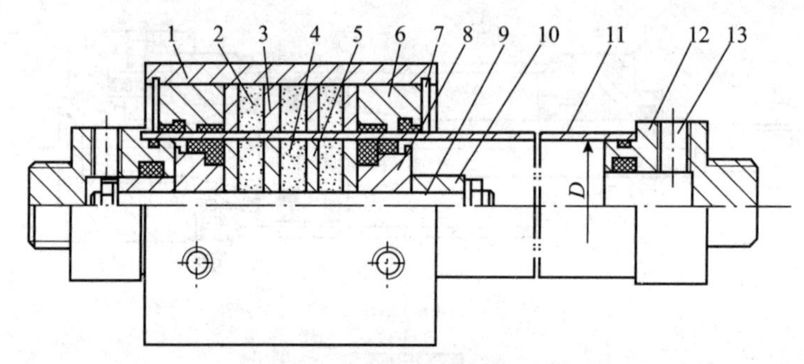

图 4-11 磁性无杆气缸

1—套筒；2—外磁环；3—外磁导板；4—内磁环；5—内磁导板；6—压盖；7—卡环；8—活塞；9—活塞轴；10—缓冲柱塞；11—气缸筒；12—端盖；13—进、排气口

（9）气 - 液阻尼缸

① 气 - 液阻尼缸的工作原理和特点 普通气缸工作时，由于气体的压缩性，当外部载荷变化较大时，会产生“爬行”或“自走”现象，使气缸的工作不稳定。为了使气缸运动平稳，普遍采用气 - 液阻尼缸。

气 - 液阻尼缸由气缸和液压缸组合而成。它的工作原理如图 4-12 所示。它是以压缩空气为能源，并利用油液的不可压缩性和控制油液排量来获得活塞的平稳运动和调节活塞的运动速度。以图 4-12（a）为例，将液压缸和气缸串联成一个整体，两个活塞固定在一根活塞杆上。当气缸右端供气时，气缸克服外负载并带动液压缸同时向左运动，此时液压缸左腔排油、单向阀关闭。油液只能经节流阀缓慢流入液压缸右腔，对整个活塞的运动起阻尼作用。调节节流阀的阀口大小就能达到调节活塞运动速度的目的。当压缩空气经换向阀从气缸左腔进入时，液压缸右腔排抽，此时因单向阀开启，活塞能快速返回原来位置。串联式缸筒较长，加工与安装时对同轴度要求较高，要注意解决两缸间的窜气问题。

串联式气 - 液阻尼缸的液压缸可设在气缸的前端或后端。液压缸在后端的，因液压缸只有一端有活塞杆，工作时要用较大的油杯进行储油及补油。

图 4-12（b）所示为并联式气 - 液阻尼缸，其特点是缸筒长度短，结构紧凑，调整方便，消除了气缸和液压缸之间的窜气现象。但由于气缸和液压缸要安装在不同轴线上，易产生附加力矩，增加导轨磨损，甚至可能因憋劲而产生爬行现象，使用时应予以注意。

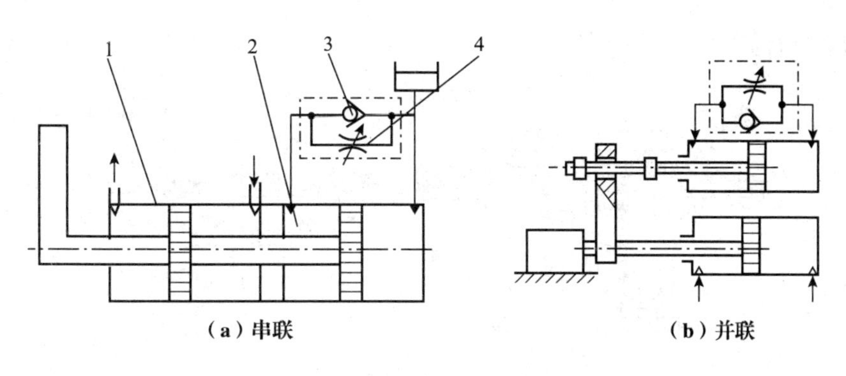

图 4-12　气 - 液阻尼缸的工作原理

② 气 - 液阻尼缸的调速类型及特性　气 - 液阻尼缸有三种调速类型：慢进慢退型，采用节流阀调速；慢进快退型，采用单向阀与节流阀并联的速度控制阀调速；快速趋近型，采用快速趋近式线路调速。

各类调速特性见表 4-3。

表 4-3　气 - 液阻尼缸的各类调速特性

调速类型	作用原理	结构示意图	特性曲线	应　用
双向节流	在阻尼缸油路上装节流阀，使活塞往复运动的速度相同			适用于空行程和工作行程都较短的场合
单向节流	在调速回路中并联单向阀，慢进时单向阀关闭，快退时则打开，实现快速退回			适用于加工时空行程短而工作行程较长的场合
快速趋近	向右进时，右腔油先从 b → a 回路流入左腔，快速趋近；活塞至 b 点后，油经节流阀，实现慢进；退回时，单向阀打开，实现快退			快速趋近节约了空行程时间，提高了劳动生产率

在气 - 液阻尼缸的实际回路中，由于速度控制阀结构和安装位置不同，又有多种结构形式和调速类型。气 - 液阻尼缸的调速也可采用行程阀和单向节流阀，构成与气缸调速回路相类似的各种调速回路。

（10）薄膜式气缸

薄膜式气缸是一种利用压缩空气通过膜片推动活塞杆作往复直线运动的气缸。它由缸筒、膜片、膜盘和活塞杆等主要零件组成。其功能类似于活塞式气缸，分单作用式和双作用式两种，如图 4-13 所示。

薄膜式气缸的膜片可以做成盘形膜片和平膜片两种形式。膜片材料为夹织物橡胶、钢片或磷青铜片。常用的是夹织物橡胶，橡胶的厚度为 5 ～ 6mm，有时也可用 1 ～ 3mm 的。金属式膜片只用于行程较小的薄膜式气缸中。

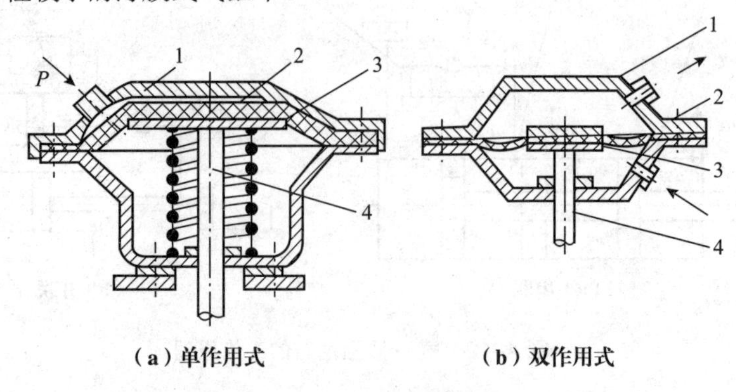

（a）单作用式　　（b）双作用式

图 4-13　薄膜式气缸

1—缸筒；2—膜片；3—膜盘；4—活塞杆

薄膜式气缸和活塞式气缸相比，具有结构简单、紧凑、制造容易、成本低、维修方便、寿命长、泄漏小、效率高等优点。但是膜片的变形量有限，故其行程短（一般 40 ～ 50mm），且气缸活塞杆上的输出力随着行程的增大而减小。

（11）磁性开关气缸

磁性开关气缸是指在气缸的活塞上安装有磁环，在缸筒上直接安装磁性开关，磁性开关用来检测气缸行程的位置，控制气缸往复运动。因此，就不需要在缸筒上安装行程阀或行程开关来检测气缸活塞位置，也不需要在活塞杆上设置挡块。

其工作原理如图 4-14 所示。它是在气缸活塞上安装永久磁环，在缸筒外壳上装有舌簧开关。开关内装有舌簧片、保护电路和动作指示灯等，均用树脂塑封在一个盒子内。当装有永久磁铁的活塞运动到舌簧片附近，磁力线通过舌簧片使其磁化，两簧片被吸引接触，则开关接通。当永久磁铁返回离开时，磁场减弱，两簧片弹开，则开关断开。由于开关的接通或断开，使电磁阀换向，从而实现气缸的往复运动。

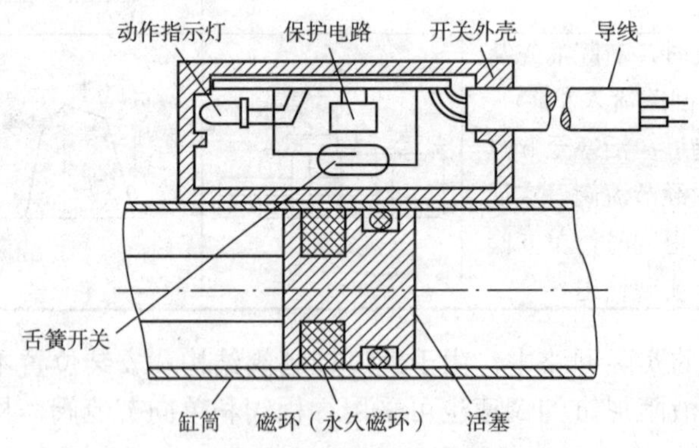

图 4-14　磁性开关气缸的工作原理

（12）薄型气缸

薄型气缸结构紧凑，轴向尺寸较普通气缸短，如图 4-15 所示。活塞上采用 O 形密封圈密封，缸盖上没有空气缓冲机构，缸盖与缸筒之间采用弹簧卡环固定。气缸行程较短，常用缸径为 10 ～ 100mm，行程为 50mm 以下。

薄型气缸的特点是结构简单、紧凑、重量轻、美观；轴向尺寸最短，占用空间小，特别适用于短行程场合。薄型气缸有供油润滑薄型气缸和不供油润滑薄型气缸两种，除采用的密封圈不同外，其结构基本相同。不供油润滑薄型气缸可以在不供油条件下工作，节省油雾器，且对周围环境减少了油雾污染。

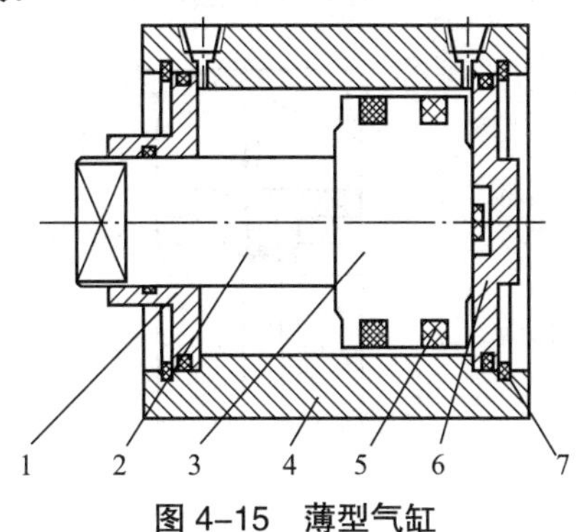

图 4-15 薄型气缸

1—前缸盖；2—活塞杆；3—活塞；4—缸筒；5—磁环；6—后缸盖；7—弹性卡环

（13）回转气缸

图 4-16 所示为回转气缸。气缸缸筒用过渡法兰盘连接在机床主轴后端，随主轴一起转动，而导气套不动，气缸本体的导气轴可以在导气套内相对转动。气缸随机床主轴一起作回转运动的同时，活塞作往复运动。导气套上进、排气孔的径向孔端与导气轴的进、排气槽相通。导气套与导气轴因需相对转动，装有滚动轴承，并以研配间隙密封。

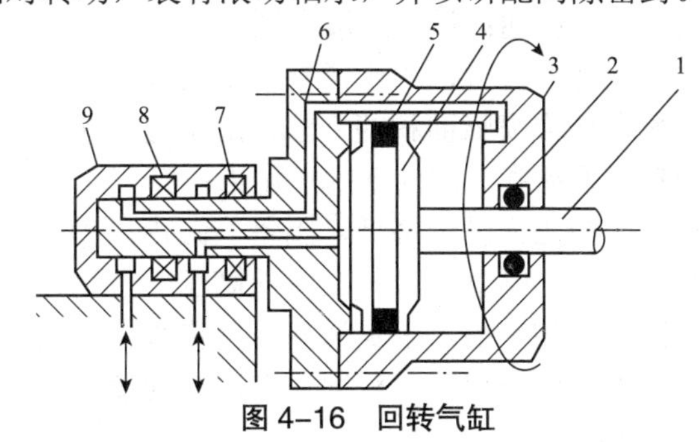

图 4-16 回转气缸

1—活塞杆；2，5—密封圈；3—缸筒；4—活塞；6—缸盖导气轴；7，8—轴承；9—导气套

回转气缸一般都与气动夹盘配合使用，由气缸活塞的进退来控制工件松开和夹紧，应用于机床的自动装夹。

（14）导向气缸

如图 4-17 所示，设有防止活塞杆回转装置的气缸，称导向气缸。各种类型的气缸根据需要都可设置不同的导向装置。

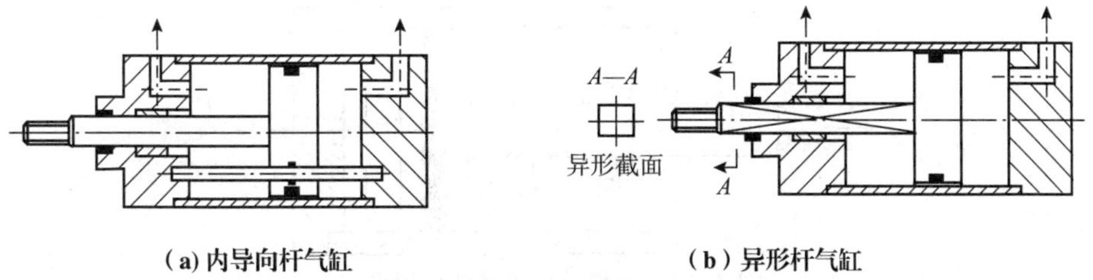

（a）内导向杆气缸 （b）异形杆气缸

图 4-17 导向气缸

(15) 冲击气缸

冲击气缸是将压缩空气的能量转化为活塞高速运动能量的气缸。与普通气缸相比，冲击气缸的结构特点是增加了一个具有一定容积的蓄能腔和喷嘴。它的工作原理如图 4-18 所示。

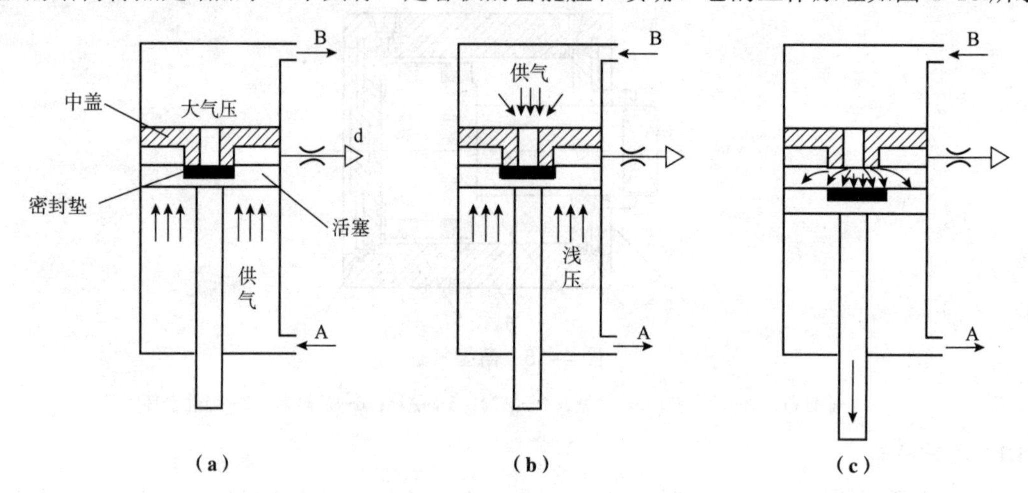

图 4-18　冲击气缸的工作原理

冲击气缸的整个工作过程可简单地分为三个阶段：第一个阶段［图 4-18（a）］，压缩空气由孔 A 输入冲击缸的下腔，蓄气缸经孔 B 排气，活塞上升并用密封垫封住喷嘴，中盖和活塞间的环形空间经排气孔与大气相通；第二阶段［图 4-18（b）］，压缩空气改由孔 B 进气，输入蓄气缸中，冲击缸下腔经孔 A 排气，由于活塞上端气压作用在面积较小的喷嘴上，而活塞下端受力面积较大，一般设计成喷嘴面积的 9 倍，缸下腔的压力虽因排气而下降，但此时活塞下端向上的作用力仍然大于活塞上端向下的作用力；第三阶段［图 4-18（c）］，蓄气缸的压力继续增大，冲击缸下腔的压力继续降低，当蓄气缸内压力高于活塞下腔压力 9 倍时，活塞开始向下移动，活塞一旦离开喷嘴，蓄气缸内的高压气体迅速充入到活塞与中盖间的空间，使活塞上端受力面积突然增加 9 倍，于是活塞将以极大的加速度向下运动，气体的压力能转换成活塞的动能。在冲程达到一定时，获得最大冲击速度和能量，利用这个能量对工件进行冲击做功，产生很大的冲击力。

冲击气缸的用途广泛，可用于锻造、冲压、铆接、下料、压配、破碎等多种作业。

4.2.5　气缸的工作特性

(1) 气缸的理论输出力

① 单杆单作用活塞缸的理论输出推力和返回拉力　单杆单作用弹簧压回型气缸如图 4-19 所示。

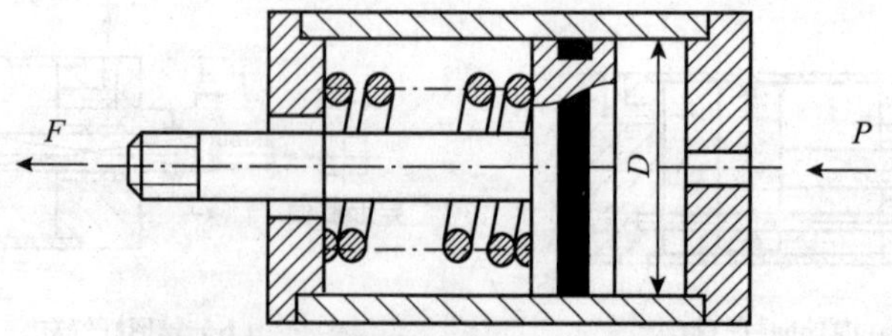

图 4-19　单杆单作用弹簧压回型气缸

单杆单作用弹簧压回型气缸的理论输出推力和返回拉力计算式如下：

$$F_{t1} = p\frac{\pi}{4}D^2 - F_s \tag{4-1}$$

$$F_{t2} = F_s \tag{4-2}$$

式中 F_{t1} —— 理论输出推力，N；

F_{t2} —— 理论返回拉力，N；

D —— 气缸内径，m；

p —— 气缸工作压力，Pa；

F_s —— 弹簧压缩后产生的弹簧力，N。

对于单杆单作用弹簧压出气压返回型气缸，则有

$$F_{t2} = p\frac{\pi}{4}\left(D^2 - d^2\right) - F_s \tag{4-3}$$

式中 d —— 活塞缸直径，m。

② 单杆双作用活塞缸的理论输出推力和返回拉力 单杆双作用活塞缸的结构简图如图4-20所示，其理论输出推力和返回拉力计算如下：

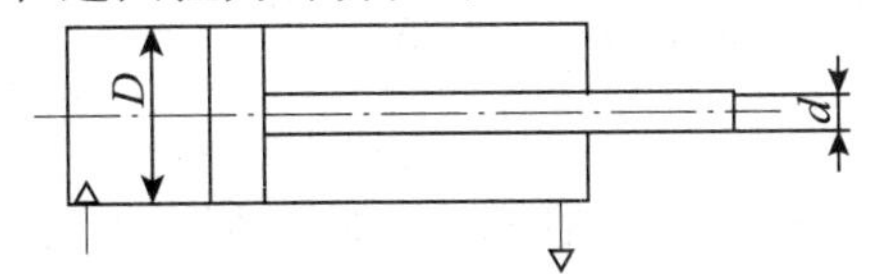

图 4-20 单杆双作用活塞缸的结构简图

$$F_{t1} = p\frac{\pi}{4}D^2 \tag{4-4}$$

$$F_{t2} = p\frac{\pi}{4}\left(D^2 - d^2\right) \tag{4-5}$$

式中 F_{t1} —— 理论输出推力，N；

F_{t2} —— 理论返回拉力，N；

p —— 气缸工作压力，Pa；

D —— 缸筒直径，m；

d —— 活塞杆直径，m。

③ 气缸的效率 实际中，由于活塞等运动部件的惯性力以及密封等部分的摩擦力，活塞杆的实际推力小于理论推力，称这个推力为气缸的实际输出力。

气缸的效率η是气缸的实际推力和理论推力的比值，即

$$\eta = \frac{F}{F_t} \tag{4-6}$$

所以

$$F_1 = p\frac{\pi}{4}D^2\eta \tag{4-7}$$

$$F_2 = p\frac{\pi}{4}\left(D^2 - d^2\right)\eta \tag{4-8}$$

式中 F_1 —— 气缸的实际输出推力，N；

F_2 —— 气缸的实际返回拉力，N。

气缸的效率取决于密封的种类、气缸内表面和活塞杆加工的状态及润滑状态。此外，气缸的运动速度、排气腔压力、外载荷状况及管道状态等都会对效率产生一定的影响。

（2）气缸的负载率 β

从对气缸运行特性的研究可知，要精确确定气缸的实际输出力是困难的。于是在研究气缸性能和确定气缸的输出力时，常用到负载率的概念。气缸的负载率 β 定义为

$$\beta = \frac{\text{气缸的实际负载}F}{\text{气缸的理论输出力}F_t} \times 100\% \tag{4-9}$$

气缸的实际负载是由实际工况所决定的，若确定了气缸负载率 β，则由定义就能确定气缸的理论输出力，从而可以计算气缸的缸径。

对于阻性负载，如气缸用作气动夹具，负载不产生惯性力，一般选取负载率 β 为0.8。对于惯性负载，如气缸用来推送工件，负载将产生惯性力，负载率 β 的取值如下：当气缸低速运动，$v < 100$ mm/s时，$\beta < 0.65$；当气缸中速运动，$v = 100 \sim 500$ mm/s时，$\beta < 0.5$；当气缸高速运动，$v > 500$ mm/s时，$\beta < 0.35$。

（3）气缸耗气量

气缸的耗气量是活塞每分钟移动的容积，称这个容积为压缩空气耗气量，一般情况下，气缸的耗气量是指自由空气耗气量。气缸的耗气量有平均耗气量和最大耗气量之分。

① 平均耗气量 气缸的平均耗气量是指气缸在一个工作循环中所消耗的理论空气流量，一般以标准状态下的空气量表示：

$$q_n = 0.00157ND^2s\frac{p+0.1}{0.1} \tag{4-10}$$

式中 q_n —— 气缸的平均耗气量，L/min；

N —— 每分钟活塞的往复次数；

D —— 缸筒直径，cm；

s —— 气缸行程，cm；

p —— 工作压力，MPa。

② 最大耗气量 气缸的最大耗气量是指气缸活塞以最大速度运动完成一次往复行程时所需的理论空气流量，也用标准状态下的空气量表示：

$$q_{max} = 0.047D^2s\frac{p+0.1}{0.1} \times \frac{1}{t} \tag{4-11}$$

式中 q_{max} —— 气缸的最大耗气量，L/min；

t —— 气缸活塞一次往复行程所需的时间，s。

最大耗气量 q_{max} 用来选定压缩空气处理元件、控制元件及管件尺寸；平均耗气量 q_n 用于选定空气压缩机和计算运转成本。两者之差用于选定储气罐的容积。

4.2.6 气缸的主要尺寸及结构设计

(1)气缸的主要尺寸设计

设计气缸时，只有保证气缸的下述几个主要尺寸，才能实现气缸的功能。

① 气缸直径D 气缸的直径也就是气缸的内径，可根据外负载F的大小来确定，当气源供气压力为p时，气缸的内径为

$$D \geqslant \sqrt{\frac{4F}{\pi p}} \tag{4-12}$$

所求得的D值，一般要提高20%再圆整到系列标准值。标准气缸的缸径和活塞杆直径系列可查相关手册。

② 活塞行程L 活塞的行程一般根据实际需要来确定，通常L值取$(0.5\sim5)D$。

③ 气缸进、排气口直径d_0 气缸进、排气口的直径d_0，直接决定了气缸进气速度，亦即决定了活塞的运动速度，设计中应予以充分的重视，直径d_0的确定可根据空气流经排气口的速度v'来计算，一般v'=10～25m/s，因而d_0为

$$d_0 = \sqrt{\frac{4q}{\pi v'}} \tag{4-13}$$

式中 q —— 工作压力下输入气缸的空气流量。

一般情况下进、排气口直径d_0的大小可根据气缸内径D的大小来选取。

(2)气缸的主要结构设计

在设计气缸各部分机械结构时，主要是要确定各部分的结构形式及主要尺寸。

① 缸筒的结构设计 缸筒的主要作用是提供压缩空气的储存与膨胀空间及对活塞实现导向，从而通过活塞将压力能转化为机械能。缸筒均为圆筒形状，要确定的主要尺寸如下。

a. 缸筒直径（气缸内径）D：可由式（4-12）求出。

b. 缸筒长度：长度l应为活塞行程L和活塞宽度H之和，即

$$l \geqslant L+H \tag{4-14}$$

c. 缸筒壁厚：壁厚δ可利用薄壁圆筒的强度计算公式来确定：

$$\delta = \frac{pD}{2[\sigma]}+C \tag{4-15}$$

式中 p —— 气缸工作压力，MPa；

D —— 气缸内径，mm；

$[\sigma]$ —— 气缸材料的许用拉应力，MPa。

$[\sigma]=R_m/n$［R_m为缸体材料的抗拉强度，MPa；n为安全系数，一般取6～8］。实际缸筒壁厚的取值，一般用途的气缸约取计算值的7倍左右，重型气缸约取计算值的20倍，再圆整到标准管材尺寸。

气缸材料的许用拉应力通常取下列数据：铸铁HT150和HT200，$[\sigma]$=30MPa；Q235钢管，$[\sigma]$=60MPa；45钢管，$[\sigma]$=120MPa；铸造铝合金ZL203，$[\sigma]$=30MPa。

② 活塞的结构设计 活塞的功用是将压缩空气的压力能转变为机械能，因此它要提供足够的换能面积。由于活塞要频繁往复运动，又要间隔两腔空气，因而就必须保证其耐磨和密封。目前多采用铸铁活塞及O形或Y形密封圈实现密封。

活塞的外径即是气缸的内径，两者的配合精度取决于采用何种形式的密封圈，一般多采用H8/f9配合，活塞表面粗糙度R_a=0.8μm。活塞的宽度H取决于密封圈的排数，一般采用两排密封圈。活塞上沟槽的深度和宽度根据所选用的密封圈来确定。

③ 活塞杆及其强度校核 活塞杆的作用是将活塞转换出的机械能以机械力的形式推动负载运动，对活塞杆，不仅要进行结构设计（与活塞和外接负载的连接方式等），还要进行强度校核。

当活塞杆的计算长度$L \leqslant 10d$时，要进行强度校核，即活塞杆的直径

$$d \geqslant \sqrt{\frac{4F}{\pi[\sigma]}} \tag{4-16}$$

式中 F —— 活塞杆所受的外力；

$[\sigma]$ —— 活塞杆材料的许用应力。

当活塞杆的计算长度$L > 10d$时，要进行压杆稳定性校核，以保证活塞杆不产生弯曲。其方法可参阅有关手册和资料。

经计算出的活塞杆直径圆整到标准系列数值。

4.2.7 气缸的选用

（1）气缸的选用原则

① 根据工作任务对机构运动要求选择气缸的结构形式及安装方式。

② 根据工作机构所需力的大小来确定活塞杆的推力和拉力。

③ 根据气缸负载力的大小确定气缸的输出力，由此计算出气缸的缸径。

④ 根据工作机构任务的要求确定行程。一般不使用满行程。

⑤ 根据活塞的速度决定是否应采用缓冲装置。

⑥ 推荐气缸工作速度在0.5～1m/s左右，并按此原则选择管路及控制元件。对高速运动的气缸，应选择内径大的进气管道，对于负载有变化的场合，可选用速度控制阀或气-液阻尼缸，实现缓慢而平稳的速度控制。

⑦ 如气缸工作在有灰尘等恶劣环境下，需在活塞杆伸出端安装防尘罩。要求无污染时需选用无给油或无油润滑气缸。

（2）气缸安装使用注意事项

① 气缸使用前应检查各安装连接点有无松动；操纵上应考虑安全联锁；进行顺序控制时，应检查气缸的各工作位置；当发生故障时，应有紧急停止装置；工作结束后，气缸内部压缩空气应予排放。

② 气缸在多尘环境中使用时，应在活塞杆上设置防尘罩。单作用气缸的呼吸孔要安装过滤片，防止从呼吸孔吸入灰尘。

③ 对需用油雾器给油润滑的气缸，选择使用的润滑油应使密封圈不产生膨胀、收缩，且与空气中的水分不发生乳化。

④ 气缸接入管道前，必须清除管道内的脏物，防止杂物进入气缸。

⑤ 气缸活塞杆承受的是轴向力，安装时要防止气缸工作过程中承受横向载荷，其允许承受的横向载荷仅为气缸最大推力的1／20。采用法兰式、脚座式安装时，应尽量避免安装螺栓本身直接受推力或拉力负荷；采用尾部悬挂中间摆动式安装时，活塞杆顶端的连接销位置

与安装轴的位置处于同一方向；采用中间轴销摆动式安装时，除注意活塞杆顶端连接销的位置外，还应注意气缸轴线与轴托架的垂直度。同时，在不产生卡死的范围内，使摆轴架尽量接近摆轴的根部。

⑥ 气缸安装完毕后应空载往复运动几次，检查气缸的动作是否正常。然后连接负载，进行速度调节。首先将速度控制阀开启在中间位置，随后调节减压阀的输出压力，当气缸接近规定速度时，即可确定为调定压力。然后用速度控制阀进行微调。缓冲气缸在开始运行前，先把缓冲节流阀旋在节流量较小的位置，然后逐渐开大，直到达到满意的缓冲效果。

⑦ 气缸的理想工作温度为5～60℃，温度过高或过低时都应采取相应的措施。气缸在5℃以下场合使用，要防止压缩空气中的水蒸气凝结，要考虑在低温下使用的密封种类和润滑油类型。另外，低温环境中的空气会在活塞杆上结露，为此最好采用红外加热等方法加热，防止活塞杆上结冰。在气缸动作频率较低时，可在活塞杆上涂润滑脂，使活塞杆上不致结冰。在高温使用时，要考虑气缸材料的耐热性，可选用耐热气缸，同时注意高温空气对换向阀的影响。

4.3 气动马达

4.3.1 摆动气动马达

(1) 摆动气动马达的特点和类型

摆动气动马达是一种在一定角度范围内作往复摆动的气动执行元件。它将压缩空气的压力能转换成机械能，输出转矩使机构实现往复摆动，图4-21所示为其应用实例。常用摆动气动马达的最大摆动角度分别为90°、180°、270°三种规格。

摆动气动马达按结构特点可分为叶片式、曲柄式、螺杆式和齿轮齿条式等。除叶片式外，都带有气缸和转换为回转运动的传动机构。

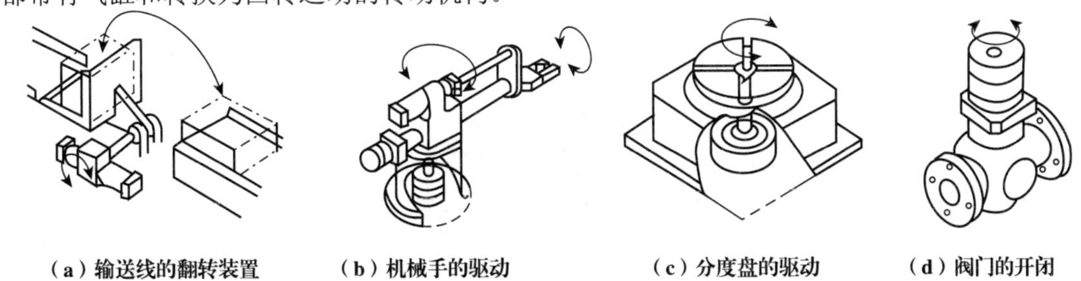

(a) 输送线的翻转装置　(b) 机械手的驱动　(c) 分度盘的驱动　(d) 阀门的开闭

图4-21 摆动气动马达应用实例

(2) 常用摆动气动马达的结构特征和工作原理

① 叶片式摆动气动马达 具有种类多、结构紧凑、工作效率高等特点，常用于物体的翻转、分类、夹紧等作业，也用作机械手的指腕关节部，用途十分广泛。叶片式摆动气动马达可分为单叶片式和双叶片式两种。单叶片输出轴转角大，双叶片输出轴转角小。

图4-22所示为叶片式摆动气动马达结构与工作原理。它由叶片轴转子（即输出轴）、定子、缸体和前、后端盖等部分组成。定子和缸体固定在一起，叶片和转子连在一起，止动挡块上的密封件为镶装方式，叶片滑动部分采用低阻尼的特殊唇形密封件，前、后端盖装有滚动轴承。在定子上有两条气路，当叶片左路进气时，右路排气，压缩空气推动叶片带动转子逆时针转动；

反之，顺时针转动。通过换向阀控制马达的进排气方向。

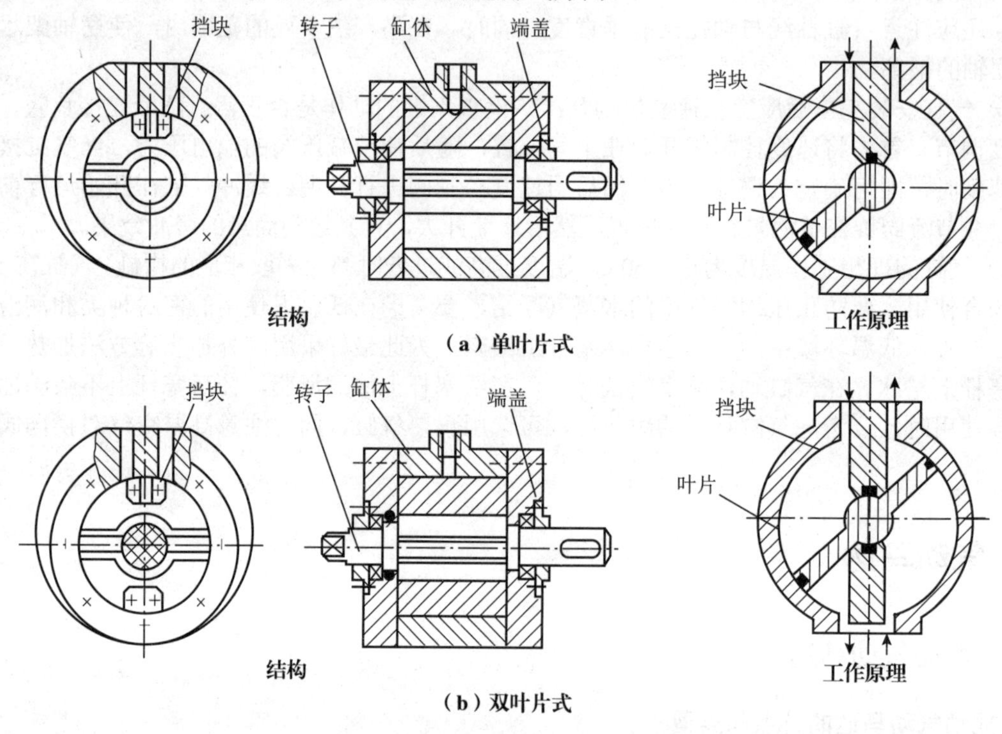

（a）单叶片式

（b）双叶片式

图 4-22　叶片式摆动气动马达结构与工作原理

② 曲柄式摆动气动马达 是将活塞的直线往复运动通过曲柄转变为摆动运动的摆动气动马达，如图 4-23 所示。

这种摆动气动马达结构简单可靠。由于曲柄和活塞之间运动方向有一角度，使输出转矩产生差值，因此应根据输出转矩的大小，相应改变活塞的直径。

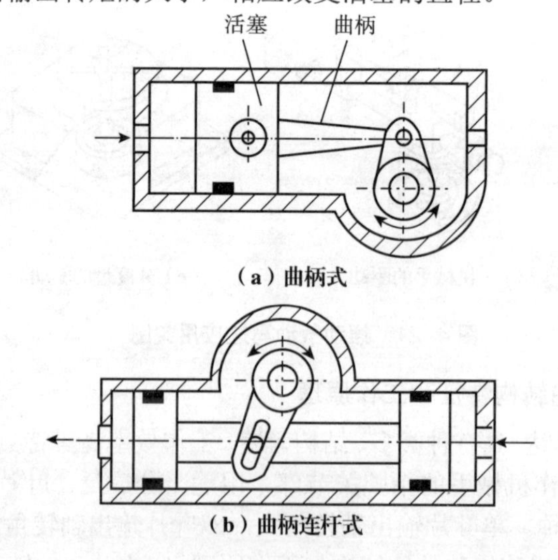

（a）曲柄式

（b）曲柄连杆式

图 4-23　曲柄式摆动气动马达

③ 螺杆式摆动气动马达 如图 4-24 所示，将活塞杆直接加工成螺杆，活塞的往复直线运动通过螺杆转变为摆动运动。

螺杆式摆动气动马达由于螺杆的摩擦损失以及用来制止活塞反向回转的导向杆的摩擦力非常大，所以其效率不高。但是，这种结构的摆动角度可大于 360°。

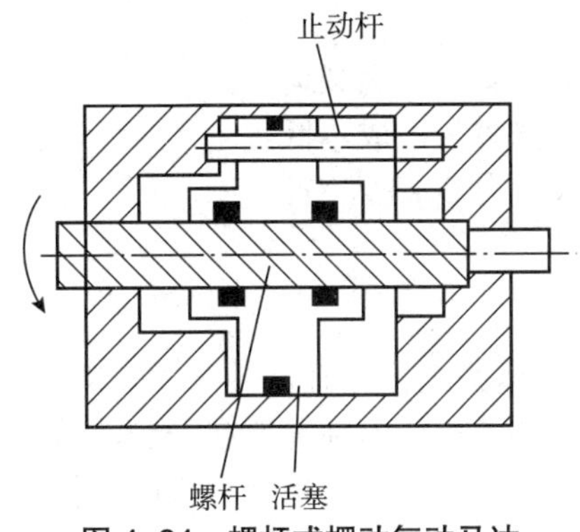

图 4-24 螺杆式摆动气动马达

④ 齿轮齿条式摆动气动马达 如图 4-25 所示，其动作是把连接在活塞上的齿条的往复直线运动转变为齿轮的回转摆动。当马达左腔进气，右腔排气，活塞推动齿条向左运动，齿轮和轴顺时针方向回转，输出转矩。反之，齿轮逆时针方向回转。其回转角度取决于活塞的行程和齿轮的节圆半径。活塞仅作往复直线运动，摩擦损失小，齿轮的效率较高，若制造质量好，效率可达 95%左右。这种摆动气动马达的回转角度不受限制，可超过 360°，但不宜太大，否则齿条太长也不合适。

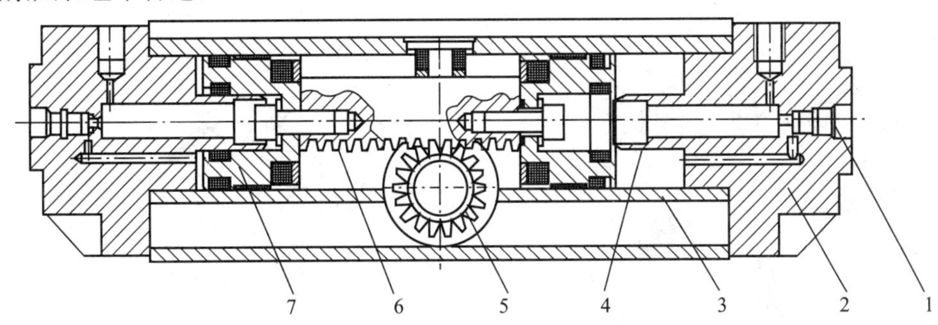

图 4-25 齿轮齿条式摆动气动马达

1—缓冲节流阀；2—端盖；3—缸体；4—缓冲柱塞； 5—齿轮；6—齿条；7—活塞

4.3.2 旋转气动马达

（1）旋转气动马达及其类型、特点

气动马达也是气动执行元件的一种。它的作用相当于电动机或液压马达，即输出转矩，拖动机构作旋转运动。

① 旋转气动马达的种类 气动马达按结构形式可分为叶片式气动马达、活塞式气动马达和齿轮式气动马达等。最为常见的是叶片式气动马达和活塞式气动马达。叶片式气动马达制造简单，结构紧凑，但低速运动转矩小，低速性能不好，适用于中、低功率的机械，目前在矿山及风动工具中应用普遍。活塞式气动马达在低速情况下有较大的输出功率，它的低速性能好，适宜于载荷较大和要求低速转矩的机械，如起重机、绞车、绞盘、拉管机等。

② 旋转气动马达的特点 与液压马达相比，气动马达具有以下特点。

a. 工作安全。可以在易燃易爆场所工作，同时不受高温和振动的影响。

b. 可以长时间满载工作而温升较小。

c. 可以无级调速。控制进气流量，就能调节马达的转速和功率。额定转速从每分钟几十转到几十万转。

d. 具有较高的启动转矩。可以直接带负载运动。

e. 结构简单，操纵方便，维护容易，成本低。

f. 输出功率相对较小，最大只有 20kW 左右。

g. 效率低，噪声大。

(2) 叶片式气动马达

图 4-26 所示为叶片式气动马达的工作原理。叶片式气动马达一般有 3 ～ 10 个叶片，它们可以在转子的径向槽内活动。转子和输出轴固联在一起，装入偏心的定子中。当压缩空气从 A 口进入定子腔后，一部分进入叶片底部，将叶片推出，使叶片在气压推力和离心力综合作用下，抵在定子内壁上，另一部分进入密封工作腔，作用在叶片的外伸部分，产生转矩。由于叶片外伸面积不等，转子受到不平衡转矩而逆时针旋转。做功后的气体由定子孔 C 排出，剩余残余气体经孔 B 排出。改变压缩空气输入进气孔（B 孔进气），马达则反向旋转。

叶片式气动马达一般在中、小容量及高速回转的范围使用，其耗气量比活塞式大，体积小，重量轻，结构简单。其输出功率为 0.1 ～ 20kW，转速为 500 ～ 25000r/min。另外，叶片式气动马达启动及低速运转时的特性不好，在转速 500r/min 以下场合使用，需要配用减速机构。叶片式气动马达主要用于矿山机械和气动工具中。

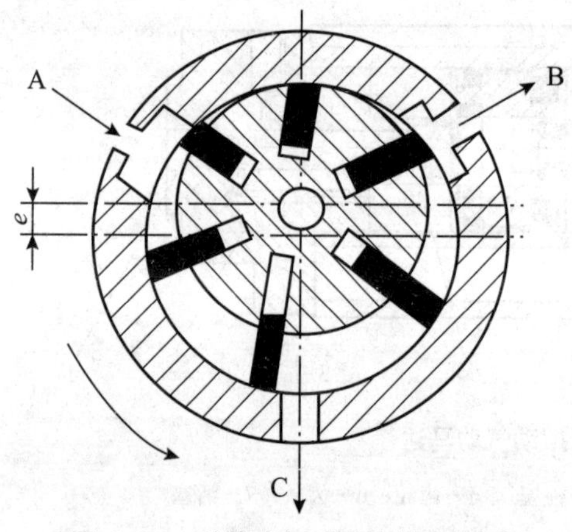

图 4-26 叶片式气动马达的工作原理

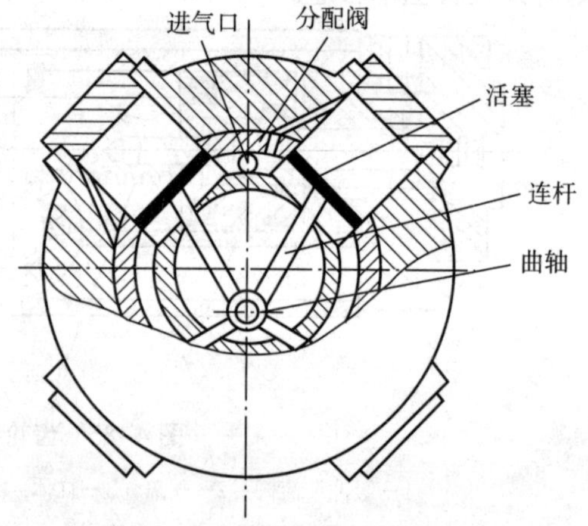

图 4-27 径向活塞式气动马达

(3) 活塞式气动马达

活塞式气动马达是一种通过曲柄或斜盘将若干个活塞的直线运动转变为回转运动的气动马达。按其结构不同，可分为径向活塞式和轴向活塞式两种。

图 4-27 所示为径向活塞式气动马达。其工作室由缸体和活塞构成。3 ～ 6 个气缸围绕曲轴呈放射状分布，每个气缸通过连杆与曲轴相连。通过压缩空气分配阀向各气缸顺序供气，压缩空气推动活塞运动，带动曲轴转动。当分配阀转到某角度时，气缸内的余气经排气口排出。改变进、排气方向，可实现气动马达的正反转换向。

活塞式气动马达适用于转速低、转矩大的场合。其耗气量不小，且构成零件多，价格高。其输出功率为 0.2 ～ 20kW，转速为 200 ～ 4500r/min。活塞式气动马达主要应用于矿山机械，也可用作传送带等的驱动马达。

（4）齿轮式气动马达

齿轮式气动马达有双齿轮式和多齿轮式，而以双齿轮式应用最多。齿轮可采用直齿、斜齿和人字齿。图 4-28 所示为齿轮式气动马达的结构原理。这种气动马达的工作室由一对齿轮构成，压缩空气由对称中心处输入，齿轮在压力的作用下回转。采用直齿轮的气动马达可以正反转动，采用人字齿轮或斜齿轮的气动马达则不能反转。

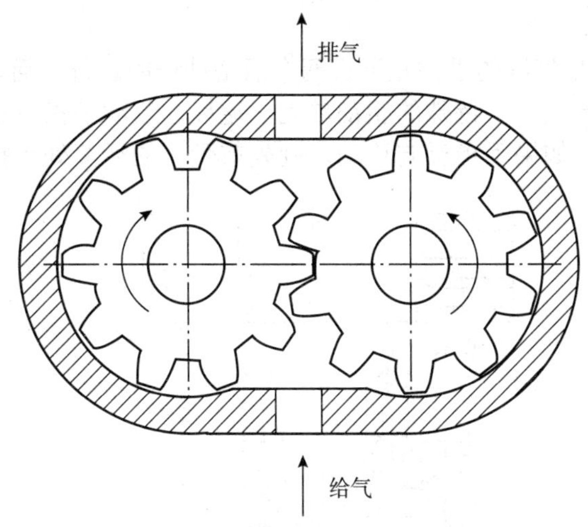

图 4-28 齿轮式气动马达的结构原理

采用直齿轮的气动马达，供给的压缩空气通过齿轮时不膨胀，因此效率低。当采用人字齿轮或斜齿轮时，压缩空气膨胀 60%～70%，提高了效率。

齿轮式气动马达与其他类型的气动马达相比，具有体积小、重量轻、结构简单、对气源质量要求低、耐冲击及惯性小等优点。但转矩脉动较大，效率较低。小型气动马达转速能高达 10000r/min, 大型的能达到 1000r/min，功率可达 50kW。齿轮式气动马达主要应用于矿山工具。

（5）旋转气动马达的工作特征与工作压力的关系

旋转气动马达的转矩、转速与工作压力的关系可分别用下列计算公式表示。

$$T = T_0 \frac{p}{p_0} \tag{4-17}$$

式中 T —— 旋转气动马达实际工作压力下的转矩，N·m；

T_0 —— 旋转气动马达设计工作压力下的转矩，N·m；

p —— 旋转气动马达实际工作压力，Pa；

p_0 —— 旋转气动马达设计工作压力，Pa。

$$n = n_0 \sqrt{\frac{p}{p_0}} \tag{4-18}$$

式中 n —— 旋转气动马达实际工作压力下的转速，r/min；

n_0 —— 旋转气动马达设计工作压力下的转速，r/min。

4.4 气动手指气缸

气动手指气缸也称气指或气爪。其功能是实现各种抓取功能，是现代气动机械手的关键部件。根据气指的数目不同可分为两指气缸、三指气缸、四指气缸。根据气指的运动形式不同可分为平行移动气指和摆动气指。

(1) 平行手指气缸

图4-29所示平行手指气缸的手指是通过两个活塞动作的。每个活塞由一个滚轮和一个双曲柄与气动手指相连，形成一个特殊的驱动单元。这样，气动手指总是轴向对心移动，每个手指是不能单独移动的。如果手指反向移动，则先前受压的活塞处于排气状态，而另一个活塞处于受压状态。

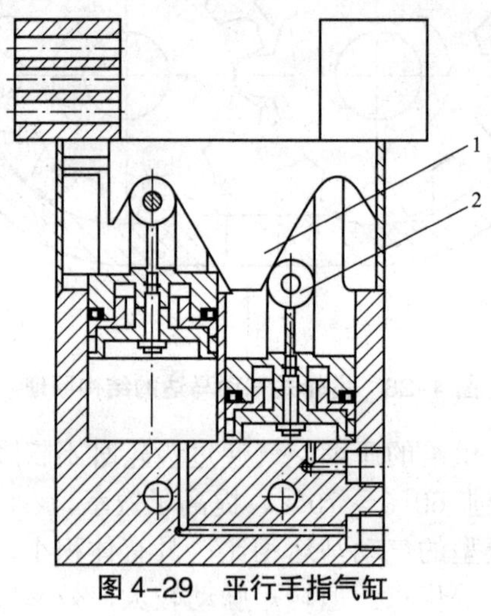

图4-29　平行手指气缸

1—双曲柄；2—滚轮

(2) 三点手指气缸

如图4-30所示，三点手指气缸的活塞上有一个环形槽，每个曲柄与一个气动手指相连，活塞运动能驱动三个曲柄动作，因而可控制三个手指同时打开和合拢。

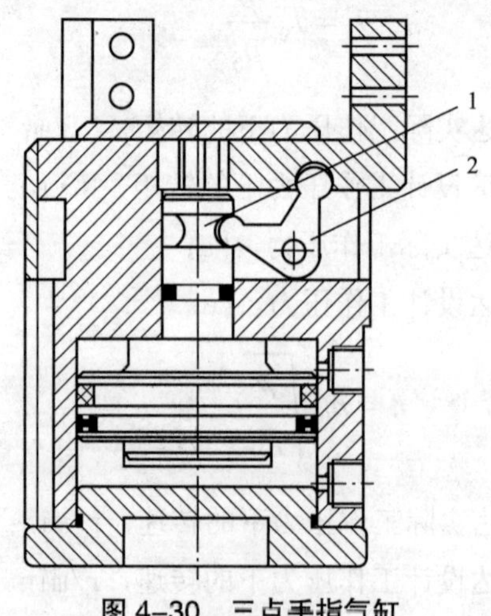

图4-30　三点手指气缸

1—环形槽；2—曲柄

(3)摆动手指气缸

图4-31所示的摆动手指气缸的活塞杆上有一个环形槽，由于手指耳轴与环形槽相连，因而手指可同时移动且自动对中，并确保抓取力矩始终恒定。

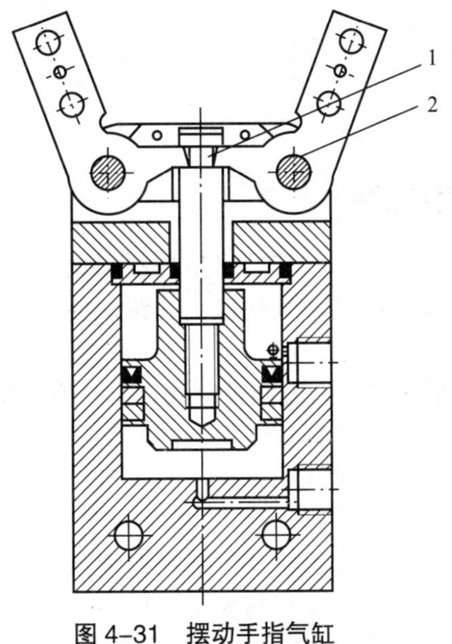

图4-31 摆动手指气缸

1—环形槽；2—耳轴

(4)旋转手指气缸

图4-32所示旋转手指气缸的动作是按照齿轮齿条的啮合原理工作的。活塞与一根可上下移动的轴固定在一起。轴的末端有三个环形槽，这些槽与两个驱动轮的齿啮合。因而，气动手指可同时移动并自动对中，并确保抓取力矩始终恒定。

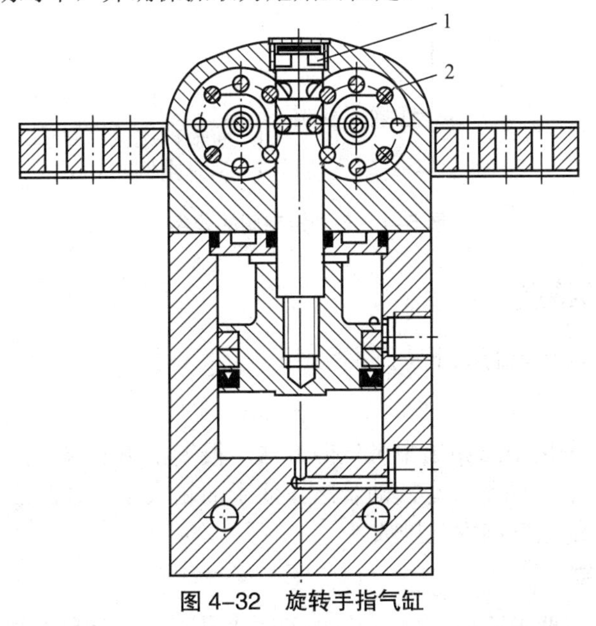

图4-32 旋转手指气缸

1—环形槽；2—驱动轮

第5章 气动控制元件

5.1 概述

5.1.1 气动控制阀的功用及类型

气动控制元件也就是气动控制阀，其功用是控制和调节压缩空气的压力、流量、流动方向及发送信号，利用它们可以组成各种气动控制回路，使气动执行元件按设计的程序正常地进行工作。

气动控制元件按功能和用途可分为方向控制阀、压力控制阀和流量控制阀三大类。此外，还有通过改变气流方向和通断实现各种逻辑功能的气动逻辑元件和射流元件等。近年来，随着气动元件的小型化以及 PLC 控制在气动系统中的大量应用，气动逻辑元件的应用范围正在逐渐减小。

从控制方式来分，气动控制可分为断续控制和连续控制两类。在断续控制系统中，通常要用压力控制阀、流量控制阀和方向控制阀来实现程序动作；连续控制系统中，除了要用压力控制阀、流量控制阀外，还要采用伺服控制阀、比例控制阀等，以便对系统进行连续控制。气动控制阀的分类如图 5-1 所示。

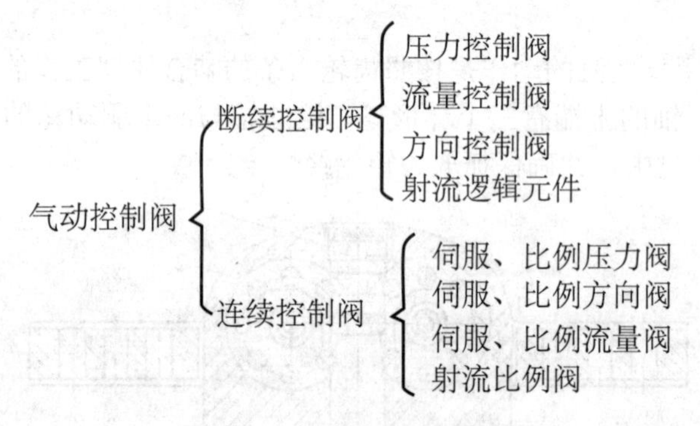

图 5-1　气动控制阀的分类

5.1.2 气动控制阀的特点

气动控制阀与液压阀比较有如下特点。

（1）使用的能源不同

气动元件和装置可采用空压站集中供气的方法，根据使用要求和控制点的不同来调节各自减压阀的工作压力。液压阀都设有回油管路，便于油箱收集用过的液压油。气动控制阀可以通过排气口直接把压缩空气向大气排放。

（2）对泄漏的要求不同

液压阀对向外的泄漏要求严格，而对元件内部的少量泄漏却是允许的。对气动控制阀来说，除间隙密封的阀外，原则上不允许内部泄漏。气动控制阀的内部泄漏有导致事故的危险。对气动管道来说，允许有少许泄漏；而液压管道的泄漏将造成系统压力下降和对环境的污染。

（3）对润滑的要求不同

液压系统的工作介质为液压油，液压阀不存在对润滑的要求；气动系统的工作介质为空气，空气无润滑性，因此许多气动阀需要油雾润滑。阀的零件应选择不易受水腐蚀的材料，或者采取必要的防锈措施。

（4）压力范围不同

气动控制阀的工作压力范围比液压阀低。气动控制阀的工作压力通常为 1MPa 以内，少数可达到 4MPa 以内。但液压阀的工作压力都很高（通常在 50MPa 以内）。若气动控制阀在超过最高允许压力下使用，往往会发生严重事故。

（5）使用特点不同

一般气动控制阀比液压阀结构紧凑、重量轻，易于集成安装，阀的工作频率高、使用寿命长。气动控制阀正向低功率、小型化方向发展，已出现功率只有 0.5W 的低功率电磁阀。可与微机和可编程控制器直接连接，也可与电子器件一起安装在印制线路板上，通过标准板接通气电回路，省去了大量配线，适用于气动工业机械手、复杂的生产制造装配线等场合。

5.2 方向控制阀

气动方向控制阀是气压传动系统中通过改变压缩空气的流动方向和气流的通断，来控制执行元件启动、停止及运动方向的气动元件。

根据方向控制阀的功能、控制方式、结构形式、阀内气流的方向及密封形式等，可将方向控制阀分为不同的类型。方向控制阀的分类见表 5-1。

表 5-1 方向控制阀的分类

分类方式	形 式
按阀内气体的流动方向	单向阀、换向阀
按阀芯的结构形式	截止阀、滑阀
按阀的密封形式	硬质密封、软质密封
按阀的工作位数及通路数	二位三通、二位五通、三位五通等
按阀的控制操纵方式	气压控制、电磁控制、机械控制、手动控制

5.2.1 单向阀

单向阀只允许气体沿一个方向流动。常用的单向阀有普通单向阀、气控单向阀、梭阀、双压阀、快速排气阀等。

（1）普通单向阀

普通单向阀只允许气流在一个方向上通过，而在相反方向上则完全关闭，如图 5-2（a）所示，图示位置为阀芯在弹簧力作用下关闭。在 P 口加入气压后，作用在阀芯上的气压力克服弹簧力和摩擦力将阀芯打开，P 口、A 口接通。气流从 P 口流向 A 口的流动称为正向流动。为了保证气流从 P 口到 A 口稳定流动，应在 P 口和 A 口之间保持一定的压力差，使阀保持在开启位置。若在 A 口加入气压，A 口、P 口不通，即气流不能反向流动。弹簧的作用是增加密封性，防止低压泄漏。另外，在反向流动时，使阀门迅速关闭。图 5-2（b）为其图形符号。

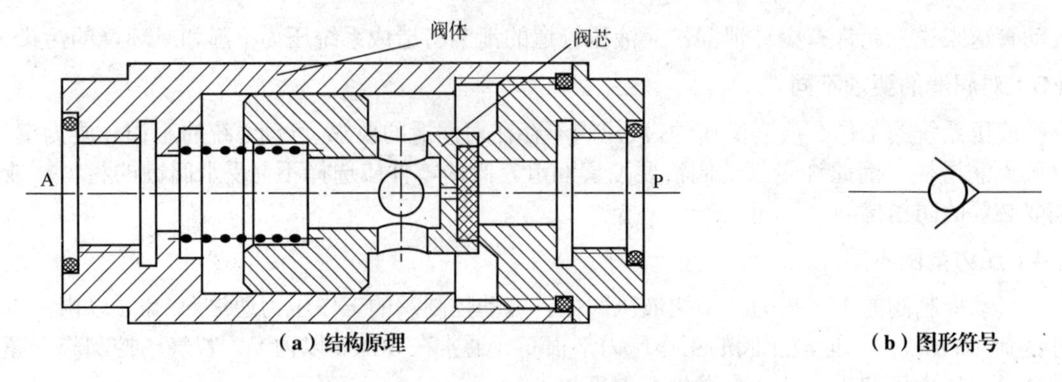

（a）结构原理　　（b）图形符号

图 5-2　普通单向阀结构原理及其图形符号

单向阀特性包括最低开启压力、压降和流量特性等。因单向阀是在压缩空气作用下开启的，因此在阀开启时，必须满足最低开启压力，否则不能开启。即使阀处在全开状态也会产生压降，因此在精密的压力调节系统中使用单向阀时，需预先了解阀的开启压力和压降值。一般最低开启压力在 $(0.1\sim0.4)\times10^5$Pa，压降在 $(0.06\sim0.1)\times10^5$Pa。

在气动系统中，为防止储气罐中的压缩空气倒流回空气压缩机，在空气压缩机和储气罐之间应装有单向阀。单向阀还可与其他阀组合成单向节流阀、单向顺序阀等。

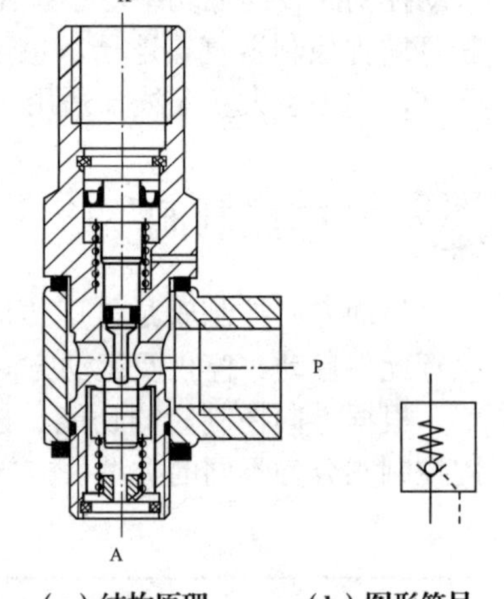

（a）结构原理　　（b）图形符号

图 5-3　气控单向阀结构原理及其图形符号

（2）气控单向阀

气控单向阀比普通单向阀增加了一个控制口 K 口（图 5-3），K 口未通入控制气体时，气控单向阀与普通单向阀功能相同，即气流从 P 口流向 A 口，而不能从 A 口流向 P 口。如果 K 口通入控制气体，在控制气体的作用下，阀芯被顶开，气体可以通过 A 口流向 P 口实现反向流动。

（3）梭阀

图 5-4 所示为或门型梭阀。其工作特点是无论 P_1 口和 P_2 口哪条通路单独通气，都能导通其与 A 口的通路；当 P_1 口和 P_2 口同时通气时，哪端压力高，A 口就和哪端相通，另一端关闭，其逻辑关系为“或”。

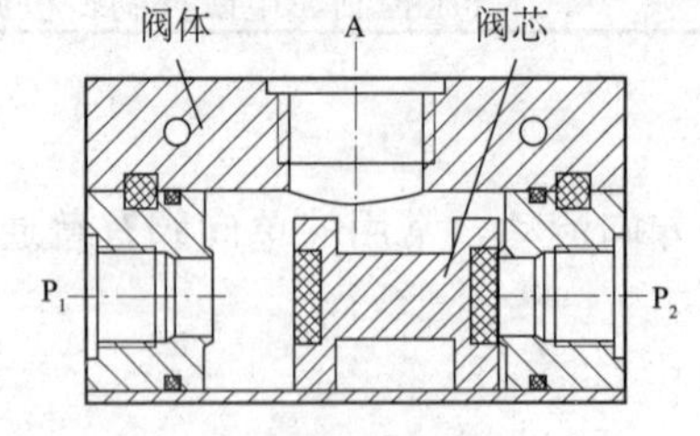

（a）结构原理

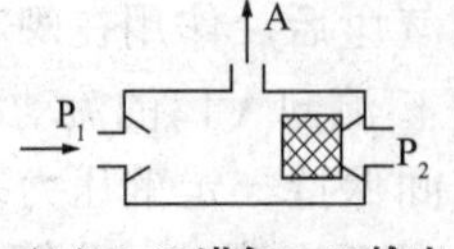

（b）P_1 口进气 A 口输出

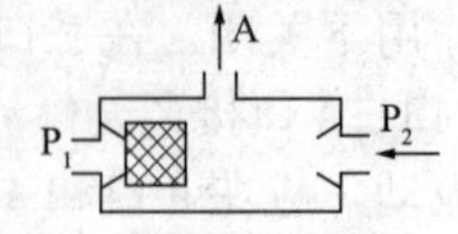

（c）P_2 口进气 A 口输出

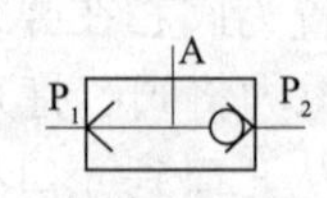

（d）图形符号

图 5-4　或门型梭阀

或门型梭阀在逻辑回路和程序控制回路中被广泛采用，图 5-5 是在手动－自动回路的转换上常用的或门型梭阀。

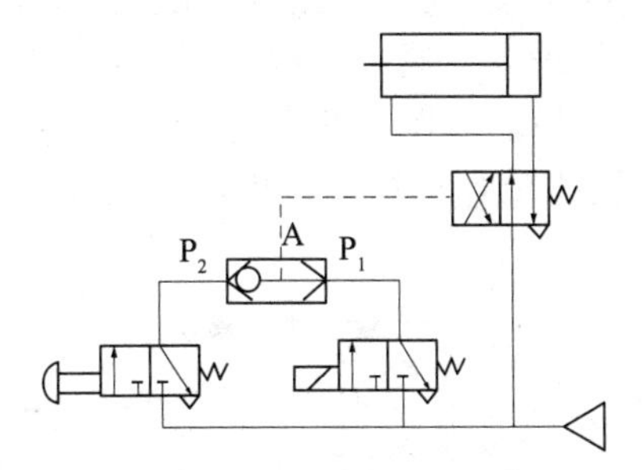

图 5-5　或门型梭阀在手动－自动换向回路中的应用

（4）双压阀

双压阀的作用相当于与门逻辑功能。图 5-6 所示为双压阀，有两个输入口 P_1 和 P_2，一个输出口 A。只有 P_1 口和 P_2 口同时有输入时，A 口才有输出。

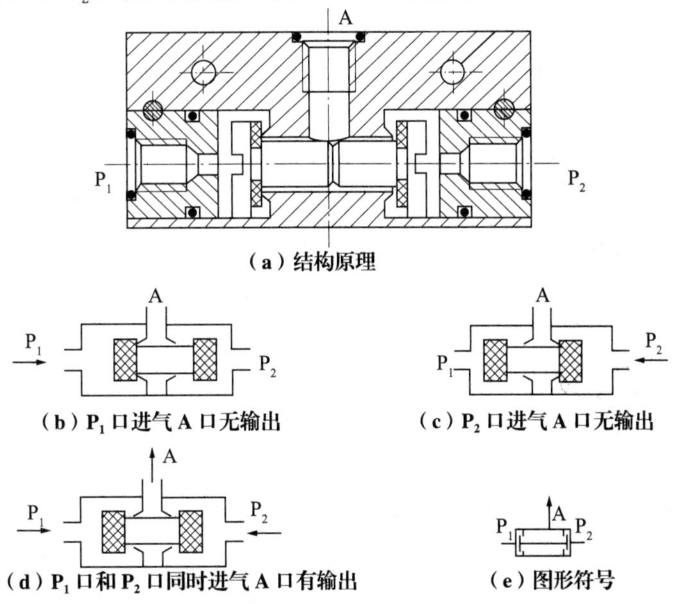

图 5-6　双压阀

图 5-7 所示回路为双压阀在机床液压系统中的应用实例，回路可靠地保证定位、夹紧后，才能钻削。

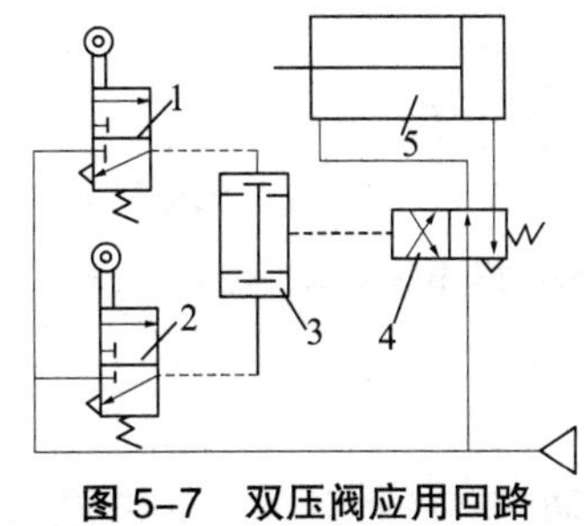

图 5-7　双压阀应用回路

1，2—行程阀；3—双压阀；4—换向阀；5—钻孔缸

（5）快速排气阀

快速排气阀是为使气缸快速排气，加快气缸运动速度而设置的专用阀，安装在换向阀和气缸之间。图 5-8（a）所示为快速排气阀的结构原理。当 P 口进气时，推动膜片向下变形，打开 P 口与 A 口的通路，关闭 O 口，如图 5-8（b）所示；当 P 口没有进气时，A 口的气体推动膜片复位，关闭 P 口，A 口气体经 O 口快速排出，如图 5-8（c）所示。快速排气阀的图形符号如图 5-8（d）所示。

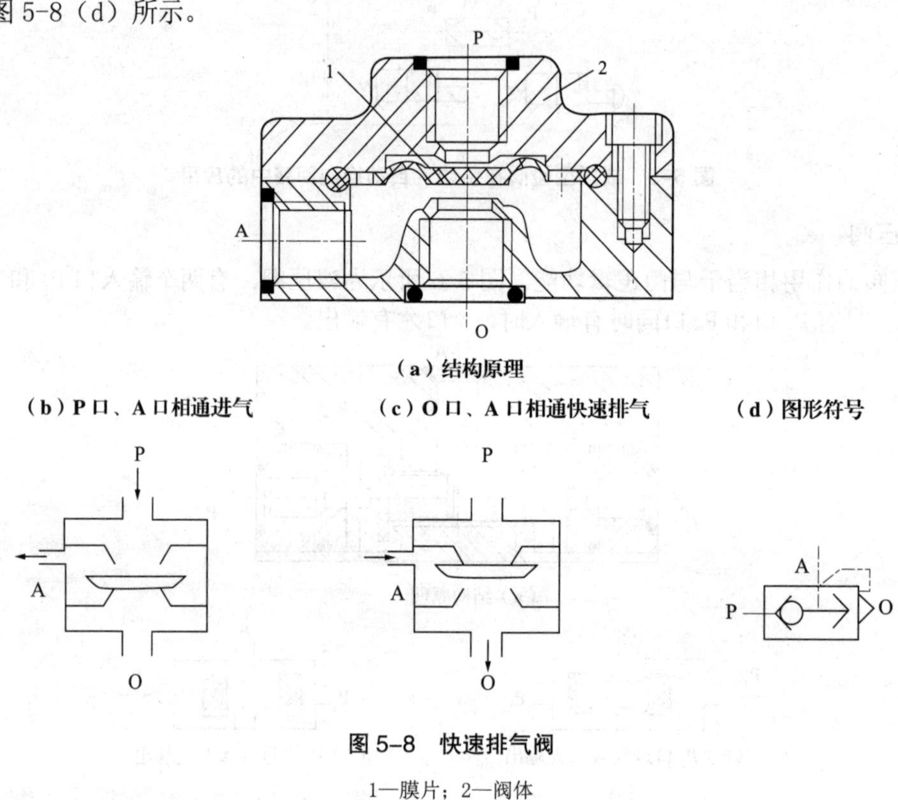

图 5-8　快速排气阀

1—膜片；2—阀体

图 5-9 所示为快速排气阀的应用回路，该回路可使气缸的无杆腔排气不经过换向阀即可完成。

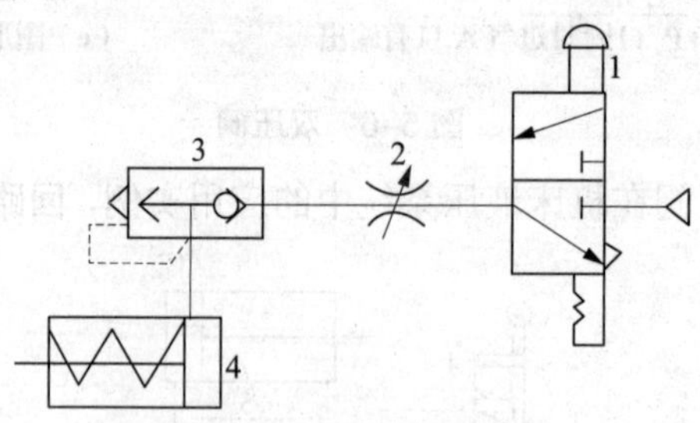

图 5-9　快速排气阀应用回路

1—手动换向阀；2—节流阀；3—快速排气阀；4—单作用气缸

5.2.2　换向阀

换向阀是指可以改变气流流动方向的控制阀，它通过改变气流通道而使气体流动方向发生变化，从而达到改变气动执行元件运动方向的目的。

换向阀有多种分类方式：按阀芯结构可分为截止式、滑阀式；按操纵方式可分为气压控制、电磁控制、人力控制和机械控制；按工作原理可分为直动式、先导式；按位数、通口数又可分为二位、三位、二通、三通、四通等。

（1）换向阀的基本结构和工作原理

① 截止式换向阀 图 5-10 所示为二位三通单气控截止式换向阀的结构原理和图形符号，图示为K口没有控制信号时的状态，阀芯3在弹簧2与P腔气压作用下右移，使P口与A口断开，A口与T口导通；当K口有控制信号时，推动活塞5通过阀芯压缩弹簧打开P口与A口的通道，封闭A口与T口的通道。图 5-10 所示为常断型阀，如果P口、T口换接则成为常开型。这里，换向阀芯换位采用的是加压的方法。

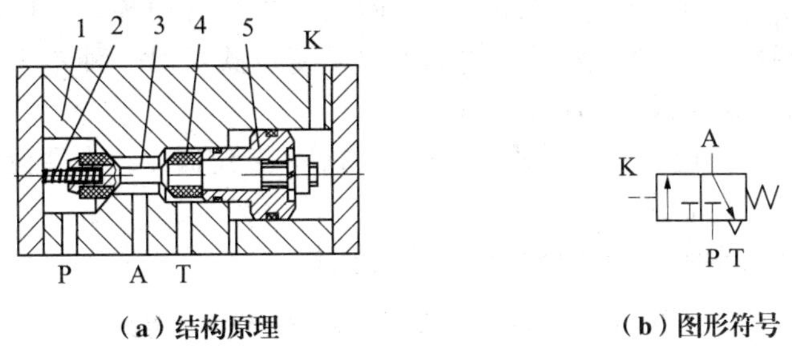

（a）结构原理　　（b）图形符号

图 5-10　截止式换向阀结构原理和图形符号

1—阀体；2—弹簧；3—阀芯；4—密封材料；5—控制活塞

② 滑柱式换向阀 用圆柱状的阀芯在圆筒形阀套内沿轴向移动，从而切换气路。图 5-11 所示为滑柱式换向阀的结构原理。图 5-11（a）所示为阀的初始状态，滑柱在弹簧力的作用下右移。此时，压缩空气从输入口P流向输出口A，A口有气压输出，B口无气压输出。图 5-11（b）所示为阀的工作状态，滑柱在操纵力作用下克服弹簧力左移，关断P口和A口的通路，接通P口和B口。于是，B口有输出，A口无输出。

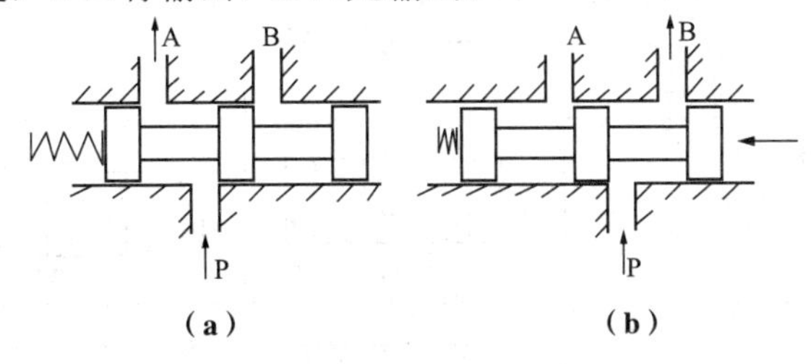

（a）　　（b）

图 5-11　滑柱式换向阀的结构原理

滑柱式换向阀在结构上只要稍稍改变阀套或滑柱的尺寸、形状，就能实现二位四通阀和二位五通阀的功能。

（2）换向阀的通口数与位数

① 通口数 换向阀的基本机能就是对气体的流动产生通、断作用。一个换向阀可以同时接通和断开几个回路，可以使其中一个回路处于接通状态而另一个回路处于断开状态，或者几个回路同时被切断。为了表示这种切换性能，可用换向阀的通路数（通口数）来表达。

二通阀有两个通口，即输入口（用P表示）和输出口（用A表示），只能控制流道的接通和断开。根据P→A通路静止位置所处的状态又分为常开式二通阀和常闭式二通阀。

三通阀有三个通口，除P、A外，还有一个排气口（用O表示）。根据P→A、A→O通路静止位置所处的状态也分为常通式和常断式两种三通阀。

四通阀有四个通口，除P、A、O外，还有一个输出口（用B表示）。流路为P→A、B→O，或P→B、A→O。可以同时切换两个流路，主要用于控制双作用气缸。

五通阀有五个通口，除P、A、B外，有两个排气口（用O_1、O_2表示）。其流路为P→A、B→O_2或P→B、A→O_1。这种阀与四通阀一样控制双作用气缸用。这种阀也可作为双供气阀（即选择阀）用，即将两个排气口分别作为输入口P_1、P_2。

此外，也有五个通口以上的阀，是一种专用性较强的换向阀。

② 位数 是指换向阀的切换状态数，有两种切换状态的阀称作二位阀，有三种切换状态的阀称作三位阀。有三种以上切换状态的阀称作多位阀。

二位阀通常有二位二通、二位三通、二位四通、二位五通等。二位阀有两种复位方式；一种是取消操纵力后能恢复到原来状态的称为自动复位式；另一种是不能自动复位的阀（除非加反向的操纵力），这种阀称为记忆式。

三位阀通常有三位三通、三位四通、三位五通等。三位阀中，中间位置状态有中位保压、中位卸荷、中位加压三种状态。

表5-2所示为气动换向阀的通路数与切换位置数。

表5-2 气动换向阀的通路数与切换位置数

机能	二位	三位		
		中位保压式	中位卸压式	中位加压式
二通	A P 常闭　A P 常开			
三通	A P O 常闭　A P O 常开	A P O		
四通	A B P O	A B P O	A B P O	A B P O
五通	A B O_1 P O_2	A B O_1 P O_2	A B O_1 P O_2	A B O_1 P O_2

（3）几种典型的方向控制阀

① 气压控制换向阀 气压控制换向阀是利用气体压力使主阀芯和阀体发生相对运动而改变气体流向的元件。在易燃、易爆、潮湿、粉尘大、强磁场、高温等恶劣工作环境下，用气压力控制阀芯动作比用电磁力控制要安全可靠。气压控制可分成加压控制、泄压控制、差压控制、延时控制等方式。

a. 加压控制 是指加在阀芯上的控制信号压力值是逐渐上升的控制方式，当气压增加到阀芯的动作压力时，主阀芯换向。它有单气控和双气控两种。

图5-12所示单气控换向阀是截止式二位三通换向阀。图5-12(a)所示为无控制信号K时的状态，阀芯在弹簧与P腔气压作用下，使P口、A口断开，A口、O口接通，阀处于排气

状态；图 5-12(b) 所示为有加压控制信号 K 时的状态，阀芯在控制信号 K 的作用下向下运动，A 口、O 口断开，P 口、A 口接通，阀处于工作状态。图 5-12(c) 所示为二位三通单气控换向阀的图形符号。

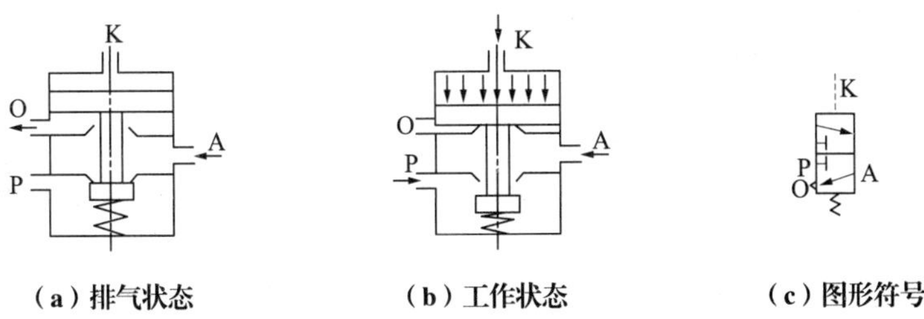

（a）排气状态　（b）工作状态　（c）图形符号

图 5-12　单气控换向阀

图 5-13 所示双气控换向阀是滑阀式二位五通换向阀。图 5-13(a) 所示为控制信号 K_1 存在，信号 K_2 不存在时的状态，阀芯停在右端，P 口、B 口接通，A 口、O_1 口接通；图 5-13(b) 所示为信号 K_2 存在，信号 K_1 不存在时的状态，阀芯停在左端，P 口、A 口接通，B 口、O_2 口接通。图 5-13(c) 所示为二位五通双气控换向阀的图形符号。

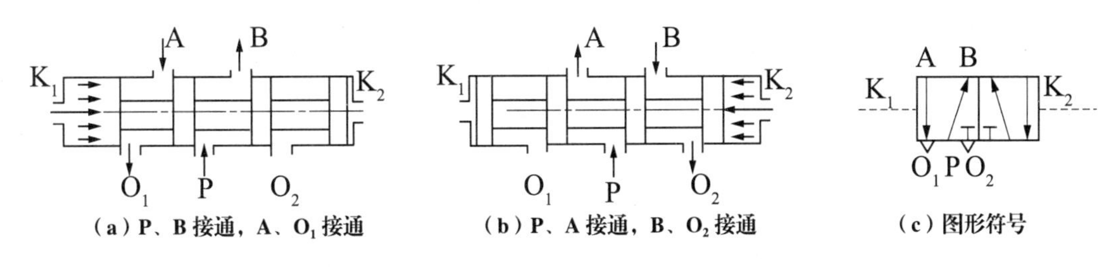

（a）P、B 接通，A、O_1 接通　（b）P、A 接通，B、O_2 接通　（c）图形符号

图 5-13　双气控换向阀

b. 泄压控制　是指加在阀芯上的控制信号压力值是逐渐下降的控制方式，当气压降至某一值时阀便被切换。泄压控制阀的切换性能不如加压控制阀好。

c. 差压控制　是利用阀芯两端受气压作用的有效面积不等，在气压作用力的差值作用下，使阀芯动作而换向的控制方式。

图 5-14 所示为二位五通差压控制换向阀的图形符号，当 K 口无控制信号时，P 口与 A 口相通，B 口与 O_2 口相通；当 K 口有控制信号时，P 口与 B 口相通，A 口与 O_1 口相通。差压控制的阀芯靠气压复位，不需要复位弹簧。

d. 延时控制　工作原理是利用气流经过小孔或缝隙被节流后，再向气室内充气，经过一定的时间，当气室内压力升至一定值后，再推动阀芯动作而换向，从而达到信号延迟的目的。

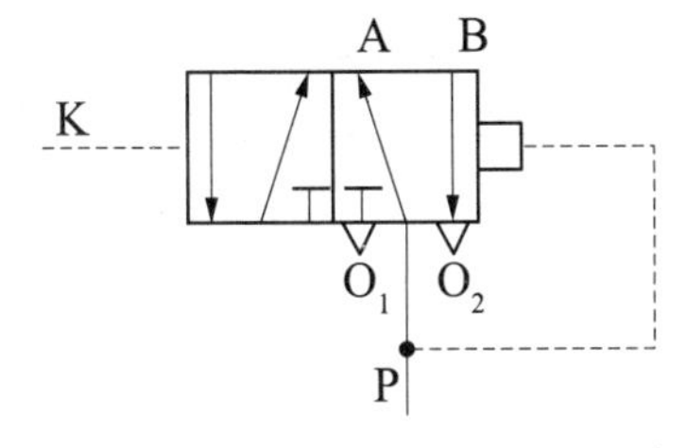

图 5-14　差压控制换向阀的图形符号

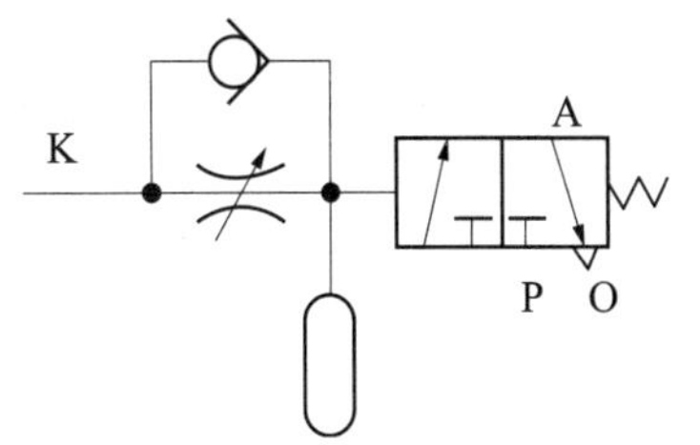

图 5-15　延时控制换向阀

图 5-15 所示为二位三通延时控制换向阀，它由延时和换向两部分组成。其工作原理是，当 K 口无控制信号时，P 口与 A 口断开，A 口与 O 口相通，A 腔排气；当 K 口有控制信号时，

控制气流先经可调节流阀，再到气容。由于节流后的气流流量较小，气容中气体压力增长缓慢，经过一定时间后，当气容中气体压力上升到某一值时，阀芯换位，使P口与A口相通，A腔有输出。当气控信号消除后，气容中的气体经单向阀迅速排空。调节节流阀开口大小，可调节延时时间的长短。这种阀的延时时间在0～20s范围内，常用于易燃、易爆等不允许使用时间继电器的场合。

② 电磁控制换向阀 是由电磁铁通电对街铁产生吸力，利用这个电磁力实现阀的切换以改变气流方向的阀。由于这种阀易于实现电、气联合控制，能实现远距离操作，故得到了广泛的应用。

电磁控制换向阀的类型，按原理分为直动式、先导式；按控制电磁铁的数目分为单电控换向阀、双电控换向阀。

a. 直动式电磁换向阀 由一个电磁铁的衔铁推动换向阀阀芯移位的阀称为单电控换向阀。单电控换向阀有单电控直动式换向阀和单电控先导式换向阀两种。

图5-16所示单电控直动式电磁换向阀靠电磁铁和弹簧的相互作用使阀芯换位实现换向。图5-16（a）所示为电磁线圈未通电时，P口、A口断开，阀没有输出。图5-16（b）所示为电磁线圈通电时，电磁铁推动阀芯向下移动，使P口、A口接通，阀有输出。图5-16（c）所示为图形符号。

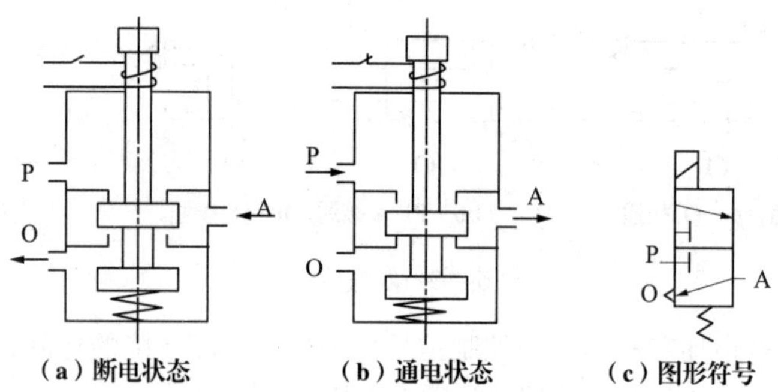

图5-16 单电控直动式电磁换向阀

图5-17所示双电控直动式电磁换向阀是二位五通电磁换向阀。如图5-17(a)所示，电磁铁1通电，电磁铁2断电时，阀芯被推到右位，A口有输出，B口排气；若电磁铁1断电，阀芯位置不变，即具有记忆能力。如图5-17(b)所示，电磁铁2通电，电磁铁1断电时，阀芯被推到左位，B口有输出，A口排气；若电磁铁2断电，空气通路不变。这种阀的两个电磁铁只能交替得电工作，不能同时得电，否则会产生误动作。其图形符号如图5-17(c)所示。

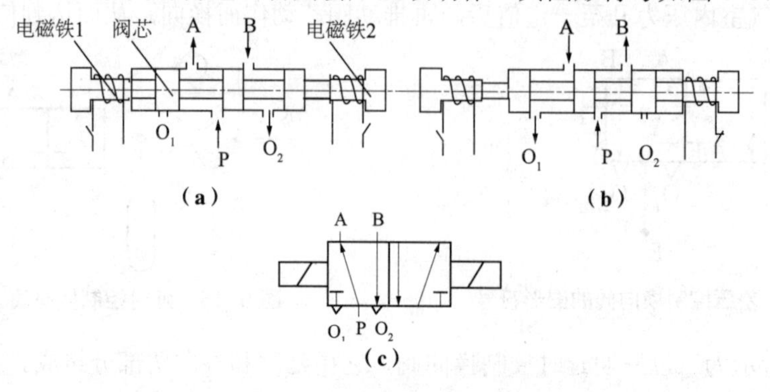

图5-17 双电控直动式电磁换向阀

b. 先导式电磁换向阀 由电磁先导阀和主阀两部分组成，电磁先导阀输出先导压力，此先导压力再推动主阀阀芯使阀换向。当阀的通径较大时，若采用直动式，则所需电磁铁要大，体积和电耗都大，为克服这些弱点，宜采用先导式电磁换向阀。

先导式电磁换向阀按控制方式可分为单电控和双电控方式。按先导压力来源，有内部先导式和外部先导式之分。

图 5-18 所示为单电控外部先导式电磁换向阀。

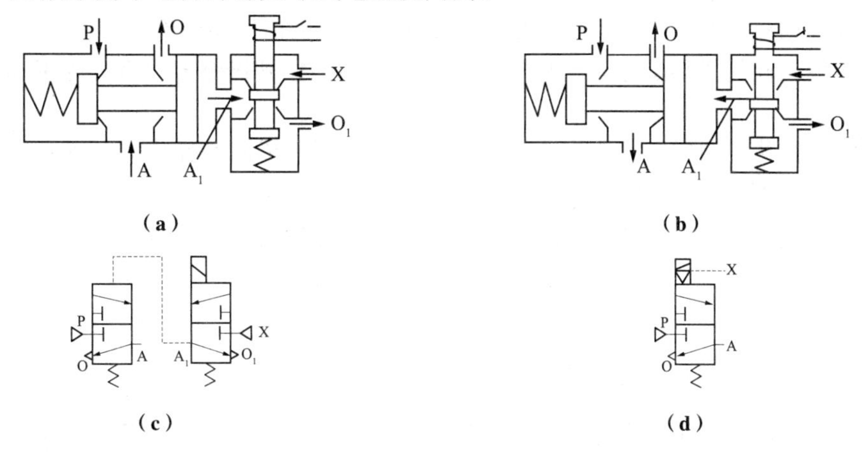

图 5-18 单电控外部先导式电磁换向阀

如图 5-18(a) 所示，当电磁先导阀的励磁线圈断电时，先导阀的 X 口、A_1 口断开，A_1 口、O_1 口接通，先导阀处于排气状态，此时主阀阀芯在弹簧和 P 口气压作用下向右移动，将 P 口、A 口断开，A 口、O 口接通，即主阀处于排气状态。如图 5-18(b) 所示，当电磁先导阀通电后，使 X 口、A_1 口接通，电磁先导阀处于进气状态，即主阀控制腔 A_1 进气。由于 A_1 腔内气体作用于阀芯上的力大于 P 口气体作用在阀芯上的力与弹簧力之和，因此将活塞推向左边，使 P 口、A 口接通，即主阀处于进气状态。图 5-18(c) 所示为单电控外部先导式电磁换向阀的详细图形符号，图 5-18(d) 所示为其简化图形符号。

图 5-19 所示为双电控内部先导式电磁换向阀。如图 5-19(a) 所示，当电磁先导阀 1 通电而电磁先导阀 2 断电时，由于主阀 3 的 K_1 腔进气，K_2 腔排气，使主阀阀芯移到右边。此时，P 口、A 口接通，A 口有输出；B 口、O_2 口接通，B 口排气。如图 5-19(b) 所示，当电磁先导阀 2 通电而先导阀 1 断电时，主阀 K_2 腔进气，K_1 腔排气，主阀阀芯移到左边。此时，P 口、B 口 接通，B 口有输出；A 口、O_1 口接通，A 口排气。双电控换向阀具有记忆性，即通电时换向，断电时并不返回，可用单脉冲信号控制。为保证主阀正常工作，两个电磁先导阀不能同时通电，电路中要考虑互锁保护。

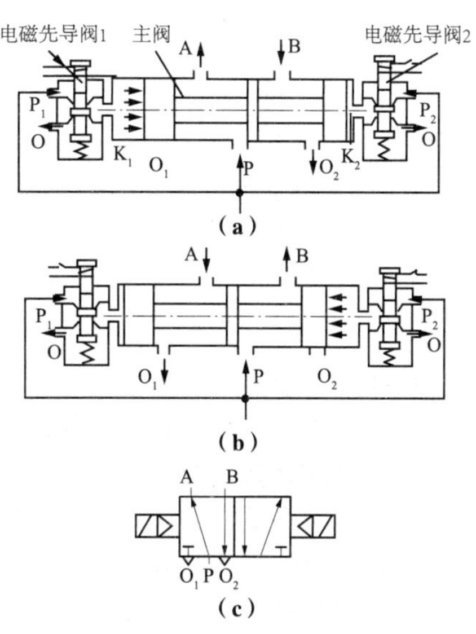

图 5-19 双电控内部先导式电磁换向阀

直动式电磁阀与先导式电磁阀相比，前者依靠电磁铁直接推动阀芯，实现阀通路的切换，其通径一般较小或采用间隙密封的结构形式。通径小的直动式电磁阀也常称作微型电磁阀，常用于小流量控制或作为先导式电磁阀的先导阀。而先导式电磁阀由电磁阀输出的气压推动主阀阀芯，实现主阀通路的切换。通径大的电磁气阀都采用先导式结构。

③ 人力控制换向阀 与其他控制方式相比，其使用频率较低、动作速度较慢。因操作力不大，故阀的通径小、操作灵活，可按人的意志随时改变控制对象的状态，可实现远距离控制。

人力控制换向阀在手动、半自动和自动控制系统中得到广泛的应用。在手动气动系统中，一般直接操纵气动执行机构。在半自动和自动系统中多作为信号阀使用。

人力控制换向阀的主体部分与气压控制换向阀类似，按其操纵方式可分为手动阀和脚踏阀两类。

a. 手动阀 手动阀的操作力不宜太大，故常采用长手柄以减小操作力，或者阀芯采用气压平衡结构，以减小气压作用面积。

手动阀的操纵头部结构有多种，如图 5-20 所示，有按钮式、蘑菇头式、旋钮式、拨动式、锁定式等。

图 5-20 手动阀头部结构

图 5-21 所示为推拉式手动阀。如图 5-21(a) 所示，用手拉起阀芯，则 P 口与 B 口相通，A 口与 O_1 口相通；如图 5-21(b) 所示，若将阀芯压下，则 P 口与 A 口相通，B 口与 O_2 口相通。图 5-21(c) 所示为其图形符号。

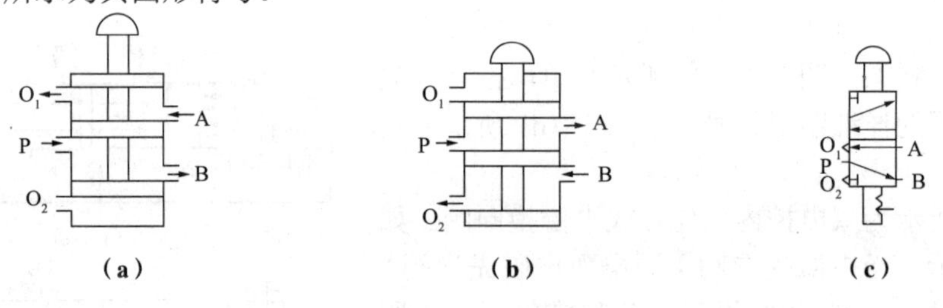

图 5-21 推拉式手动阀

旋钮式、锁定式、推拉式等手动阀操作具有定位功能，即操作力除去后能保持阀的工作状态不变。图形符号上的缺口数表示了有几个定位位置。

手动阀除弹簧复位外，也有采用气压复位的，好处是具有记忆性，即不加气压信号，阀能保持原位而不复位。

b. 脚踏阀 在半自动气控冲床上，由于操作者两只手需要装卸工件，为提高生产效率，用脚踏阀控制供气更为方便，特别是操作者坐着操作的冲床。

脚踏阀有单板脚踏阀和双板脚踏阀两种。单板脚踏阀是脚一踏下便进行切换，脚一离开便恢复到原位，即只有两位。双板脚踏阀有两位式和三位式之分。两位式的动作是踏下踏板后，脚离开，阀不复位，直到踏下另一踏板后，阀才复位。三位式有三个动作位置，脚没有踏下时，两边踏板处于水平位置，为中间状态；踏下任一边的踏板，阀被切换，待脚一离开又立即回复到中位状态。

图 5-22 所示为脚踏阀的结构示意图及头部控制图形符号。

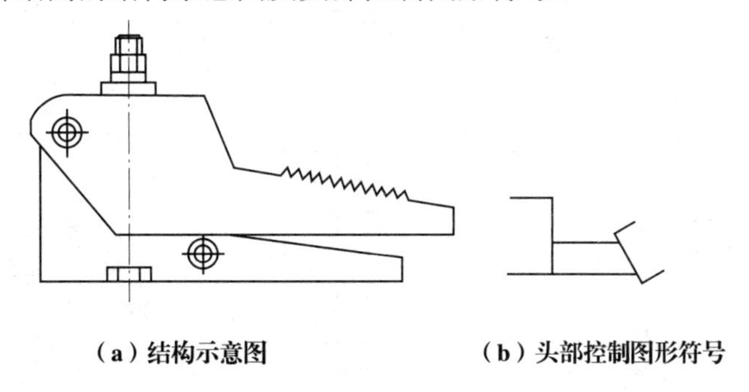

（a）结构示意图　（b）头部控制图形符号

图 5-22 脚踏阀的结构示意图及头部控制图形符号

④ 机械控制换向阀 是利用执行机构或其他机构的运动部件，借助凸轮、滚轮、杠杆和撞块等机械外力推动阀芯，实现换向的阀。

如图 5-23 所示，机械控制换向阀按阀芯的头部结构形式来分，常见的有：直动圆头式、杠杆滚轮式、可通过滚轮杠杆式、旋转杠杆式、可调杠杆式和弹簧触须式等。

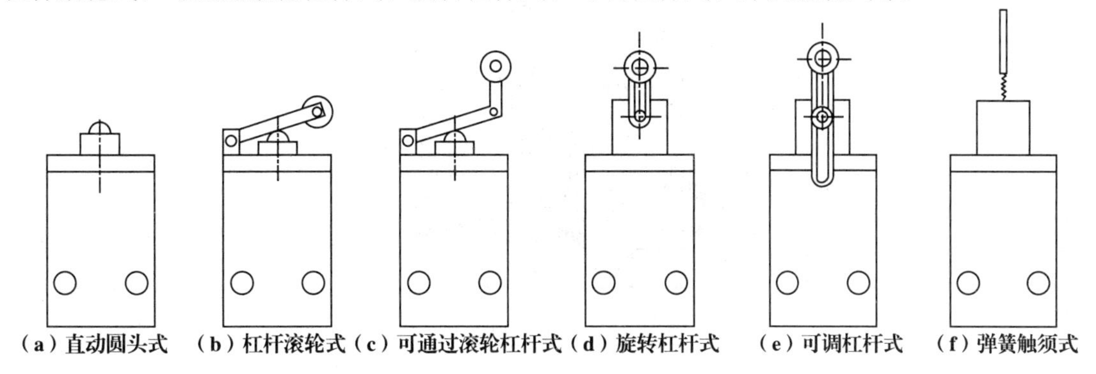

（a）直动圆头式　（b）杠杆滚轮式　（c）可通过滚轮杠杆式　（d）旋转杠杆式　（e）可调杠杆式　（f）弹簧触须式

图 5-23 机械控制换向阀的头部形式

直动圆头式是由机械力直接推动阀杆的头部使阀切换。滚轮式头部结构可以减小阀杆所受的侧向力，杠杆滚轮式可减小阀杆所受的机械力。可通过滚轮杠杆式结构的头部滚轮是可折回的，当机械撞块正向运动时，阀芯被压下，阀换向。撞块走过滚轮，阀芯靠弹簧力返回。撞块返回时，由于头部可折，滚轮折回，阀芯不动，阀不换向。弹簧触须式结构操作力小，常用于计数发信号。

⑤ 脉冲阀 是靠气流流经气阻、气容的延时作用，使压力输入长信号变为短暂的脉冲信号输出的阀类。

脉冲阀的工作原理如图 5-24 所示。图 5-24(a) 所示为无信号输入的状态；图 5-24(b) 所示为有信号输入的状态，此时滑柱向上，A 口有输出，同时从滑柱中间节流小孔不断向气室（气容）中充气；图 5-24(c) 所示为当气室内的压力达到一定值时，滑柱向下，A 口与 O 口接通，A 口的输出状态结束。

图 5-25 所示为脉冲阀的结构。这种阀的信号工作压力范围是 0.2 ～ 0.8 MPa，脉冲时间为 2s。

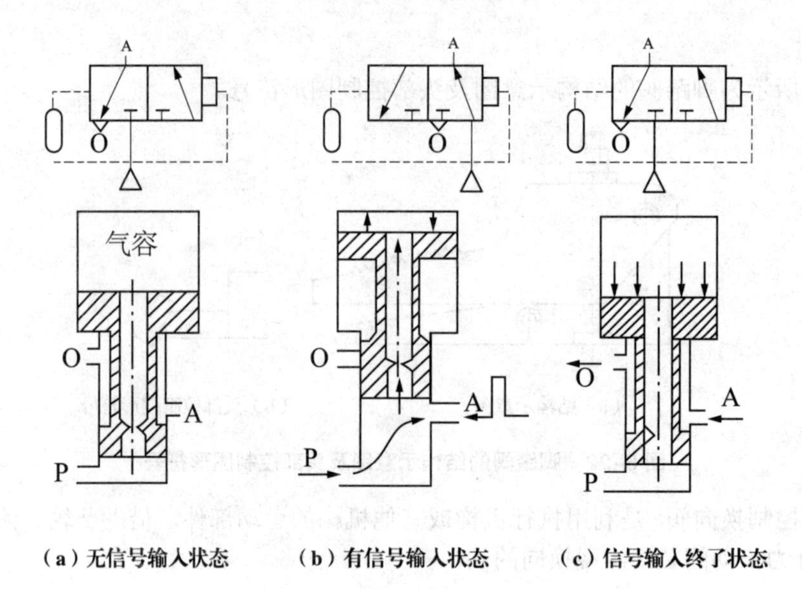

图 5-24 脉冲阀的工作原理

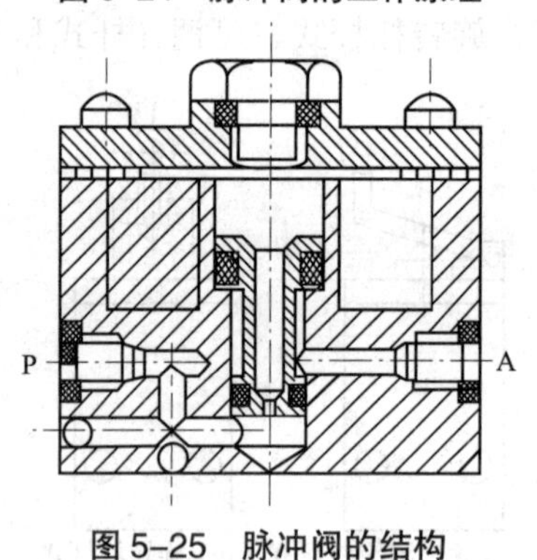

图 5-25 脉冲阀的结构

5.3 压力控制阀

气动压力控制阀在气动系统中主要起调节、降低或稳定气源压力及控制执行元件的动作顺序、保证系统的工作安全等作用。

常用的压力控制阀主要有减压阀（调压阀）、溢流阀（安全阀）、顺序阀、增压阀及多功能组合阀等。

5.3.1 减压阀

在一个气动系统中，来自于同一个压力源的压缩空气可能要去控制不同的执行元件（气缸或马达等），不同的执行元件对于压力的需求是不一样的。因此，在各个气动支路的压力也是不同的。这就需要使用一种控制元件为每一个支路提供不同的稳定的压力，这种元件就是减压阀。减压阀是将较高的输入压力调整到规定的输出压力的压力控制阀，并能保持稳定的出口侧压力的控制阀。

（1）减压阀的基本结构和工作原理

减压阀的调压方式有直动式和先导式两种：直动式是借助弹簧力直接操纵的调压方式；

先导式是用预先调整好的气压来代替直动式调压弹簧进行调压的。

① 直动式减压阀 图5-26 所示为一种常用的直动式减压阀。此阀可利用手柄直接调节调压弹簧来改变阀的输出压力。

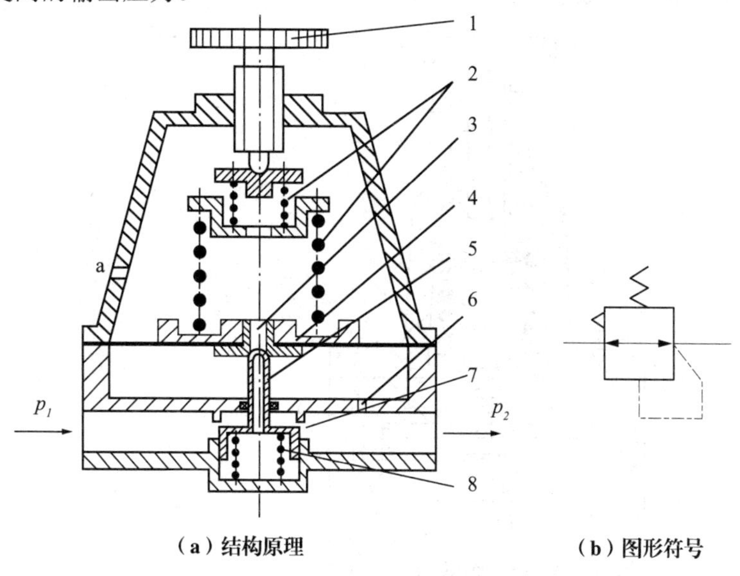

（a）结构原理　　（b）图形符号

图5-26　直动式减压阀

1—手柄；2—调压弹簧；3—溢流口；4—膜片；5—阀芯；6—反馈导管；7—阀口；8—复位弹簧

顺时针旋转手柄1，则压缩调压弹簧2，推动膜片4下移，膜片又推动阀芯5下移，阀口7被打开，气流通过阀口后压力降低；与此同时，部分输出气流经反馈导管6进入膜片气室，在膜片上产生一个向上的推力，当此推力与弹簧力相平衡时，输出压力便稳定在一定的值。

若输入压力发生波动，例如压力 p_1 瞬时升高，则输出压力 p_2 也随之升高，作用在膜片上的推力增大，膜片上移，向上压缩弹簧，从溢流口3有瞬时溢流，并靠复位弹簧8及气压力的作用，使阀杆上移，阀门开度减小，节流作用增大，使输出压力 p_2 回降，直到新的平衡为止。重新平衡后的输出压力又基本上恢复至原值。反之，若输入压力瞬时下降，则输出压力也相应下降，膜片下移，阀门开度增大，节流作用减小，输出压力又基本上回升至原值。如输入压力不变，输出流量变化，使输出压力发生波动（增高或降低）时，依靠溢流口的溢流作用和膜片上力的平衡作用推动阀杆，仍能起稳压作用。

逆时针旋转手柄时，压缩弹簧力不断减小，膜片气室中的压缩空气经溢流口不断从排气孔a排出，进气阀芯逐渐关闭，直至最后输出压力降为零。

② 先导式减压阀 是使用预先调整好的压力空气来代替直动式调压弹簧进行调压的。其调节原理和主阀部分的结构与直动式减压阀相同。这种直动式减压阀装在主阀内部，称为内部先导式减压阀；若将它装在主阀外部，则称外部先导式或远程控制减压阀。

图5-27所示先导式减压阀由先导阀和主阀两部分组成。当气流从左端流入阀体后，一部分经阀口9流向输出口，另一部分经固定节流孔1进入中气室5，经喷嘴2、挡板3、孔道反馈至下气室6，再经阀杆7中心孔及排气孔8排至大气。把手柄旋到一定位置，使喷嘴挡板的距离在工作范围内，减压阀就进入工作状态。中气室5的压力随喷嘴与挡板间距离的减小而增大，于是推动阀芯打开进气阀口9，即有气流流到出口，同时经孔道反馈到上气室4，与调压弹簧相平衡。若输入压力瞬时升高，输出压力也相应升高，通过孔口的气流使下气室6的压力也升高，破坏了膜片原有的平衡，使阀杆7上升，节流阀口减小，节流作用增强，输

出压力下降，使膜片两端作用力重新平衡，输出压力恢复到原来的调定值。当输出压力瞬时下降时，经喷嘴挡板的放大也会引起中气室 5 的压力较明显升高，而使阀芯下移，阀口开大，输出压力升高，并稳定到原数值上。

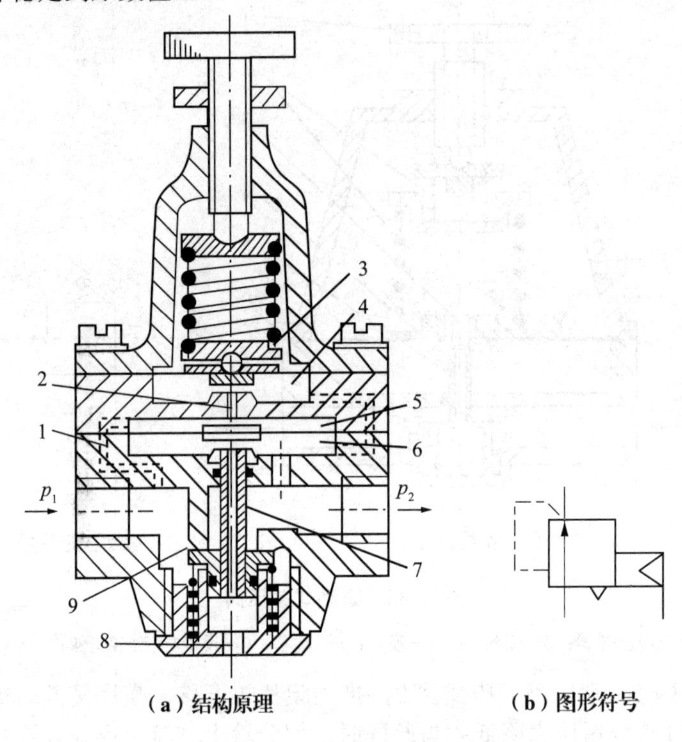

（a）结构原理　　（b）图形符号

图 5-27　先导式减压阀

1—固定节流孔；2—喷嘴；3—挡板；4—上气室；5—中气室；6—下气室；
7—阀杆；8—排气孔；9—阀口

（2）减压阀的主要特性

减压阀的主要特性有调压范围、压力特性、流量特性和溢流特性。

① 调压范围　减压阀输出压力的调节范围称为调压范围。在此压力范围内，要求输出压力能连续稳定地调整，无突跳现象。调压范围主要取决于调压弹簧的刚度。减压阀的输入及最大输出压力间的关系可查表 5-3。

表 5-3　减压阀的输入及最大输出压力间的关系

输入压力 /MPa	0.16	0.4	0.63	1.0	(1.2)	1.6	2.5	4.0
最大输出压力 /MPa	0.1	0.25	0.4	0.63	(0.8)	1.0	1.6	2.5

② 压力特性　是指减压阀在一定输出流量下，输入压力波动对输出压力波动的影响。要求在规定流量下，出口压力随进口压力变化而变化的值不大于 0.05MPa。典型的压力特性曲线如图 5-28 所示。

③ 流量特性　是指减压阀在一定输入压力下，输出流量的变化对输出压力波动的影响。要求输出流量在较大范围内变化时，出口压力的变化越小越好。典型的流量特性曲线如图 5-29 所示。

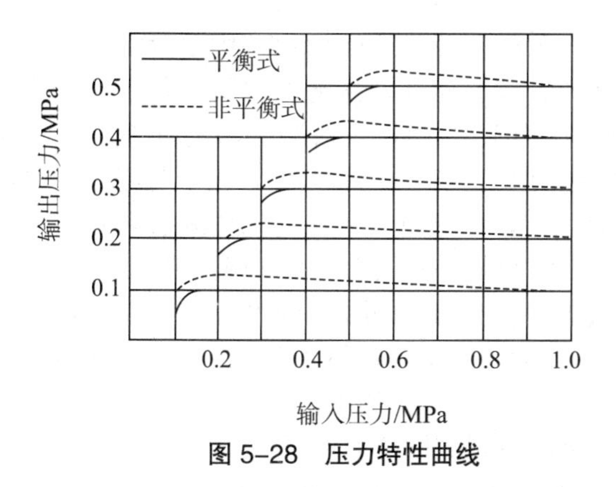

图 5-28 压力特性曲线

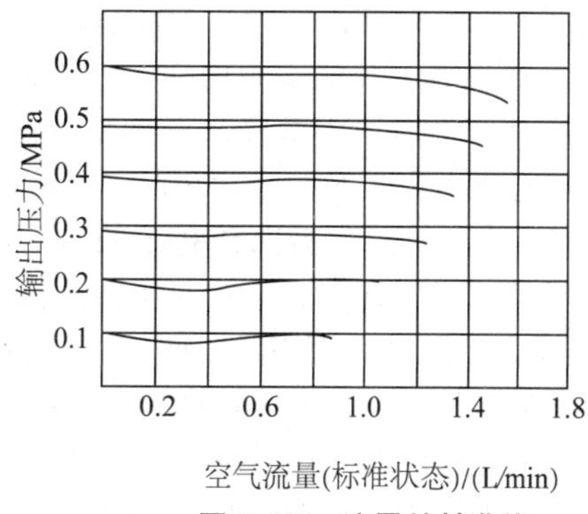

图 5-29 流量特性曲线

减压阀的压力特性和流量特性表示了其稳压性能，是选用阀的重要依据。阀的输出压力只有低于输入压力一定值时，才能保证输出压力的稳定。由图 5-28 可知，输入压力至少要高于输出压力 0.1MPa。另外，由图 5-29 可知，阀的输出压力越低，受流量的影响越小，但在小流量时，输出压力波动较大。当实际流量超出规定的额定流量时，输出压力将急剧下降。

④ 溢流特性 是指阀的输出压力超过调定值时，溢流口打开，空气从溢流口流出。减压阀的溢流特性表示通过溢流口的溢流流量 q 与输出口的超压压力 $\Delta p(\Delta p = p_2' - p_2)$ 之间的关系，溢流特性曲线如图 5-30 所示。特性曲线上的 a 点为减压阀的输出压力调定值 p_2，b 点为溢流口即将打开时的输出压力 p_2'。

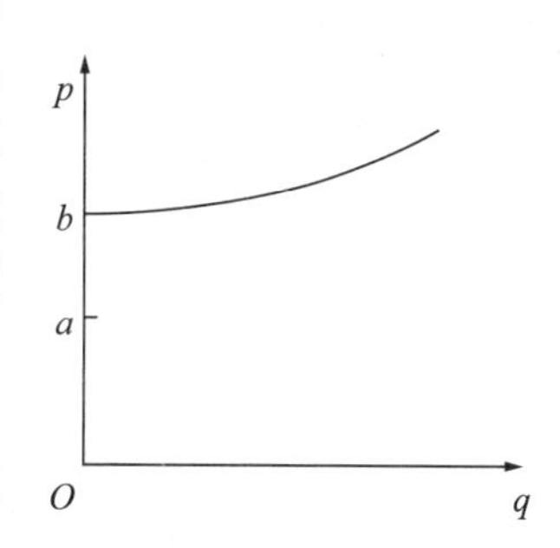

图 5-30 溢流特性曲线

（3）定值器

定值器是一种高精度的减压阀，主要用于压力定值。图 5-31 所示为定值器的工作原理。它由三部分组成：一是直动式减压阀的主阀部分；二是恒压降装置，相当于一定差值减压阀，主要作用是使喷嘴得到稳定的气源流量；三是喷嘴挡板装置和调压部分，起调压和压力放大作用，利用被它放大了的气压去控制主阀部分。由于定值器具有调定、比较和放大的功能，因而稳压精度高。

定值器处于非工作状态时，由气源输入的压缩空气进入 A 室和 E 室。主阀阀芯 2 在弹簧 1 和气源压力作用下压在截止阀座 3 上，使 A 室与 B 室断开。进入 E 室的气流经阀口（又称活门 7）进至 F 室，再通过节流孔 5 降压后，分别进入 G 室和 D 室。由于这时尚未对膜片 12 加力，挡板 11 与喷嘴 10 之间的间距较大，气体从喷嘴 10 流出时的气流阻力较小，C 室及 D 室的气压较低，膜片 8 及膜片组 4 均保持原始位置。进入 H 室的微量气体主要部分经 B 室通过溢流口从排气口排出；另有一部分从输出口排空。此时输出口输出压力近似为零，由喷嘴流出而排空的微量气体是维持喷嘴挡板装置工作所必需的，因其为无功耗气量，所以希望其越小越好。

定值器处于工作状态时，转动调压手轮 14 压下调压弹簧 13 并推动膜片 12 连同挡板 11 一同下移，挡板 11 与喷嘴 10 的间距缩小，气流阻力增加，使 C 室和 D 室的气压升高。膜片组 4 在 D 室气压的作用下下移，将溢流口关闭，并向下推动主阀阀芯 2，打开阀口，压缩空气即经 B 室和 H 室由输出口输出。与此同时，H 室压力上升并反馈到膜片 12 上，当膜片 12 所受的反馈作用力与弹簧力平衡时，定值器便输出一定压力的气体。

当输入的压力发生波动，如压力上升，若活门 7、主阀阀芯 2 的开度不变，则 B 室、F 室和H室气压瞬时增高，使膜片12上移，导致挡板11与喷嘴10之间的间距加大，C室和D室的气压下降。由于B室压力增高，D室压力下降，膜片组4在压差的作用下向上移动，使主阀阀口减小，输出压力下降，直到稳定在调定压力上。此外，在输入压力上升时，E室压力和F室瞬时压力也上升，膜片8在上下压差的作用下上移，关小活门7。由于节流作用加强，F室气压下降，始终保持节流孔5的前后压差恒定，故通过节流孔的气体流量不变，使喷嘴挡板的灵敏度得到提高。当输入压力降低时，B室和H室的压力瞬时下降，膜片12连同挡板11由于受力平衡破坏而下移，喷嘴10与挡板11间的间距减小，C室和D室压力上升，膜片8和膜片组4下移。膜片组4的下移使主阀阀口开度加大，B室及H室气压回升，直到与调定压力平衡为止。而膜片8下移，开大活门，F室气压上升，始终保持节流孔5前后压差恒定。

同理，当输出压力波动时，将与输入压力波动时得到同样的调节。

由于定值器利用输出压力的反馈作用和喷嘴、挡板的放大作用控制主阀，使其能对较小的压力变化作出反应，从而使输出压力得到及时调节，保持出口压力基本稳定，定值稳压精度较高。

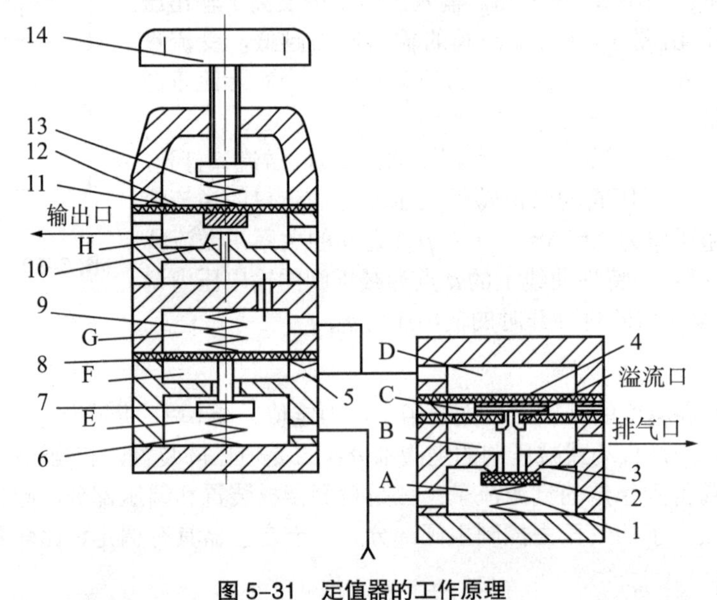

图5-31 定值器的工作原理

1，6，9—弹簧；2—主阀阀芯；3—截止阀座；4—膜片组；5—节流孔；7—活门；8，12—膜片；10—喷嘴；11—挡板；13—调压弹簧；14—调压手轮

（4）减压阀的安装和使用

① 减压阀最好竖直安装，阀体上的箭头方向为气体的流动方向，不能把进、出口装错，减压阀的进口压力应比最高出口压力大0.1MPa以上。

② 安装减压阀时，最好手柄在上，以便于操作。阀体上堵头可拧下来，装上压力表。

③ 连接管道安装前，要用压缩空气吹净或用酸蚀法将锈屑等清洗干净。滑动部分要涂润滑油，保证阀杆与膜片同心。

④ 按气流的流动方向，首先安装空气过滤器，然后安装减压阀，最后安装油雾器，以防减压阀中的橡胶件过早变质。

⑤ 为延长减压阀使用寿命，减压阀不用时，应旋松手柄回零，以免零件长期受压产生塑性变形，影响调压精度。

5.3.2 溢流阀（安全阀）

（1）溢流阀（安全阀）的功用和类型

溢流阀和安全阀在结构和功能方面相类似，有时可以不加区别。它们的作用是当气动回路和容器中的压力上升到超过调定值时，自动向外排气，以保持压力为调定值。

溢流阀调定系统的压力，并保持压力恒定；而安全阀在系统中起安全保护作用，限制系统的最大压力。当系统压力超过规定的最大值时，安全阀打开保证系统的安全。

溢流阀（安全阀）的常见类型有直动式、先导式和膜片式等。

（2）溢流阀（安全阀）的基本结构和工作原理

溢流阀和安全阀的工作原理是相同的，图 5-32 所示为一种直动式溢流阀。图 5-32 (a) 所示为阀在初始工作位置，预先调整手柄，使调压弹簧压缩，阀门关闭。图 5-32 (b) 所示为当气压达到给定值时，气体压力克服预紧弹簧力，活塞上移，开启阀门排气。当系统内压力降至给定压力以下时，阀重新关闭。调节弹簧的预紧力，即可改变阀的开启压力。图 5-32(c) 所示为其图形符号。

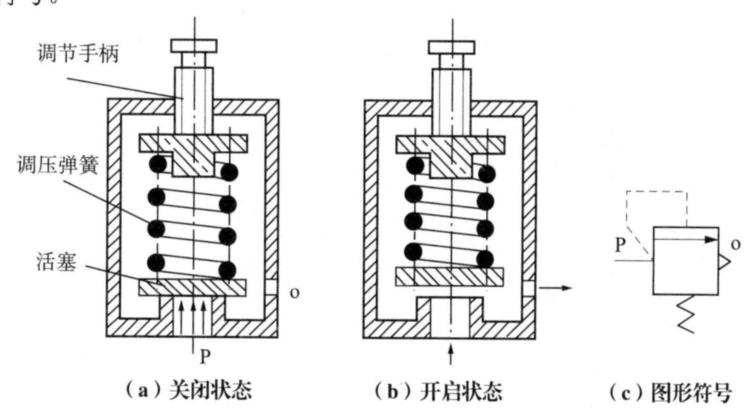

图 5-32 直动式溢流阀

溢流阀（安全阀）的直动式和先导式的含义同减压阀。直动式溢流阀一般通径较小；先导式溢流阀一般用于通径较大或需要远距离控制的场合。

5.3.3 顺序阀

（1）顺序阀结构及工作原理

顺序阀也称压力联锁阀，是依靠回路中压力的变化来控制顺序动作的一种压力控制阀。顺序阀是当进口压力或先导压力达到设定值时，便允许压缩空气从进口侧向出口侧流动的阀。使用它，可依据气压的大小，来控制气动回路中各元件动作的先后顺序。顺序阀常与单向阀并联，构成单向压力顺序阀。

顺序阀的工作原理比较简单。如图 5-33 (a) 所示，压缩空气从 P 口进入阀后，作用在阀芯下面的环形活塞面积上，当此作用力低于调压弹簧的作用力时，阀关闭。图 5-33 (b) 所示为当空气压力超过调定的压力值即将阀芯顶起，气压立即作用于阀芯的全面积上，使阀达到全开状态，压缩空气便从 A 口输出。当 P 口的压力低于调定压力时，阀再次关闭。图 5-33 (c) 所示为其图形符号。

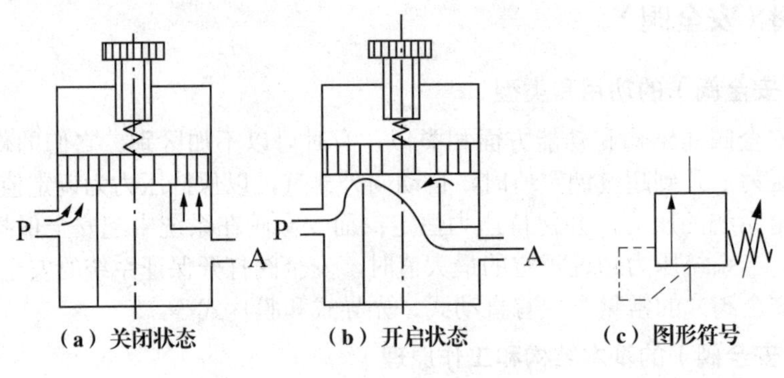

图 5-33 顺序阀

(2) 单向顺序阀

图 5-34 所示为单向顺序阀。图 5-34 (a) 所示为气体正向流动时，进口 P 的气压力作用在活塞上，当它超过压缩弹簧的预紧力时，活塞被顶开，出口 A 就有输出；单向阀在压差力和弹簧力作用下处于关闭状态。图 5-34 (b) 所示为气体反向流动时，进口变为排气口，出口压力将顶开单向阀，使 A 口和排气口接通。调节手柄可改变顺序阀的开启压力。图 5-34 (c) 所示为其图形符号。

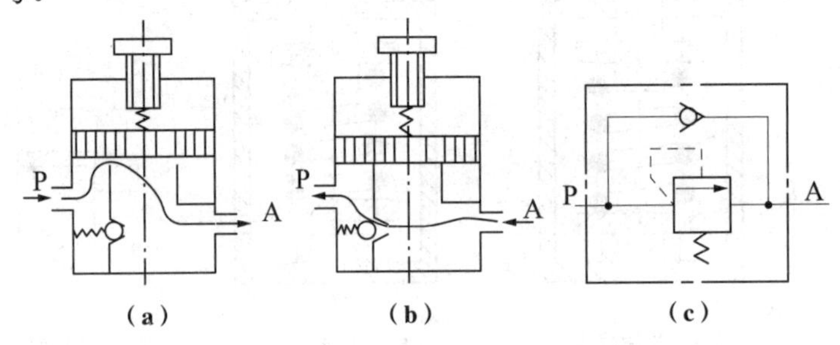

图 5-34 单向顺序阀

5.3.4 增压阀

工厂气路中的压力通常不高于 1.0MPa。但在下列情况下，却需要少量、局部高压气体。

① 气路中个别或部分装置需使用高压（比主管路压力高）。

② 工厂主气路压力下降，不能保证气动装置的最低使用压力时，利用增压阀提供高压气体，以维持气动装置正常工作。

③ 空间窄小，不能配置大缸径气缸，但又必须确保输出力。

④ 气控式远距离操作，必须增压以弥补压力损失。

因此，需要使用增压阀对部分支路进行增压。

图 5-35 所示为增压阀的工作原理。输入的气压分两路：一路打开单向阀充入小气缸的增压室 A 和 B；另一路经调压阀及换向阀，向大气缸的驱动室 B 充气，驱动室 A 排气。这样，大活塞左移，带动小活塞也左移，增压室 B 增压，打开单向阀从出口送出高压气体。小活塞走到头，使换向阀切换，则驱动室 A 进气，驱动室 B 排气，大活塞反向运动，增压室 A 增压，打开单向阀，继续从输出口送出高压气体。以上动作反复进行，便可从出口得到连续输出的高压气体。出口压力反馈至调压阀，可使出口压力自动保持在某一值，得到在增压比范围内的任意设定的出口压力。

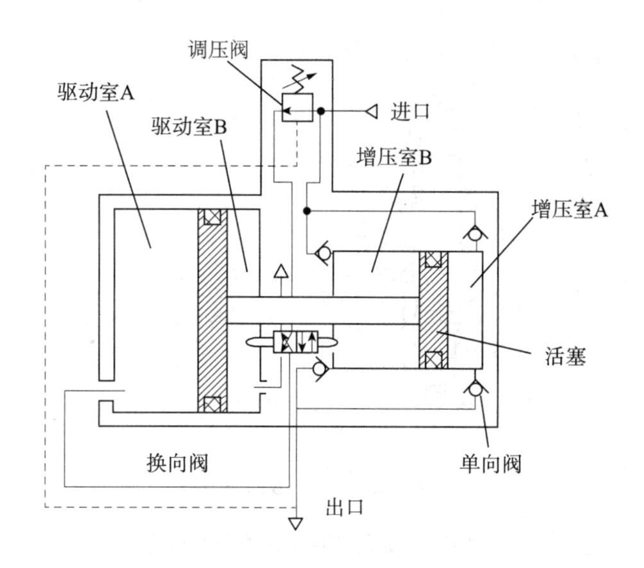

图 5-35　增压阀的工作原理

5.4 流量控制阀

气动流量控制阀是通过改变阀的通流面积来实现流量控制的元件。气动流量控制阀包括节流阀、单向节流阀、排气节流阀和柔性节流阀等。

5.4.1　节流阀

(1) 常用节流阀的节流口形式

常用节流阀的节流口形式如图 5-36 所示。对于节流阀调节特性的要求是流量调节范围大，阀芯的位移量与通过的流量为线性关系。节流阀节流口的形状对调节特性影响较大。

图 5-36 (a) 所示的是针阀式节流口，当阀开度较小时，调节比较灵敏，当超过一定开度时，调节流量的灵敏度就差了；图 5-36 (b) 所示的是三角槽形节流口，通流面积与阀芯位移量为线性关系；图 5-36 (c) 所示的是圆柱斜切式节流口，通流面积与阀芯位移量成指数（指数大于 1）关系，能进行小流量精密调节。

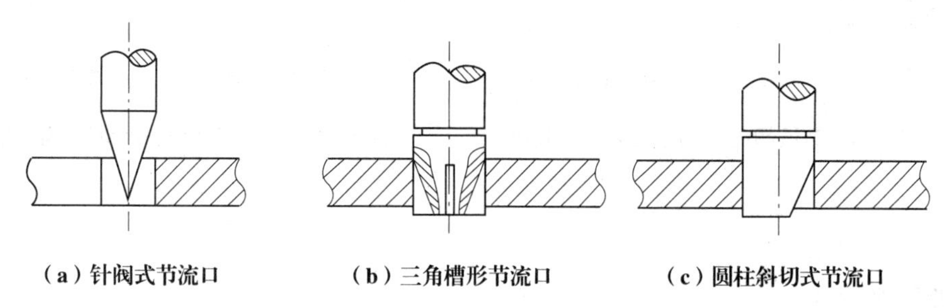

(a) 针阀式节流口　(b) 三角槽形节流口　(c) 圆柱斜切式节流口

图 5-36　常用节流阀的节流口形式

(2) 节流阀的结构原理及图形符号

图 5-37 (a) 所示为节流阀的结构原理。当压力气体从 P 口输入时，气流通过节流通道自 A 口输出。旋转阀芯螺杆，就可改变节流口的开度，也就改变了阀的通流面积，从而控制

流量。图 5-37（b）所示为节流阀的图形符号。

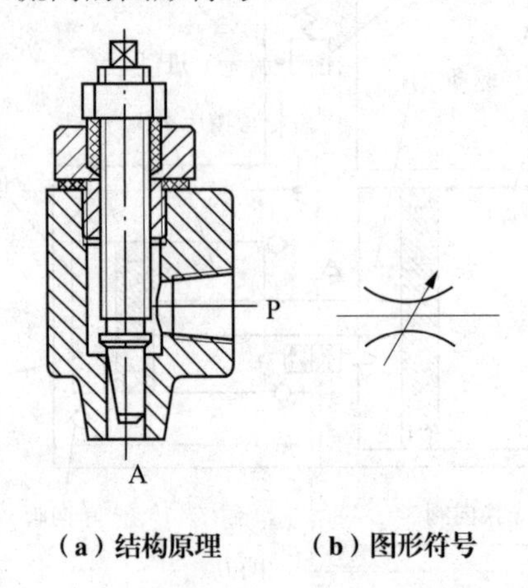

（a）结构原理　　（b）图形符号

图 5-37　节流阀的结构原理及图形符号

5.4.2　单向节流阀

单向节流阀是由单向阀和节流阀并联而成的组合式流量控制阀。该阀常用于控制气缸的运动速度，故也称为速度控制阀。

图 5-38 所示为单向节流阀的结构原理和图形符号。当气流正向流动时（P → A），单向阀关闭，流量由节流阀控制；反向流动时（A → O），在气压作用下单向阀被打开，无节流作用。若用单向节流阀控制气缸的运动速度，安装时该阀应尽量靠近气缸。在回路中安装单向节流阀时不要将方向装反。为了提高气缸运动稳定性，应按出口节流方式安装单向节流阀。

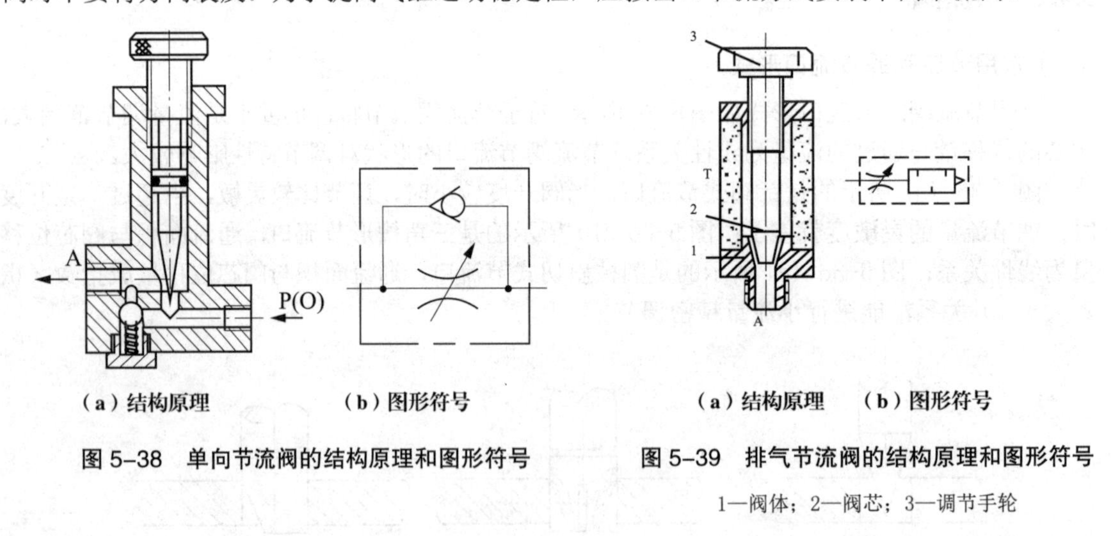

（a）结构原理　　（b）图形符号

图 5-38　单向节流阀的结构原理和图形符号

（a）结构原理　　（b）图形符号

图 5-39　排气节流阀的结构原理和图形符号

1—阀体；2—阀芯；3—调节手轮

5.4.3　排气节流阀

排气节流阀安装在系统的排气口处限制气流的流量，同时还具有减小排气噪声的作用，所以常称为排气消声节流阀。

图 5-39 所示为排气节流阀的结构原理和图形符号。转动调节手轮可使阀芯上下移动，阀口的通流面积改变，进而控制了排出气体的流量。节流口的排气经过由消声材料制成的消声

套，在节流的同时减少排气噪声，排出的气体一般通入大气。

5.4.4 柔性节流阀

图 5-40 所示为柔性节流阀的结构原理，依靠阀杆夹紧柔韧的橡胶管而产生节流作用，也可以用气体压力来代替阀杆压缩橡胶管。柔性节流阀结构简单，压力降小，动作可靠，对污染不敏感。通常最大工作压力范围为 0.03 ～ 0.3MPa。

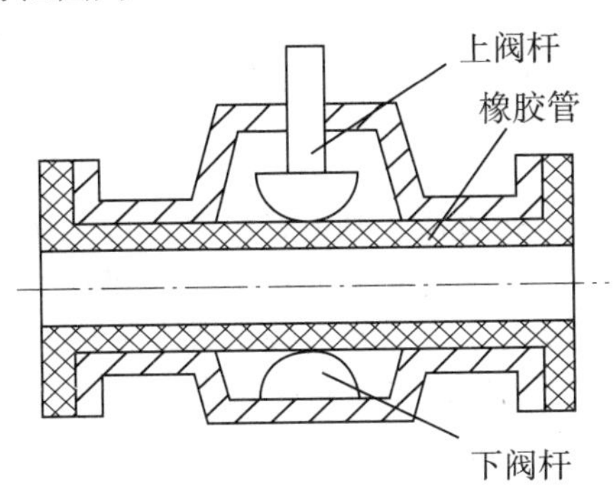

图 5-40 柔性节流阀的结构原理

5.5 气动控制阀的选用

正确选择控制阀是设计气动系统的重要环节，选择合理就能够使线路简化，减少控制阀的品种和数量，降低压缩空气的消耗量，降低成本并提高系统的可靠性。

选用气动控制阀要重点考虑以下问题。

① 要考虑阀的技术规格能否满足使用环境的要求。如气源工作压力范围，电源条件（交、直流及电压等），介质温度，环境温度、湿度、粉尘等情况。

② 考虑阀的机能和功能是否满足需要。尽量选择机能一致的阀。

③ 根据流量来选择通径。分清是主阀还是控制用先导阀。主阀必须根据执行元件的流量来选择通径；先导阀（信号阀）则应根据所控制阀的远近、数量和要求动作的时间来选择通径。

④ 根据使用条件、使用要求来选择阀的结构形式。如果要求严格密封，一般选择软质密封阀；如果要求换向力小，有记忆性能，应选择滑阀；如气源过滤条件差，采用截止式阀为好。

⑤ 安装方式的选择。从安装维护方面考虑板式连接较好，特别是对于集中控制的自动、半自动控制系统，优越性更突出。

⑥ 阀的种类选择。在设计控制系统时，应尽量减少阀的种类，避免采用专用阀，选择标准化系列阀，以利于专业化生产、降低成本和便于维修使用。

⑦ 调压阀的选用要根据使用要求选定类型和调压精度，根据最大输出流量选择其通径。减压阀一般安装在分水滤气器之后，油雾气或定值器之前；进、出口不能接反；阀不用时应把旋钮放松，防止膜片经常受压变形而影响性能。

⑧ 安全阀的选择应根据使用要求选定类型，根据最大输出流量选择其通径。

⑨ 选用气动流量阀对气动执行元件进行调速，比液压流量阀调速要困难，因为气体具有压缩性。选择气动流量阀要注意以下几点：管道上不能有漏气现象；气缸、活塞间的润滑状态要好；流量控制阀尽量安装在气缸或气马达附近；尽可能采用出口节流调速方式；外加负载应稳定。

5.6 气动逻辑元件简介

气动逻辑元件是以压缩空气为工作介质，在控制气压信号作用下，通过元件内部的可动部件（阀芯、膜片）来改变气流方向，实现一定逻辑功能的气体控制元件。逻辑元件也称为开关元件。气动逻辑元件具有气流通径较大、抗污染能力强、结构简单、成本低、工作寿命长、响应速度慢等特点。

5.6.1 气动逻辑元件

（1）气动逻辑元件的分类

气动逻辑元件种类很多，一般可按下列方式分类：按工作压力分，可分为高压元件（工作压力为 0.2 ～ 0.8MPa)、低压（工作压力为 0.02 ～ 0.2MPa) 元件、微压（工作压力在 0.02 MPa 以下）元件三种；按结构形式分，可分为截止式、膜片式和滑阀式等几种类型；按逻辑功能分，可分为或门元件、与门元件、非门元件、或非元件、与非元件和双稳元件等。

气动逻辑元件之间的不同组合可完成不同的逻辑功能。

（2）高压截止式逻辑元件

高压截止式逻辑元件是依靠控制气压信号或膜片变形推动阀芯动作，来改变气流的方向，以实现一定逻辑功能的逻辑元件。这类阀的特点是行程小、流量大、工作压力高，对气源净化要求低，便于实现集成安装和集中控制，拆卸方便。

① 或门元件　图 5-41 所示为或门元件的结构原理与图形符号。A、B 为信号的输入口，S 为信号的输出口。当仅 A 口有信号输入时，阀芯 a 下移封住信号口 B，气流经 S 口输出；当仅 B 口有信号输入时，阀芯 a 上移封住信号口 A，S 口也有输出。只要 A、B 两口中任何一个有信号输入或同时都有信号输入，就会使 S 口有输出，其逻辑表达式为 $S = A + B$。

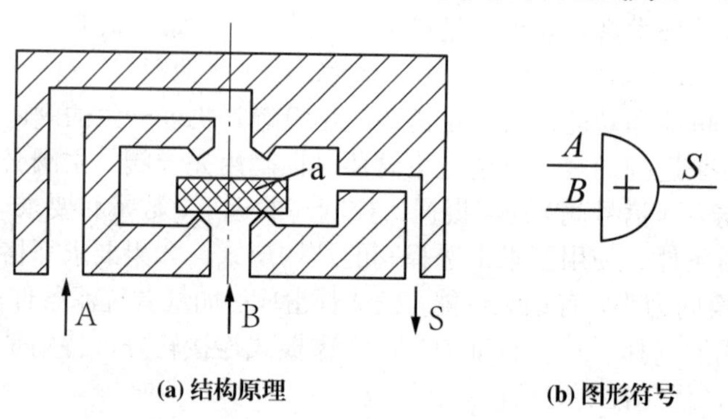

(a) 结构原理　　(b) 图形符号

图 5-41　或门元件的结构原理与图形符号

② 是门和与门元件　图 5-42 所示为是门和与门元件的结构原理与图形符号。A 为信号的输入口，S 为信号的输出口，中间口接气源 P 时为是门元件。当 A 口无输入信号时，阀芯 2 在弹簧及气源压力作用下使阀芯上移，封住输出口 S 与 P 口通道，使输出口 S 与排气口相通，S 口无输出；反之，当 A 口有输入信号时，膜片 1 在输入信号作用下将阀芯 2 推动下移，封住输出口 S 与排气口通道，P 口与 S 口相通，S 口有输出。即 A 口无输入信号时，则 S 口无信号输出；A 口有输入信号时，S 口就会有信号输出。元件的输入和输出信号之间始终保持相同的状态，其逻辑表达式为 $S = A$。若将中间口不接气源而换接另一输入信号 B，则称为与门元件。即只有当 A、B 两口同时有输入信号时，S 口才能有输出，其逻辑表达式为 $S = AB$。

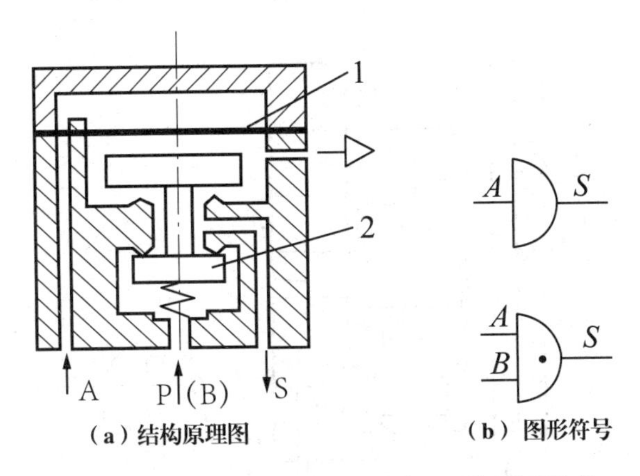

（a）结构原理图　（b）图形符号

图 5-42　是门和与门元件的结构原理与图形符号

1—膜片；2—阀芯

③ 非门和禁门元件　图 5-43 所示为非门和禁门元件的结构原理与图形符号。A 为信号的输入口，S 为信号的输出口，中间孔接气源 P 时为非门元件。当 A 口无输入信号时，阀芯 3 在 P 口气源压力作用下紧压在上阀座上，使 P 口与 S 口相通，S 口有信号输出；反之，当 A 口有输入信号时，膜片变形并推动阀杆，使阀芯 3 下移，关断气源 P 与输出口 S 的通道，则 S 口便无信号输出。即当有信号 A 输入时 S 口无输出，当无信号 A 输入时则 S 口有输出，其逻辑表达式为 $S=\overline{A}$。活塞 1 用来显示输出的有无。若把中间孔改作另一信号的输入口 B，则成为禁门元件。当 A、B 两口均有输入信号时，阀杆和阀芯在 A 口输入信号作用下封住 B 口，S 口无输出；反之，在 A 口无输入信号而 B 口有输入信号时，S 口有输出。信号 A 的输入对信号 B 的输入起“禁止”作用，其逻辑表达式为 $S=\overline{A}B$。

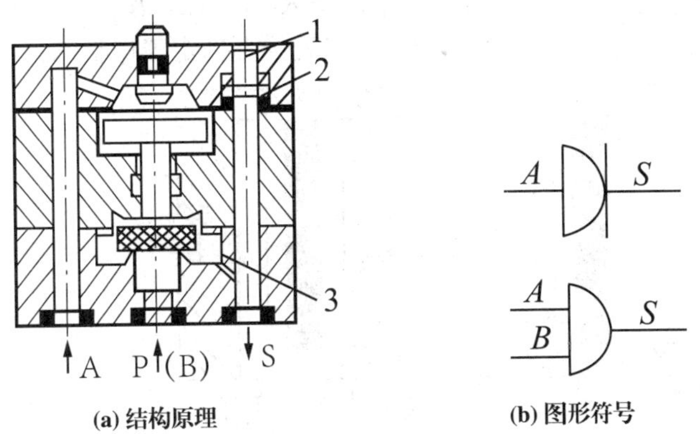

(a) 结构原理　(b) 图形符号

图 5-43　非门和禁门元件的结构原理与图形符号

1—活塞；2—膜片；3—阀芯

④ 或非元件　图 5-44 所示为或非元件的结构原理与图形符号。它是在非门元件的基础上增加两个信号输入端，即具有 A、B、C 三个输入信号，中间孔 P 接气源，S 口为信号输出端。当三个输入端均无信号输入时，阀芯在气源压力作用下上移，使 P 口与 S 口接通，S 口有输出。当三个信号端中任一个有输入信号，相应的膜片在输入信号压力作用下，都会使阀芯下移，切断 P 口与 S 口的通道，S 口无输出。其逻辑表达式为 $S=\overline{A+B+C}$。或非元件是一种多功能逻辑元件，用它可以组成与门、是门、或门、非门、双稳等逻辑功能元件。

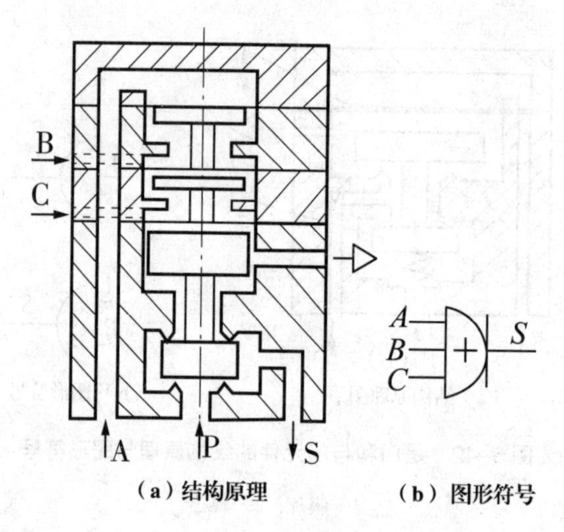

（a）结构原理　　（b）图形符号

图 5-44　或非元件的结构原理与图形符号

⑤ 双稳元件　双稳元件具有记忆功能，在逻辑回路中起着重要的作用。图 5-45 所示为双稳元件的结构原理与图形符号。双稳元件有两个控制口 A、B，有两个工作口 S_1、S_2。当 A 口有控制信号输入时，阀芯带动滑块向右移动，接通 P 口与 S_1 口之间的通道，S1 口有输出，而 S_2 口与排气孔相通，此时，双稳元件处于置“1”状态，在 B 口控制信号到来之前，虽然 A 口信号消失，但阀芯仍保持在右端位置，故使 S_1 口总有输出。当 B 口有控制信号输入时，阀芯带动滑块向左移动，接通 P 口与 S_2 口之间的通道，S_2 口有输出，而 S_1 口与排气孔相通。此时，双稳元件处于置“0”状态，在 B 口信号消失，而 A 口信号到来之前，阀芯仍会保持在左端位置，所以双稳元件具有记忆功能，即 $S_1 = K_A^B$，$S_2 = K_B^A$。在使用中应避免向双稳元件的两个输入端同时输入信号，否则双稳元件将处于不确定工作状态。

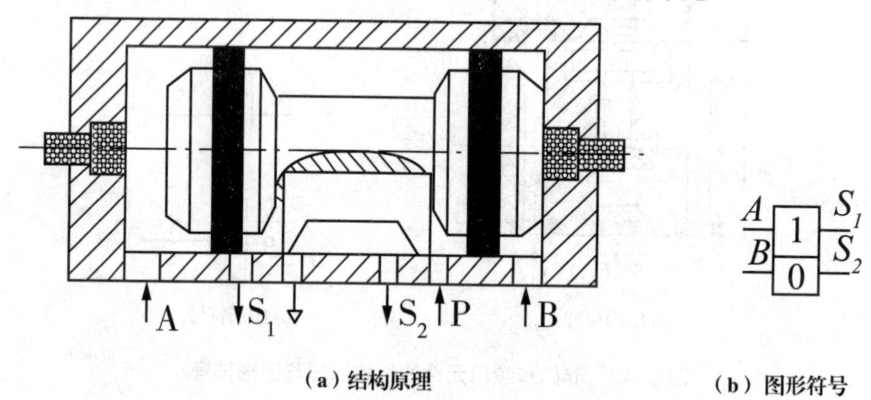

（a）结构原理　　（b）图形符号

图 5-45　双稳元件的结构原理与图形符号

5.6.2　气动逻辑回路

气动逻辑回路是把气动回路按照逻辑关系组合而成的回路。按照逻辑关系可把气压信号组成“是”“或”“与”“非”等逻辑回路。表 5-4 介绍了常用的几种逻辑回路。

表 5–4 阀类元件组成的逻辑回路

名称	逻辑回路图	逻辑符号及表达式	动作说明
是回路	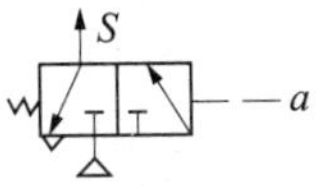 S a	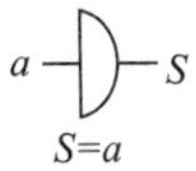 a S $S=a$	有信号 a 则 S 有输出，无信号 a 则 S 无输出
非回路	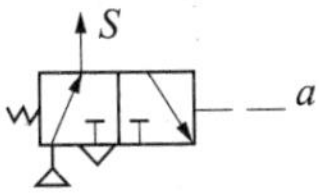 S a	 a S $S=\overline{a}$	有信号 a 则 S 无输出，无信号 a 则 S 有输出
或回路	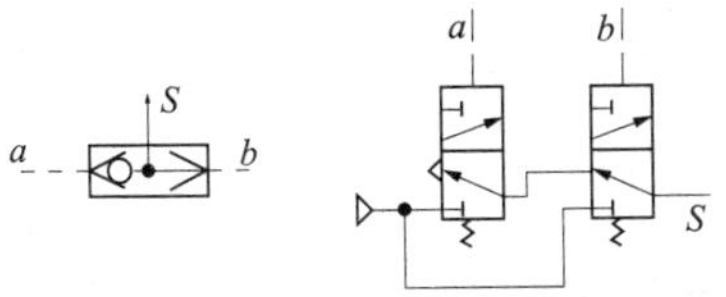 (a) 无源 (b) 有源	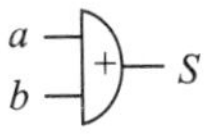 a b S $S=a+b$	有 a 或 b 任一信号，S 就有输出
或非回路	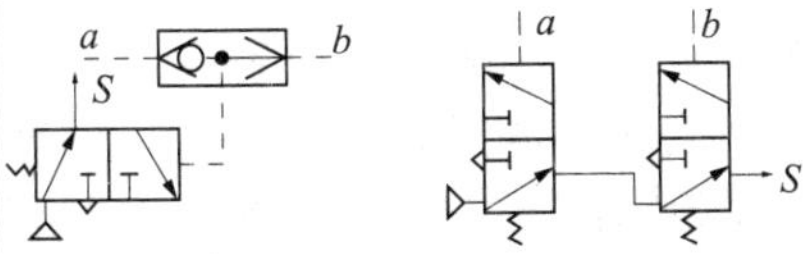 (a) 无源 (b) 有源	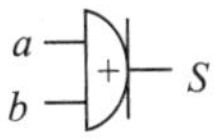 a b S $S=\overline{a+b}$	有 a 或 b 任一信号，S 就无输出
与回路	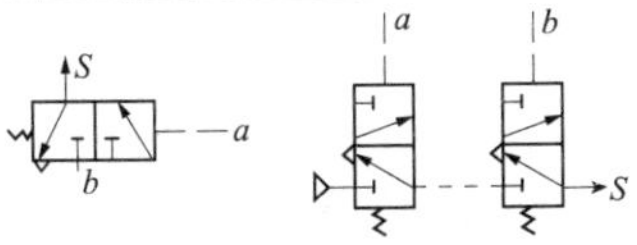 (a) 无源 (b) 有源	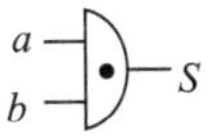 a b S $S=ab$	只有当信号 a 或 b 同时存在时，S 才有输出
与非回路	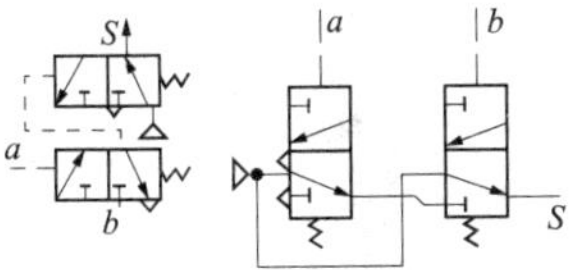 (a) 无源 (b) 有源	 a b S $S=\overline{ab}$	只有当信号 a 或 b 同时存在时，S 才无输出
禁回路	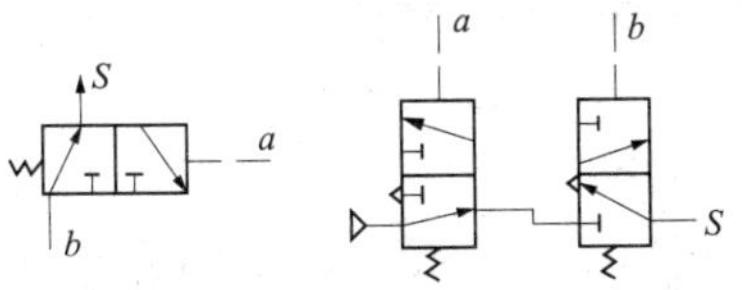 (a) 无源 (b) 有源	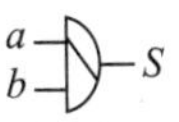 a b S $S=\overline{a}b$	有信号 a 时，S 无输出（a 禁止了 S 有输出）；当无信号 a，有信号 b 时，S 才有输出
记忆回路	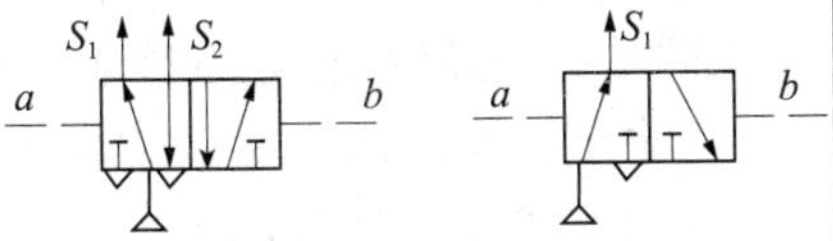 (a) 双稳 (b) 单记忆	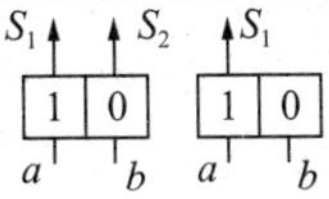 (a) $S_1=K_b^a$ (b) $S_2=K_a^b$	有信号 a 时，S_1 有输出，a 消失，S_1 仍有输出，直到有信号 b 时，S_1 才无输出，S_2 有输出。a、b 不能同时加入
延时回路	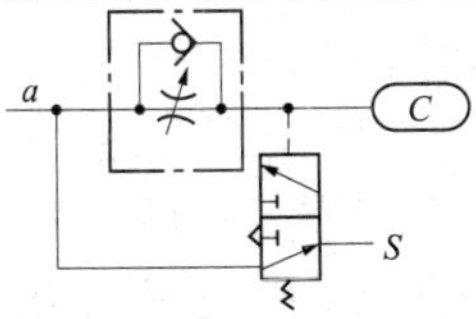 a C S	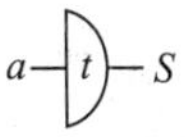 a t S	当有信号时，需延时 t 时间后才有 S 输出，调节气阻 R（节流阀）和气容 C 可调节 t。回路要求 a 的持续时间大于 t

5.6.3 逻辑元件的应用举例

（1）“或门”元件控制回路

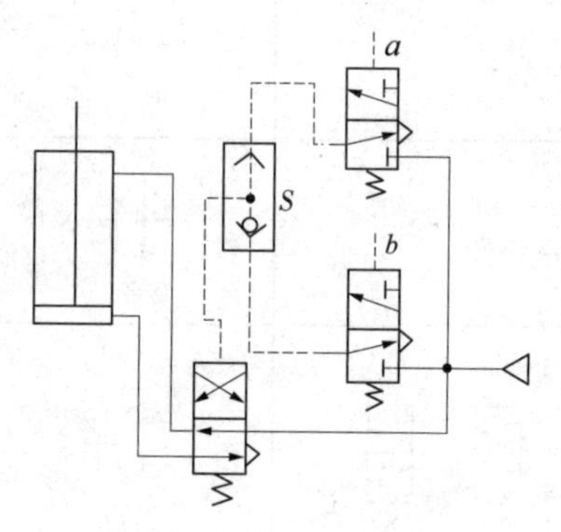

图 5-46 “或门”元件控制回路

图 5-46 所示为采用梭阀作“或门”元件的控制回路。当信号 a 及 b 均无输入时（图 5-46 所示状态），气缸处于原始位置。当信号 a 或 b 有输入时，梭阀 S 有输出，使二位四通阀克服弹簧力作用切换至上方位置，压缩空气即通过二位四通阀进入气缸下腔，活塞上移。当信号 a 或 b 解除后，二位三通阀在弹簧作用下复位，S 无输出，二位四通阀也在弹簧作用下复位，压缩空气进入气缸上腔，使气缸复位。

（2）“禁门”元件组成的安全回路

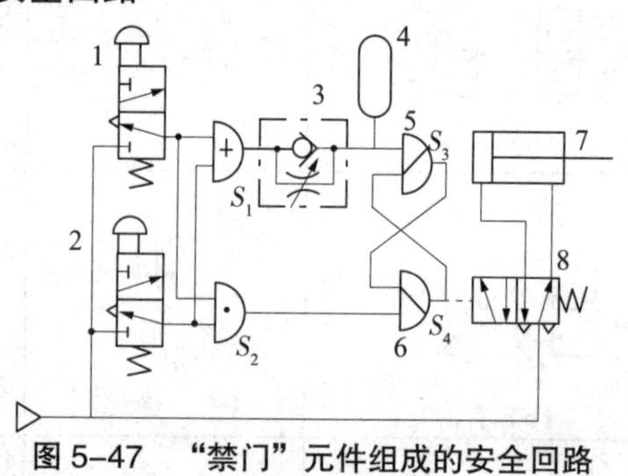

图 5-47 “禁门”元件组成的安全回路

1，2—按钮阀；3—单向节流阀；4—气容；5，6—禁门；
7—气缸；8—换向阀

图 5-47 所示为用二位三通按钮式换向阀和逻辑“禁门”元件组成的双手操作安全回路。当两个按钮阀同时按下时，“或门”的输出信号 S_1 要经过单向节流阀 3 进入气容 4，经一定时间的延时后才能经逻辑“禁门”5 输出，而“与门”的输出信号 S_2 是直接输入到“禁门”6 上的，因此 S_2 比 S_1 早到达“禁门”6，“禁门”6 有输出。输出信号 S_4 一方面推动主控换向阀 8 换向使气缸 7 前进，另一方面又作为“禁门”5 的一个输入信号，由于此信号比 S_1 早到达“禁门”5，故“禁门”5 无输出。如果先按阀 1，后按阀 2，且按下的时间间隔大于回路中延时时间 t，那么，“或门”的输出信号 S_1 先到达“禁门”5，“禁门”5 有输出信号 S_3 输出，而输出信号 S_3 是作为“禁门”6 的一个输入信号的，由于 S_3 比 S_2 早到达“禁门”6，故“禁门”6 无输出，主控换向阀不能切换，气缸 7 不能动作。若先按下阀 2，后按下阀 1，则其效果与同时按下两个阀的效果相同。但若只按下其中任一个阀，则换向阀 8 不能换向。

第6章 气动辅助元件

6.1 润滑元件

气动系统中使用的许多元件和装置都有滑动部分，为使其能正常工作，需要进行润滑。然而，以压缩空气为动力源的气动元件滑动部分都构成了密封气室，不能用普通的方法注油，只能用某种特殊的方法进行润滑。按工作原理不同，润滑可分为油雾润滑和不供油润滑。

6.1.1 油雾器

为保证气动元件工作可靠，延长使用寿命，常常对控制阀和气缸采取润滑措施。在封闭的空气管道内不能随意向气动元件注入润滑油，这就需要一种特殊的注油装置 —— 油雾器。它以空气为动力，使润滑油雾化后，注入空气流中，并随空气进入需要润滑的部件，达到润滑的目的。其特点是润滑均匀、稳定、耗油量小。

(1) 油雾器的典型结构和工作原理

如图 6-1 所示 压缩空气从输入口进入后，通过喷嘴组件 1 上的小孔进入截止阀 4，其中的大部分气体从出口排出，一小部分气体经孔 a、截止阀 4 进入油杯 5 的上方 c 腔中，油液在压缩空气的气压作用下沿吸油管 6、单向阀 7 和节流针阀 8 滴入透明的视油器 9 内，进而滴入主管内。油滴在主管内高速气流的作用下被撕裂成微小颗粒，随气流进入到气动元件中。

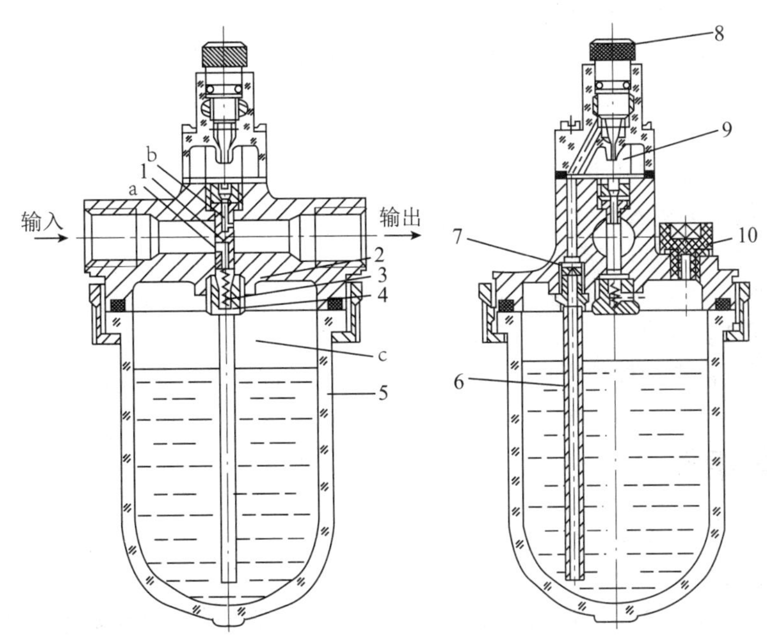

图 6-1 油雾器

1—喷嘴组件；2—阀座；3—弹簧；4—截止阀；5—储油杯 ；6—吸油管；7—单向阀；8—节流针阀；9—视油器；10—油塞

（2）油雾器的主要性能指标

油雾器的主要性能指标有流量特性、起雾空气流量和油雾粒径等。

流量特性也称压力－流量特性，它表征了在给定进气压力下，随着通过空气流量的变化，油雾器进、出口压力降的变化情况。油雾器中通过额定流量时，进、出口压力降一般不超过0.15MPa。

起雾空气流量是当油位处于最高位置，节流阀全开，气流压力为0.5MPa时，起雾时的最小空气流量，规定为额定空气流量的40%。

油雾粒径是油雾器的一个重要性能指标。油雾粒径过大或过小，都会导致润滑或冷却效果下降。油雾粒径规定在试验压力为0.5MPa，输油量为30滴/min时，其粒径不大于50μm。

（3）油雾器的选择

油雾器的选择主要根据气压传动系统所需额定流量及油雾粒径大小来进行。所需油雾粒径在50μm左右选用普通油雾器。若需油雾粒径很小可选用二次油雾器。油雾器一般应配置在滤气器和减压阀之后，尽量靠近用气设备。

6.1.2 不供油润滑元件

有些气动应用领域不允许供油润滑，如食品和卫生领域，因为润滑油油粒子会在食品和药品的包装、输送过程中污染食品和药品。在其他方面，如会影响工业原料的性质，影响喷涂表面及电子元件表面的质量，可能引起工业炉起火，影响气动测量仪的测量准确性等。因此，不供油润滑元件应用很广泛。

不供油润滑元件滑动部位的密封仍用橡胶，密封件采用特殊形状，并设有滞留槽，内存润滑剂，以保证密封件的润滑。另外，也使用不易生锈的金属材料。

不供油润滑元件不仅节省了润滑设备和润滑油、改善了工作环境，而且减少了维护工作量、降低了成本、改善了润滑状况。另外，润滑效果与流量、压力、管路状况无关，也不存在忘记加油而造成危害。

不供油润滑应注意以下几点。

① 要防止大量水分进入元件内，以免冲洗掉润滑剂而失去润滑效果。

② 大修时，需在密封圈的滞留槽内添加润滑脂。

③ 不供油润滑元件也可以供油使用，一旦供油，不得中途停止供油，因为油脂被润滑油冲洗掉就不能再保持自润滑。

此外，有些无油润滑元件使用自润滑材料，不需润滑剂即可长期工作。

6.2 空气处理组件

将过滤器、减压阀和油雾器等组合在一起，称为空气处理组件。该组件可缩小外形尺寸、节省空间，便于维修和集中管理。

将过滤器和减压阀一体化，称为过滤减压阀；将过滤减压阀和油雾器连成一个组件，称为空气处理二联件；将过滤器、减压阀和油雾器连成一个组件，称为空气处理三联件，也称气动三联件或气动三大件，如图6-2所示。组合单元的选择要根据气动回路元件对压缩空气的要求是否需要减压，是否需要过滤，是否需要润滑来配置。

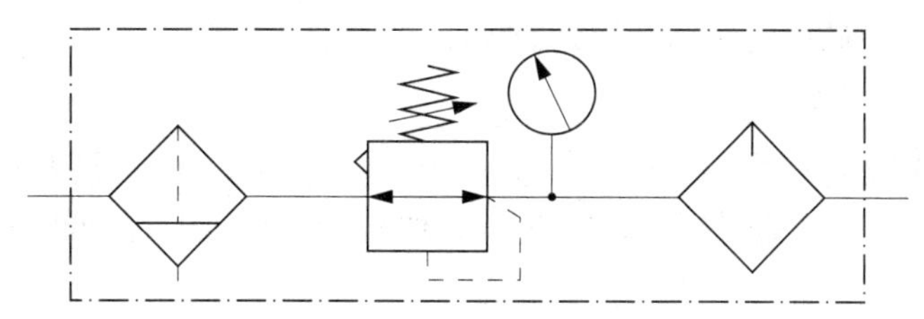

图 6-2 气动三联件图形符号

气动三联件和二联件的连接方式见表 6-1。

表 6-1 气动三联件和二联件的连接方式

连接方式	连接原理	优、缺点
管连接	用配管螺纹将各件连接成一个组件	轴向尺寸长。装配时，为保证各件处于同一平面内，较难保证密封。装卸时，易损坏连接螺纹
螺钉连接	用两个或四个长螺钉，将几件连成一个组件	轴向尺寸短。为了留出连接螺钉的空间，各件体积要加大。大通径元件，保证密封较难
插入式连接	把各件插装在同一支架中组合而成。插入支架后用螺母吊住。支架与阀体相结合处用 O 形密封圈密封。为防止阀体与接头接触不严，两端备有紧固螺钉	结构紧凑，使用维修方便。其中一个元件失灵，用手拧下吊住阀体的吊盖，即可卸下失灵元件更换
模块式连接	运用斜面原理，把两个元件拉紧在一起，中间加装密封圈，只需上紧螺钉即可完成装配	安装简易，密封性好，易于标准化、系列化，轴向尺寸略长

6.3 消声器

在执行元件完成动作后，压缩空气便经换向阀的排气口排入大气。由于压力较高，一般排气速度接近声速，空气急剧膨胀，引起气体振动，便产生了强烈的排气噪声。噪声的强弱与排气速度、排气量和排气通道的形状有关。排气噪声一般可达 80 ～ 100dB。这种噪声使工作环境恶化，使人体健康受到损害，工作效率降低。所以，一般车间内噪声高于 75dB 时，都应采取消声措施。

6.3.1 消除噪声的措施

（1）吸声

吸声是用吸声材料，如玻璃棉、矿渣棉等装饰在房间内壁，或敷设在管壁上，将噪声吸收一部分，从而达到降低噪声的目的。

吸声材料能够降低噪声的原因是由于它是一种多孔隙的材料，孔内充满空气，声波射到多孔材料表面，一部分被表面反射，另一部分进入多孔材料内引起细孔和狭缝中空气振动，声能转化为热能被吸收。

（2）隔声

用厚实的材料和结构隔断噪声的传播途径，隔声材料一般为砖、钢板、混凝土等。用三夹板隔声量为 18dB，一砖厚的墙隔声量为 50dB。

（3）隔振

振动是噪声的来源之一，该噪声不仅通过空气向外传播，还通过固体向外传播，一般可以通过涂刷阻尼材料，装弹簧减振器、橡胶、软木等使振动减弱，降低噪声。

（4）消声

用装设消声器的方法，使噪声沿通道衰减，而气体仍能自行通过。

6.3.2 消声器的种类

目前使用的消声器种类繁多，常用的有以下类型。

（1）吸收型消声器

吸收型消声器通过多孔的吸声材料吸收声音，如图 6-3(a) 所示。吸声材料大多使用聚苯乙烯或铜珠烧结。一般情况下，要求通过消声器的气流流速不超过 1m/s，以减小压力损失，提高消声效果。吸收型消声器具有良好的消除中、高频噪声的性能。一般可降低噪声 20dB 以上。图 6-3(b) 为其图形符号。

（2）膨胀干涉型消声器

膨胀干涉型消声器的直径比排气孔径大得多，气流在里面扩散、碰撞、反射、互相干涉，减弱了噪声强度，最后气流通过非吸声材料制成的、开孔较大的多孔外壳排入大气。主要用来消除中、低频噪声。

（3）膨胀干涉吸收型消声器

图 6-4 所示为膨胀干涉吸收型消声器，其消声效果特别好，低频可消声 20dB，高频可消声约 50dB。

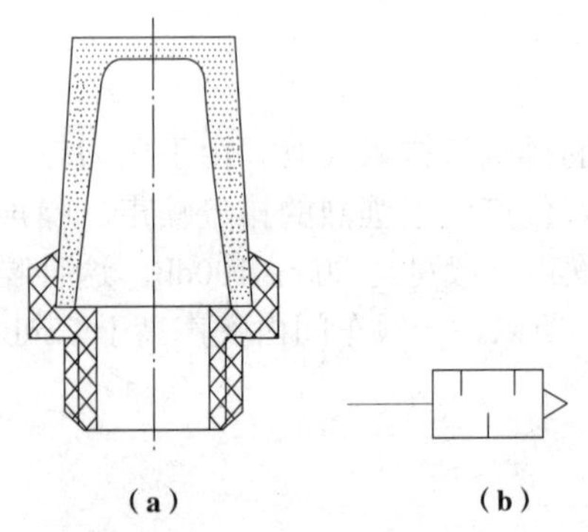

图 6-3　吸收型消声器

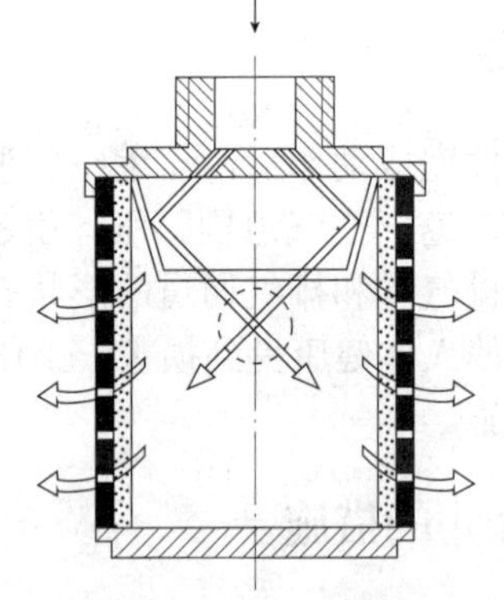

图 6-4　膨胀干涉吸收型消声器

6.3.3 消声器的应用

（1）压缩机吸入端消声器

对于小型压缩机，可以装入能换气的防声箱内，有明显的降低噪声作用。一般防声箱用薄钢板制成，内壁涂敷阻尼层，再贴上纤维、地毯之类的吸声材料。现在的螺杆式压缩机、滑片式压缩机外形都制成箱形，不但外观设计美观，而且也有消声作用。

（2）压缩机输出端消声器

压缩机输出的压缩空气未经处理前有大量的水分、油雾、灰尘等，若直接将消声器安装在压缩机的输出口，对消声器的工作是不利的。消声器安装位置应在气罐之前，即按照压缩机、后冷却器、冷凝水分离器、消声器、气罐的顺序安装。对气罐的噪声采用隔声材料遮蔽起来的办法也是经济的。

（3）阀用消声器

在气动系统中，压缩空气经换向阀向气缸等执行元件供气；动作完成后，又经换向阀向大气排气。由于阀内的气路复杂而又十分狭窄，压缩空气以近声速的流速从排气口排出，空气急剧膨胀和压力变化产生高频噪声，声音十分刺耳。排气噪声与压力、流量和有效面积等因素有关，阀的排气压力为 0.5MPa 时可达 100dB 以上。而且执行元件速度越高、流量越大、噪声也越大。此时就需要用消声器来降低排气噪声。阀用消声器一般采用螺纹连接方式，直接安装在阀的排气口上。对于采用叠加式连接的控制阀，消声器安装在底板的排气口上。

在自动线中也有用集中排气消声的方法，如图 6-5 所示，把每个气动装置的控制阀排气口用排气管集中引入用作消声的长圆筒中排放。长圆筒用钢管制成，内部填装玻璃纤维吸声材料。这种集中排气消声的效果很好，能保持周围环境的安静。需要注意总排气管的内径应足够大，以免产生不必要的节流。

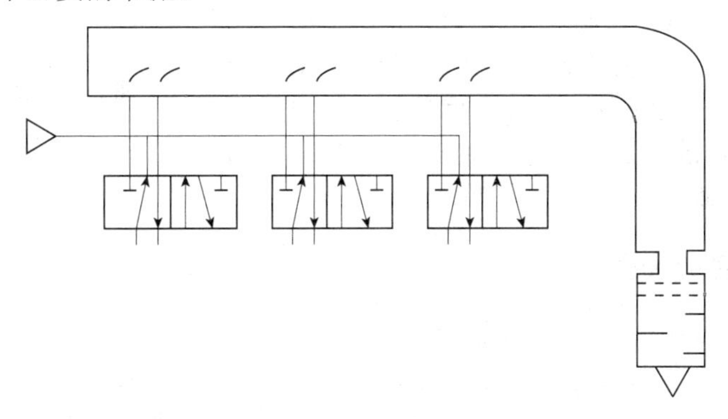

图 6-5　总排气管法消声

图 6-6 所示为阀用消声器的结构和排气方式。通常在罩壳中设置了消声元件，并在罩壳上开有许多小孔或沟槽。罩壳材料一般为塑料、铝及黄铜等。消声元件的材料通常为纤维、多孔塑料、金属烧结物或金属网状物等。图 6-6(a) 为侧面排气，图 6-6(b) 为端面排气，图 6-6(c) 为全面排气。

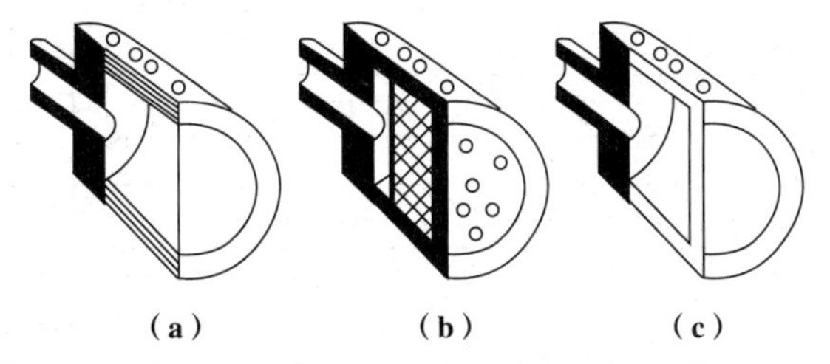

图 6-6　阀用消声器的结构和排气方式

6.4 气动放大器

在气动控制系统中，信号感受部分、控制部分和执行部分的气体压力和流量不可能也不必要一致，如气动传感器输出压力为几十至几千帕；气阀控制压力一般为0.1～0.6MPa，气缸工作压力一般为0.3～0.8MPa，且流量也大得多。这样就需要将低压信号变成高压信号。

利用低压控制信号来获得高压或大流量输出信号的装置称为气动放大器。放大器按其结构形式可分为膜片截止式、膜片滑柱式和膜片滑块式等。按其功能可分为单向式（一个控制口、一个输出口）、单控双向式（一个控制口、两个输出口）和双控双向式。有些场合也可用它作为控制元件，直接推动执行机构动作。

6.4.1 膜片截止式放大器

膜片截止式放大器如图6-7所示。气源 p_s 进入放大器后分为两路。当无控制信号 p_c 时，一路气源使阀芯上移，无输出信号 p_0；另一路经过滤片2和节流孔1从排气口排气。当有控制信号时，上膜片硬芯封住节流孔喷嘴，下膜片上腔气压升高，使阀芯下移，有输出信号 p_0。

这种气动放大器的控制压力 p_c =0.6～1.6kPa，输出压力 p_0 =0.6～0.8MPa。

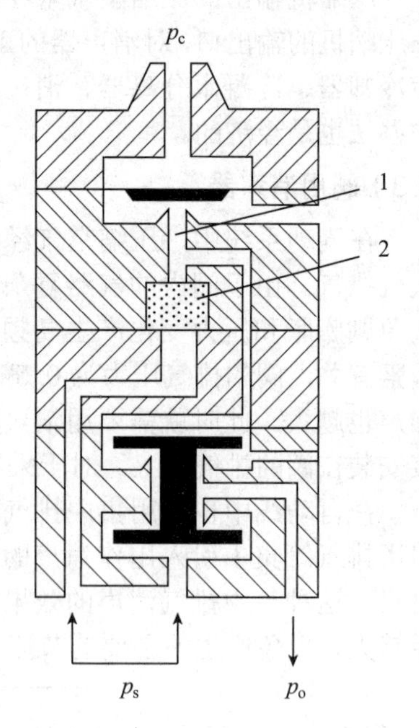

图6-7 膜片截止式放大器

1—节流孔；2—过滤片

6.4.2 膜片滑柱式放大器

膜片滑柱式放大器由膜片-喷嘴式放大器和一个二位五通滑阀组成，如图6-8所示。气源输入后分为两路，一路直接输出，另一路经导气孔3 进入滑柱中心孔内，再经滑柱两端的恒节流孔2和4进入a 室和b室。无控制信号时，a、b两室的气体都经喷嘴1和5由排气孔排出。

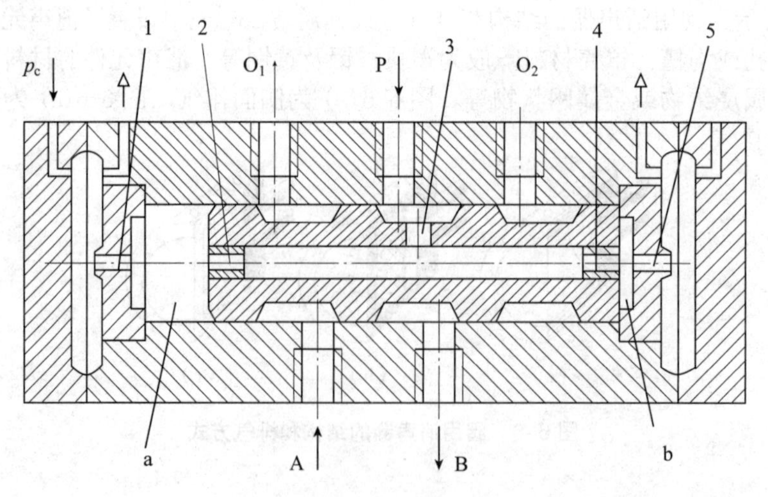

图6-8 膜片滑柱式放大器

1，5—喷嘴；2，4—恒节流孔；3—导气孔

仅左边有控制信号 p_c 时，滑柱被推向右端，B 口有输出。仅右边有控制信号时，A 口有输出。此放大器属双控双向式放大器，若将一边的膜片 - 喷嘴放大部分换成弹簧，则成为弹簧复位的单控双向放大器。

此放大器输出流量较大，动作频率高，但制造精度要求较高，对气源洁净度要求也高。

6.4.3 膜片滑块式放大器

膜片滑块式放大器由两个膜片喷嘴放大器和一个二位四通滑块式换向阀组成，如图 6-9 所示。在阀芯的中心孔中，装有浮动的通针，形成缝隙气阻。换向过程中，通针来回在小孔中移动，气阻不易堵塞。

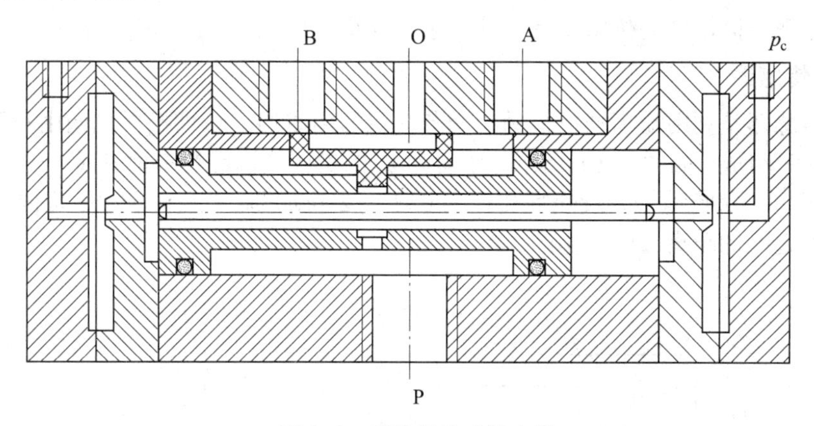

图 6-9 膜片滑块式放大器

6.5 气动传感器

传感器是一种测试元件，它将待测物理量转换成相应的信号，该信号供后续系统进行判断和控制。按转换信号的不同，传感器可分为机械式、光电磁式和气动式等。气动传感器的转换信号是空气压力信号，按检测探头和被测物体是否直接接触，气动传感器可分为接触式和非接触式两种。这里重点讨论非接触式气动传感器。

6.5.1 气动传感器的特点及应用

非接触式气动传感器的特点如下。

① 适合在恶劣环境下工作。因工作介质是气体，在高温（如铸造、淬火、焊接场合）、易燃、易爆（如化工厂、油漆作业等）条件下能安全可靠地工作，对磁场、声波不敏感。

② 因工作介质压力较低，又不与被测对象直接接触，可检测易碎和易变形的对象，如玻璃等。

③ 可在黑暗中（如胶片生产线）正常工作，也可在强光环境中工作，可以检测透明或半透明的对象。

④ 无可动部件，故维修简单，寿命长。

⑤ 测量精度较高，如气动量仪能读出 0.5μm 变化量。

⑥ 对气压信号大于大气压力的正压传感器，即使是存在大量灰尘的场合也能正常工作。

⑦ 对气动控制系统，采用气动传感器避免或减少了信号的转换，减少了信号失真的可能，

并使设备简化。

⑧ 气动检测反应速度不如电测快。气测信号传输距离较短，负载能力较小，输出匹配较难，工作频率较低，气测模拟元件的线性度较差，气测数字元件的开关特性也不如电子元件好。

⑨ 气测输出压力信号往往比较弱，一般需经气动放大器将信号放大才能推动气动控制阀工作。

气动传感器可用于尺寸精度和定位精度检测、计数、纠偏、测距、液位控制、判断（有无物体、有无孔、有无感测指标等）、工件尺寸分选、料位检测等。

6.5.2 气动传感器的工作原理

按工作原理不同，气动传感器有多种，主要介绍下面几种。

（1）背压式传感器

背压式传感器是利用喷嘴挡板机构的变节流原理构成的。喷嘴挡板机构由喷嘴 2、挡板 1 和恒节流孔 3 等组成，如图 6-10 所示。压力为 p_s 的稳压气源经恒节流孔（一般孔径为 0.4mm 左右）至背压室，从喷嘴（一般喷嘴孔径为 0.8 ～ 2.5mm）流入大气。背压室内的压力 p_A 是随挡板和喷嘴之间的距离 x 而变化的。

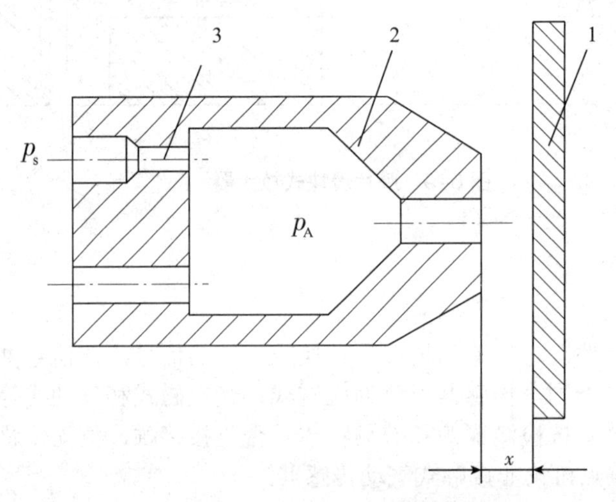

图 6-10 背压式传感器

1—挡板；2—喷嘴；3—恒节流孔

当 $x = 0$ 时，$p_A = p_S$；随着 x 增加，p_A 逐渐减小；当 x 增至一定值后，p_A 基本上与 x 无关，且降至大气压力附近。

背压式传感器对物体（挡板）的位移变化极为敏感，能分辨 2μm 的微小距离变化，有效检测距离一般在 0.5mm 以内，常用于精密测量。如在气动测量仪中，用来检测零件的尺寸和孔径的同轴度、椭圆度等几何参数。

（2）反射式传感器

反射式传感器由同心的圆环状发射管和接收管构成，如图 6-11 所示。压力为 p_s 的稳定气源从发射管的环形通道中流出，在喷嘴出口中心区产生一个低压旋涡，使输出的压力 p_A 为负压。随着被检测物体的接近，自由射流受阻，负压旋涡消失，部分气流被反射到中间的接收管，输出压力 p_A 随 x 的减小而增大。反射式传感器的最大检测距离在 5mm 左右，最小能分辨 0.03mm 的微小距离变化。

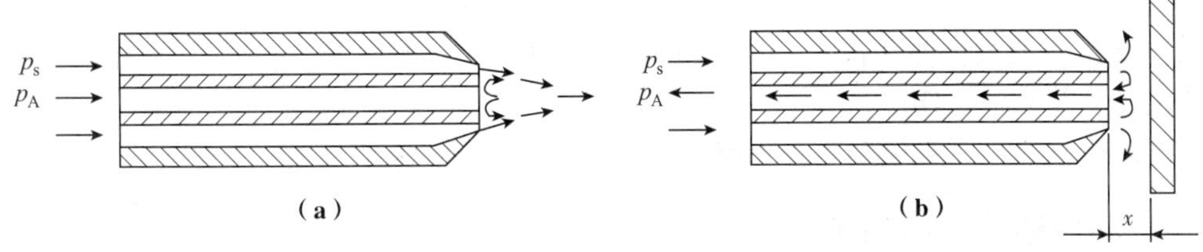

图 6-11 反射式传感器

(3) 遮断式传感器

遮断式传感器由发射管 1 和接收管 2 组成，如图 6-12 所示。当间隙不被挡板 3 隔断时，接收管有一定的输出压力 p_A；当间隙被挡板 3 隔断时，p_A =0。当供给压力 p_s 较低(如 0.01MPa) 时，发射管内为层流，射出气体也呈层流状态。层流对外界的扰动非常敏感，稍受扰动就成为紊流。故用层流型遮断式传感器检测物体的位置具有很高的灵感度，但检测距离不能大于 20mm。若供给压力较高，发射管内为紊流。紊流型遮断式传感器的检测距离可加大，但耗气量也增大，且检测灵敏度不及层流型。遮断式传感器不能在灰尘大的环境中使用。

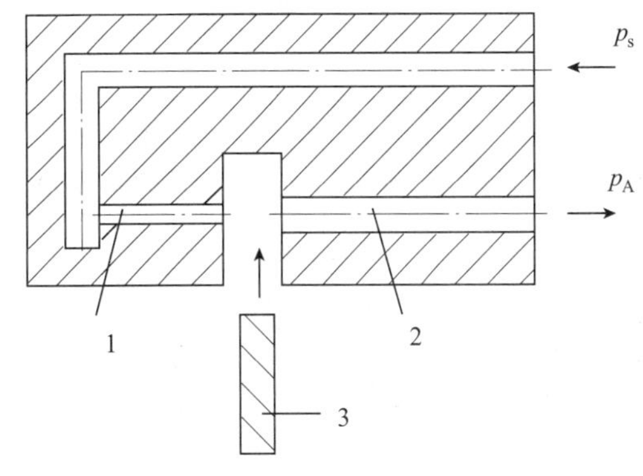

图 6-12 遮断式传感器

1—发射管；2—接收管；3—挡板

(4) 对冲式传感器

对冲式传感器如图 6-13 所示。进入发射管 1 的气流分为两路：一路从发射管流出；另一路经节流孔 2 进入接收管 3 从喷嘴流出。这两路气流都处于层流状态，并在靠近接收管出口处相互冲撞形成冲击面，使从接收管流出的一路气流被阻滞，从而形成输出压力 p_A。节流孔径越小，冲击面越靠近接收管出口，检测距离越大。当发射管与接收管之间有物体存在时，主射流受物体阻碍，冲击面消失，接收管内喷流可通畅流出，输出压力 p_A 近似为零。

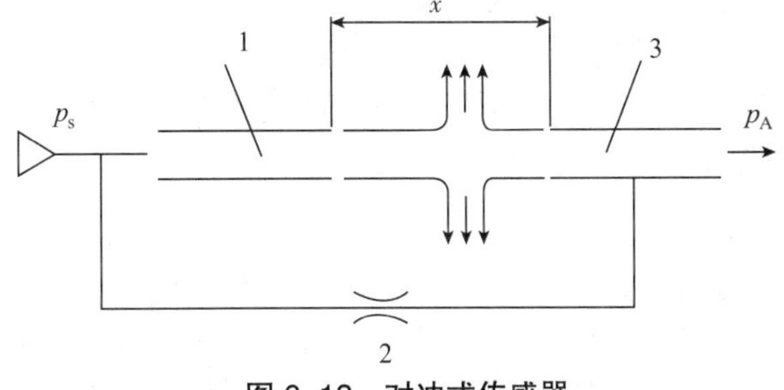

图 6-13 对冲式传感器

1—发射管；2—节流孔；3—接收管

该传感器的最大检测距离为 50 ～ 100mm。超过最大检测距离，则输出压力 p_A 太低，不足以推动气动放大器工作。

对冲式传感器可克服遮断式传感器易受灰尘影响的缺点。

6.5.3 气动传感器的应用举例

（1）液位控制

图 6-14(a) 所示为简易液位控制。浸没管 1 未被液面浸没时，背压传感器 2 的输出口 A 的输出压力太低，不足以使气动放大器 3 切换，故气 - 电转换器 4 继续使泵处于工作状态。当液位上升到足以淹没浸没管的出口时，A 口便产生一信号，此信号的压力与液面淹没浸没管的深度及液体的密度成正比，直至上升至与供给压力相同为止。只要浸没管的出口被液面淹没，信号压力将一直存在。当该信号压力达到某一值后，气动放大器 3 切换，气 - 电转换器 4 使泵停止工作。

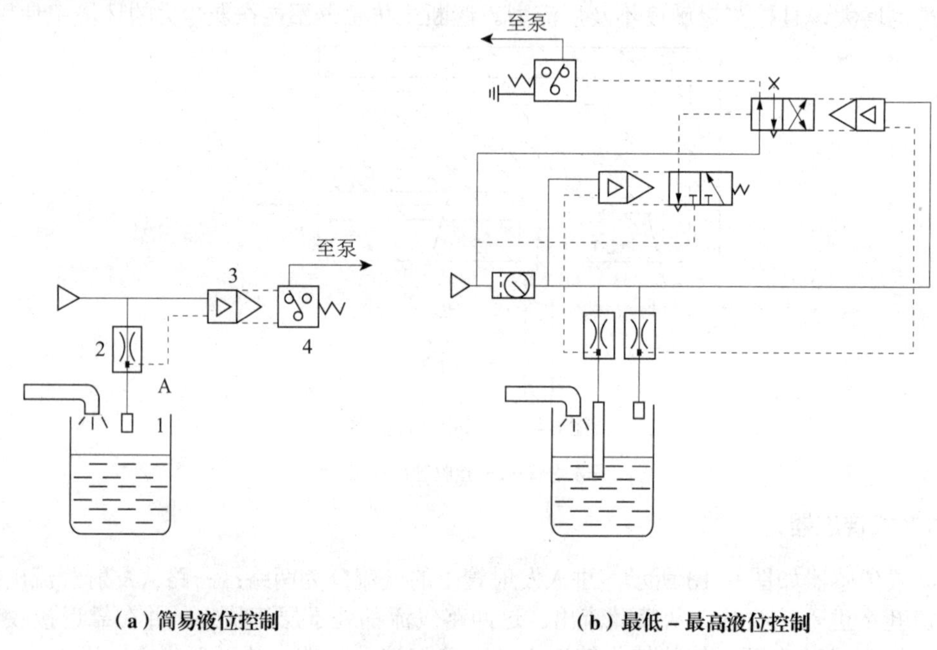

（a）简易液位控制　　（b）最低 - 最高液位控制

图 6-14　液位控制

1—浸没管；2—背压传感器；3—气动放大器；4—气 - 电转换器

浸没管的材料根据液体性质及其温度高低等因素来选取。若液面有波动，可在浸没管底部加装一缓冲套。一般被测液体的泡沫对气动传感器不起作用，这比电测装置优越。

最低 - 最高液位控制如图 6-14(b) 所示。该回路用两套气动背压传感器组成，当液位升到最高位置，泵停转；当液位降至最低位置，泵又启动。

（2）用气动量仪测量尺寸

气动量仪可分为压力式和流量式两种。图 6-15(a) 是压力式气动量仪工作原理。稳压后的压缩空气经恒气阻 1 流入气室 2，经测量喷嘴 4 与工件 5 形成的气隙而流向大气。当工件尺寸变化时，间隙 x 变化，将引起气室中压力的变化。用压力表 3 测出气室压力的变化量，即可反映出工件的尺寸。图 6-15(b) 是流量式气动量仪工作原理。当被测间隙 x 改变时，通过喷嘴的流量发生变化，用流量计 6 测出流量的变化量，即可测出工件的尺寸。

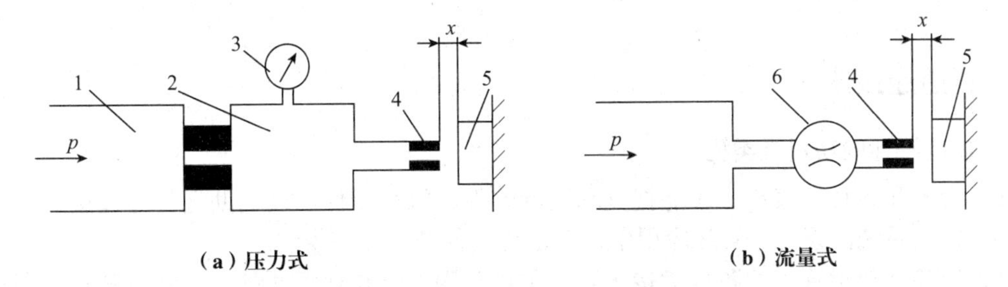

（a）压力式　　（b）流量式

图 6-15　气动量仪测量尺寸的工作原理

1—恒气阻；2—气室；3—压力表；4—喷嘴；5—工件；6—流量计

（3）低压气控跑偏矫正装置

气控放卷跑偏矫正装置在造纸机械、印刷机、刨花板生产线、中密度纤维板生产线、单板干燥机、砂光机、塑料包装生产线上等都有广泛应用。放卷速度可达 100m/min，跑偏矫正精度可达 ±0.1mm。

图 6-16 所示为低压气控跑偏矫正装置的工作原理。其作用是防止纸卷跑偏，保证收卷端面平齐，分切准确，降低消耗。

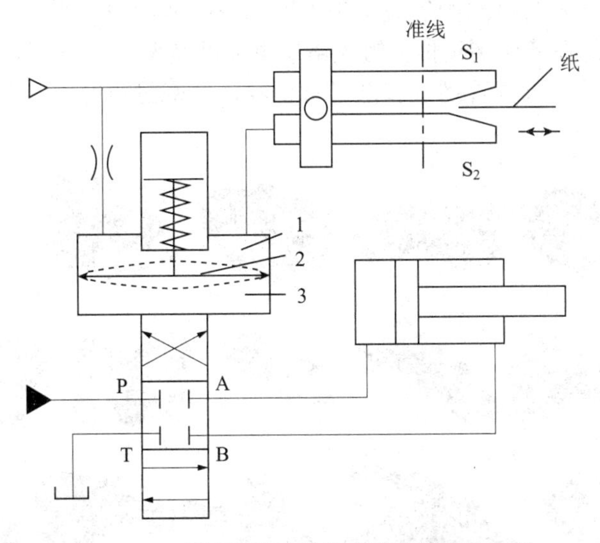

图 6-16　低压气控跑偏矫正装置的工作原理

1—上气室；2—膜片；3—下气室

纸边部在传感器准线以外时，喷嘴 S_1 与 S_2 的气流相撞，因 $p_{S1} > p_{S2}$，S_2 气流受阻，使上气室 1 压力升高，膜片 2 下弯，带动阀芯下移，换向阀 P、B 接通，液压缸活塞杆缩回，带动纸边部向左移动，靠向传感器准线位置。

纸边部在传感器准线位置时，喷嘴 S_1、S_2 有一半被纸遮住，喷嘴 S_2 的气体一半受 S_1 气流阻挡，另一半沿纸面逸出，液压阀处于中位，保证纸边部仍处于准线位置。

纸边部在传感器准线以内时，喷嘴 S_1 的气流被纸挡住，S_2 的气流便顺利逸出，上气室压力降低，下气室 3 与大气相通，弹簧力使膜片上弯，阀芯上移，换向阀 P、A 接通，液压缸活塞杆伸出，带动纸边部向右移动，靠向传感器准线位置。

6.6 管道系统

6.6.1 管道连接件

（1）管道连接件的功用及类型

有了管子和各种管接头，才能把气动控制元件、执行元件以及辅助元件等连接成一个完整的气动控制系统，因此，实际应用中，管道连接件是不可缺少的。

管道连接件包括管子和各种管接头。管子可分为硬管和软管两种。硬管有铁管、铜管、黄铜管、紫铜管和硬塑料管等；软管有塑料管、尼龙管、橡胶管、金属编织塑料管以及挠性金属导管等。

总气管和支气管等一些固定不动的、不需要经常装拆的地方，使用硬管。连接运动部件和临时使用、希望装拆方便的管路应使用软管。

气动系统中使用的管接头的结构及工作原理与液压管接头基本相似，有卡套式、扩口螺纹式、卡箍式、插入快换式等。

（2）软管接头的结构形式

软管接头种类、规格很多，典型结构形式如图6-17所示，有直通、终端、直角、三通、四通、多通、异径、内外螺纹及带单向阀等应用于不同场合的各种管接头。管接头材料一般用黄铜或工程塑料制成。有的在黄铜接头体上镀镍铬层再加以抛光，以增加防腐蚀性能及美观程度。管接头螺纹有公制细牙、圆柱管螺纹和圆锥管螺纹，从密封角度推荐用圆锥管螺纹接头，且在螺纹上涂密封层。

图6-17　各类软管接头

6.6.2 管道系统的布置原则

（1）按供气压力考虑

在实际应用中，如果只有一种压力要求，则只需设计一种管道供气系统；如有多种压力要求，则其供气方式有以下三种。

① 多种压力管道供气系统 多种压力管道供气系统适用于气动设备有多种压力要求，且用气量都比较大的情况。应根据供气压力大小和使用设备的位置，设计几种不同压力的管道供气系统。

② 降压管道供气系统 降压管道供气系统适用于气动设备有多种压力要求，但用气量都不大的情况。应根据最高供气压力设计管道供气系统，气动装置需要的低压，利用减压阀降压来得到。

③ 管道供气与瓶装供气相结合的供气系统 管道供气与瓶装供气相结合的供气系统适用于大多数气动装置都使用低压空气，部分气动装置需用气量不大的高压空气的情况。应根据对低压空气的要求设计管道供气系统，而气量不大的高压空气采用气瓶供气方式来解决。

（2）按供气的空气质量考虑

根据各气动装置对空气质量的不同要求，分别设计成一般供气系统和清洁供气系统。若一般供气量不大，为了减少投资，可用清洁供气代替。若清洁供气系统的用气量不大，可单独设置小型净化干燥装置来解决。

（3）按供气可靠性和经济性考虑

① 单树枝状管网供气系统 图 6-18(a) 所示为单树枝状管网供气系统。这种供气系统简单、经济性好。多用于间断供气。阀门Ⅰ、Ⅱ串联在一起是考虑经常使用的阀门Ⅱ万一不能关闭，可关闭阀门Ⅰ。

② 单环状管网供气系统 图 6-18(b) 所示为单环状管网供气系统。这种系统供气可靠性高，压力较稳定。当支管上有一阀门损坏需检修时，将环形管道上的两侧阀门关闭，整个系统仍能继续供气。该系统投资较高，冷凝水会流向各个方向，故应设置较多的自动排水器。

③ 双树枝状管网供气系统 图 6-18(c) 所示为双树枝状管网供气系统。这种系统能保证所有气动装置不间断供气，它实际上相当于两套单树枝状管网供气系统。

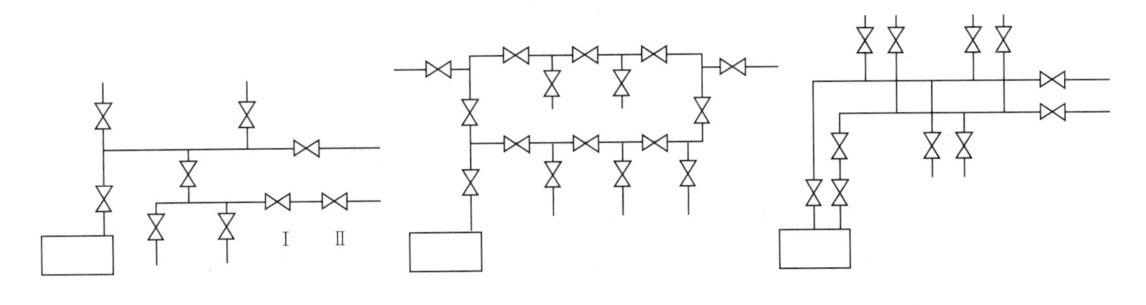

（a）单树枝状管网供气系统　（b）单环状管网供气系统　（c）双树枝状管网供气系统

图 6-18 管路系统

6.6.3 管道布置的注意事项

① 空气管道应按现场实际情况布置，尽量与其他管线（如水管、煤气管、暖气管等）、电线等统一协调布置。

② 管道进入用气车间，应根据气动装置对空气质量的要求，设置配气容器、截止阀、气动三联件等。

③ 车间内部压缩空气主干管道应沿墙或柱子架空铺设，其高度不应妨碍运行，又便于检

修。管长超过 5m，顺气流方向管道向下坡度为 1% ～ 3%。为避免长管道产生挠度，应在适当部位安装托架。管道支撑不得与管道焊接。

④ 沿墙或柱子接出的支管必须在主干管上部采用大角度拐弯后再向下引出。支管沿墙或柱子离地面 1.2 ～ 1.5m 处接一气源分配器，并在分配器两侧接支管或管接头，以便用软管接到气动装置上使用。在主干管及支管的最低点设置集水罐，集水罐下部设置排水器，以排放污水。

⑤ 为便于调整、不停气维修和更换元件，应设置必要的旁通回路和截止阀。

⑥ 管道装配前，管道、接头和元件内的流道必须清洗干净，不得有毛刺、铁屑、氧化皮等异物。

⑦ 使用钢管时，一定要选用表面镀锌的管子。

⑧ 在管路中容易积聚冷凝水的部位，如倾斜管末端、支管下垂部、储气罐底部、凹形管道部位等，必须设置冷凝水的排放口或自动排水器。

⑨ 主管道入口处应设置主过滤器。从支管至各气动装置的供气都应设置独立的过滤、减压或油雾装置。

典型管路布置如图 6-19 所示。

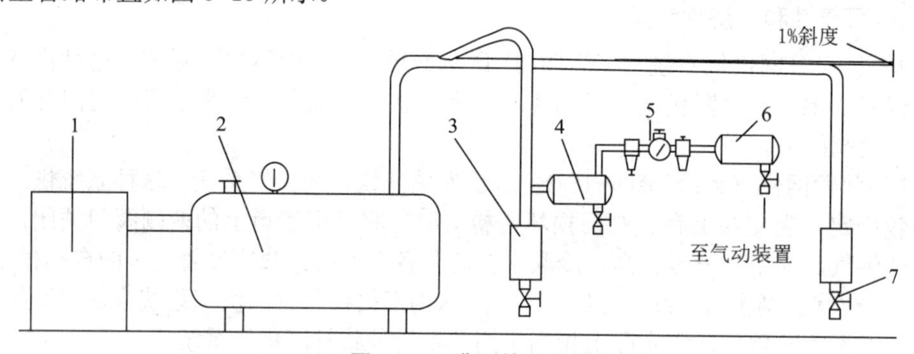

图 6-19 典型管路布置

1—压缩机；2—储气罐；3—凝液收集管；4—中间储罐；5—气动三联件；6—系统用储气罐；7—排放阀

6.7 转换器

在气动装置中，控制部分的介质都是气体，但信号传感部分和执行部分可能采用液体和电信号。这样各部分之间就需要能量转换装置 —— 转换器。

6.7.1 气 - 电转换器

气 - 电转换器是利用气信号来接通或关断电路的装置。其输入是气信号，输出是电信号。按输入气信号的压力大小不同，可分为低压和高压两种。

图 6-20(a) 所示为一种低压气 - 电转换器，其输入气信号压力小于 0.1MPa。平时阀芯 1 和焊片 4 是断开的，气信号输入后，膜片 2 向上弯曲，带动硬芯上移，与限位螺钉 3 导通，即与焊片导通，调节螺钉可以调节导通气压力的大小。这种气 - 电转换器一般用来提供信号给指示灯，指示气信号的有无。也可以将输出的电信号经过功率放大后带动电力执行机构。

图 6-20(b) 所示为一种高压气 - 电转换器，其输入气信号压力大于 1MPa，膜片 5 受压后，推动顶杆 6 克服弹簧的弹力向上移动，带动爪枢 7，两个微动开关 8 发出电信号。旋转螺母 9，可调节控制压力范围，这种气 - 电转换器的调压范围有 0.025 ～ 0.5MPa、0.065 ～ 1.2MPa

和 0.6 ～ 3MPa。这种依靠弹簧可调节控制压力范围的气 - 电转换器也被称为压力继电器，当气罐内压力升到一定值后，压力继电器控制电机停止工作，当气罐内压力降到一定值后，压力继电器又控制电机启动，其图形符号如图 6-20(c) 所示。

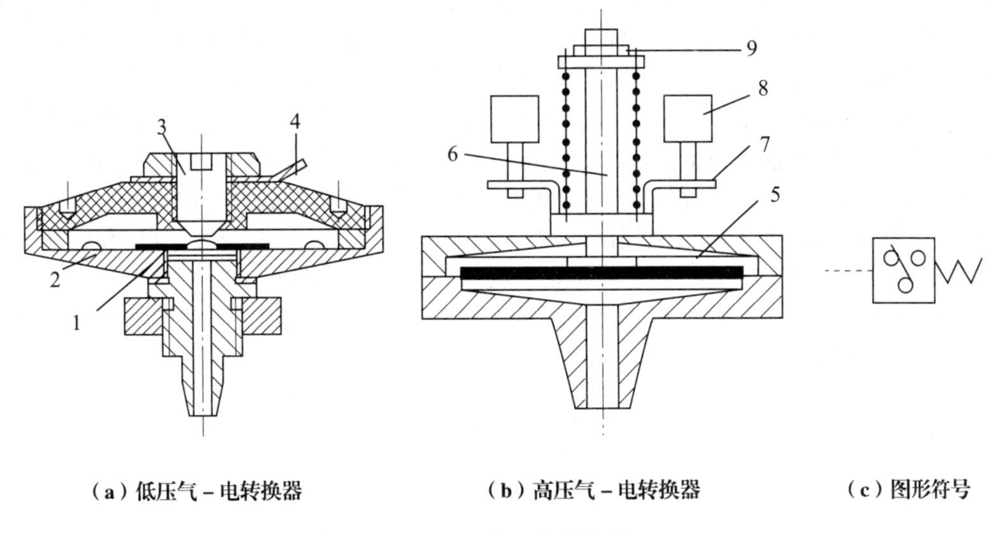

（a）低压气 - 电转换器　　（b）高压气 - 电转换器　　（c）图形符号

图 6-20　气 - 电转换器

1—阀芯；2，5—膜片；3—限位螺钉；4—焊片；6—顶杆；7—爪枢；8—微动开关；9—螺母

6.7.2　电 - 气转换器

电 - 气转换器是将电信号转换成气信号的装置，其作用如同小型电磁阀。

图 6-21 所示为一种低压电 - 气转换器。线圈 2 不通电时，由于弹性支承 1 的作用，衔铁 3 带动挡板 4 离开喷嘴 5，这样，从气源来的气体绝大部分从喷嘴排向大气，输出端无输出；当线圈通电时，将衔铁吸下，橡胶挡板封住喷嘴，气源的有压气体便从输出端输出。电磁铁的直流电压为 6 ～ 12V，电流为 0.1 ～ 0.14A，气源压力为 1 ～ 10kPa。

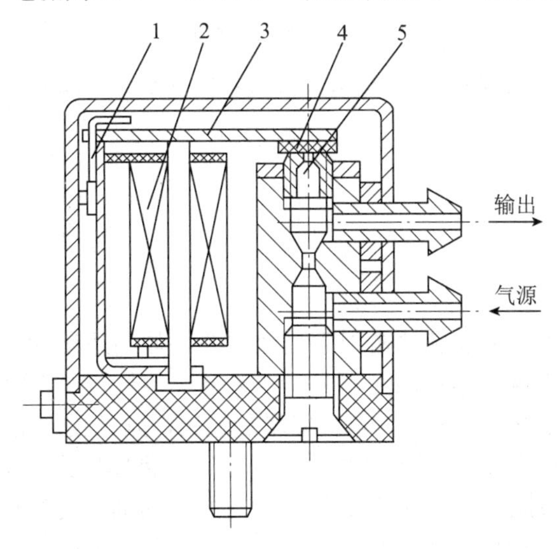

图 6-21　电 - 气转换器

1—弹性支承；2—线圈；3—衔铁；4—挡板；5—喷嘴

6.7.3 气 - 液转换器

气 - 液转换器是将空气压力转换成油压，且压力值不变的元件。

作为推动执行元件的有压力流体，使用气压力比液压力简便，但空气有压缩性，不能得到匀速运动和低速（50mm/s 以下）平稳运动，中停时的精度不高。液体可压缩性小，但液压系统配管较困难，成本也高。使用气 - 液转换器，用气压力驱动气 - 液联用缸动作，就避免了空气可压缩性的缺陷，启动时和负载变动时，也能得到平稳的运动速度，低速动作时，也没有爬行问题，故最适合于精密稳速输送、中停、急速进给和旋转执行元件的慢速驱动等。

图 6-22 所示的气 - 液转换器是一个油面处于静压状态的垂直放置的油筒。上部接气源，下部可与液压缸相连。为了防止空气混入油中造成传动的不稳定性，在进气口和出油口处，都安装有缓冲板 2。进气口缓冲板还可防止空气流入时产生冷凝水，防止排气时流出油沫。浮子 4 可防止油、气直接接触，避免空气混入油中。所用油可以是透平油或液压油，油的运动黏度为 40 ～ 100mm²/s。

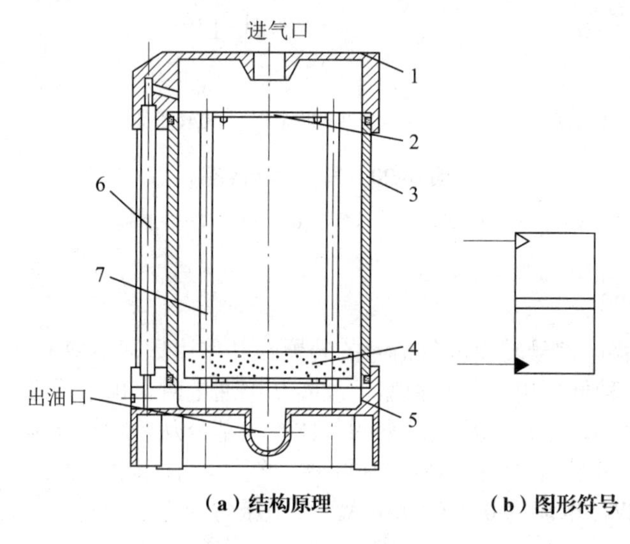

（a）结构原理　　（b）图形符号

图 6-22　气 - 液转换器

1—头盖；2—缓冲板；3—筒体；4—浮子；5—下盖；6—油位计；7—拉杆

6.8 其他辅助元件

6.8.1 缓冲器

在气动自动化系统中，振动和冲击现象是经常的。如高速运动的气缸在行程末端会产生很大的冲击力。若气缸本身的缓冲能力不足时，为避免撞坏气缸盖及设备，应在外部设置缓冲器，吸收冲击能量。设置了液压缓冲器，能增加输出，延长使用寿命，降低噪声。

图 6-23 所示为一种液压缓冲器的结构原理，当运动物体撞到活塞杆端部时，活塞向右运动。由于内筒上小孔（节流孔 15）的节流作用，右腔中的油不能畅通地流出，外界冲击使右腔的油压急剧上升。高压油从小孔以高速喷出，使大部分压力能转变为热能，由筒身散发到大气中。当缓冲器活塞位移至行程终端之前，冲击能量已被全部吸收掉。小孔流出的油返回至活塞左腔。由于活塞位移时，右腔油体积大于左腔（因左腔有活塞杆），泡沫式储油元件

被油压缩，以储存由于两腔体积差而多余的油液。一旦外负载撤去，油压力和复位弹簧力使活塞杆伸出的同时，活塞右腔产生负压，左腔及储油元件中的油就返回至右腔，使活塞复位至端部。液压缓冲器的图形符号如图 6-24 所示。

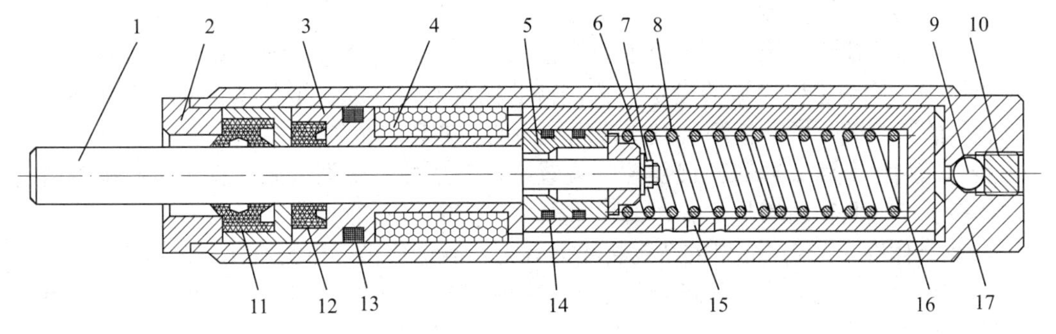

图 6-23 液压缓冲器结构原理

1—活塞杆；2—限位器；3—轴套；4—储油元件；5—活塞；6—弹簧座；7—螺母；8—复位弹簧；9—钢球；10—止动螺堵；11 ～ 14—密封及防尘组件；15—节流孔；16—内筒；17—外筒

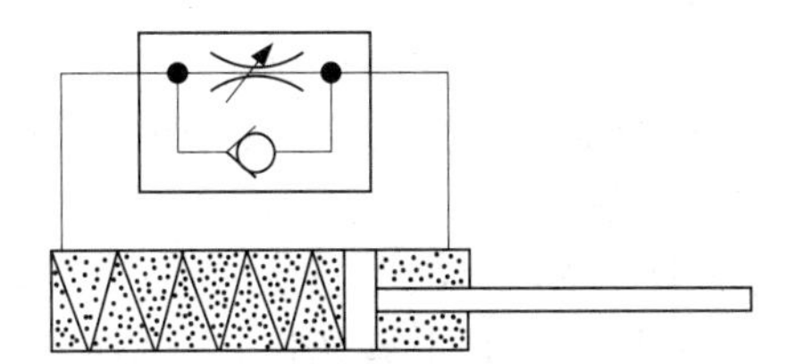

图 6-24 液压缓冲器图形符号

6.8.2 气动开关

(1) 压力开关

压力开关是一种当输入压力达到设定值时，电气开关接通，发出电信号的装置，常用于需要压力控制和保护的场合。例如，空气压缩机排气和吸气压力保护，有压容器（如气罐）内的压力控制等。压力开关除用于压缩空气外，还用于蒸汽、水、油等其他介质压力的控制。压力开关由感受压力变化的压力敏感元件、调整设定压力大小的压力调整装置和电气开关三部分构成。

(2) 接近开关

接近开关是一种不需要与运动部件进行机械接触而可以操作的位置开关，当物体接近开关的感应面到动作距离时，不需要机械接触及施加任何压力即可使开关动作，从而驱动交流或直流电器或给计算机装置提供控制指令。接近开关是一种开关型传感器，它即有行程开关、微动开关的特性，同时又具有传感性能，且动作可靠、性能稳定、频率响应快、应用寿命长、抗干扰能力强等，并具有防水、防振、耐腐蚀等特点。

接近开关又称无触点接近开关，是理想的电子开关量传感器。当金属检测体接近开关的感应区域时，开关就能无接触、无压力、无火花、迅速地发出电气指令，准确反映出运动机构的位置和行程。用于一般的行程控制，其定位精度、操作频率、使用寿命、安装调整的方便性和对恶劣环境的适用能力，是一般机械式行程开关所不能相比的。它广泛地应用于机床、冶金、化工、轻纺和印刷等行业。在自动控制系统中可作为限位、计数、定位控制和自动保护环节。接近开关具有使用寿命长、工作可靠、重复定位精度高、无机械磨损、无火花、无噪声、抗振能力强等特点。因此，接近开关的应用范围日益广泛，其自身发展和创新的速度也极其迅速。

① 接近开关的主要功能

a. 检验距离 检测电梯、升降设备的停止、启动、通过位置；检测车辆的位置，防止两物体相撞检测；检测工作机械的设定位置，移动机器或部件的极限位置；检测回转体的停止位置，阀门的开或关位置；检测气缸或液压缸内的活塞移动位置。

b. 控制尺寸 金属板冲剪的尺寸控制装置；自动选择、鉴别金属元件长度；检测自动装卸时堆物高度；检测物品的长、宽、高和体积。

c. 检测物体存在与否 检测生产包装线上有无产品包装箱；检测有无产品零件。

d. 控制速度与转速 控制传送带的速度；控制旋转机械的转速；与各种脉冲发生器一起控制转速和转数。

e. 计数及控制 检测生产线上流过的产品数；高速旋转轴或盘的转数计量；零部件计数。

f. 检测异常 检测瓶盖有无；判断产品合格与不合格；检测包装盒内的金属制品缺乏与否；区分金属与非金属零件；检测产品有无标牌；起重机危险区报警；安全扶梯自动启停。

g. 计量控制 产品或零件的自动计量；检测计量器、仪表的指针范围；检测不锈钢桶中的铁浮标；仪表量程上限或下限的控制；流量控制、水平面控制。

② 接近开关的分类

a. 按工作原理可分为：电感型，用以检测各种金属体；电容型，用以检测各种导电或不导电的液体或固体；光电型，用以检测所有不透光物质；超声波型，用以检测不透过超声波的物质；电磁型，用以检测导磁或不导磁金属。

b. 按外形可分为圆柱形、方形、沟槽形。

c. 按供电方式可分为直流型和交流型。

d. 按输出方式可分为直流两线制、直流三线制、直流四线制、交流两线制和交流三线制。

③ 几种常用接近开关的原理、特点及功用

a. 电感式接近开关 属于一种有开关量输出的位置传感器，它由LC高频振荡器和放大处理电路组成，利用金属物体在接近这个能产生电磁场的振荡感应头时，使物体内部产生涡流。这个涡流反作用于接近开关，使接近开关振荡能力衰减，内部电路的参数发生变化，由此识别出有无金属物体接近，进而控制开关的通或断。这种接近开关所能检测的物体必须是金属物体。

b. 电容式接近开关 也属于一种具有开关量输出的位置传感器，它的测量头通常构成电容器的一个极板，而另一个极板是物体的本身，当物体移向接近开关时，物体和接近开关的介电常数发生变化，使和测量头相连的电路状态也随之发生变化，由此便可控制开关的接通和关断。这种接近开关检测的物体，并不限于金属导体，也可以是绝缘的液体或粉状物体。

c. 磁性开关 是通过磁铁来感应的，这个“磁”就是磁铁，开关就是干簧管了。干簧管是干式舌簧管的简称，是一种有触点的无源电子开关元件，具有结构简单、体积小、便于控制等优点。其外壳一般是一根密封的玻璃管，管中装有两个铁质的弹性簧片电板，还灌有一种称为金属铑的惰性气体。平时，玻璃管中的两个由特殊材料制成的簧片是分开的。当有磁性物质靠近玻璃管时，在磁场的作用下，管内的两个簧片被磁化而互相吸引接触，吸合在一起，使结点所接的电路连通。外磁力消失后，两个簧片由于本身的弹性分开，线路也就断开了。因此，作为一种利用磁场信号来控制的线路开关器件，干簧管可以作为传感器用，用于计数、限位等。

6.8.3 气动压力表

（1）压力表

测定高于大气压力的压力仪表称为压力表，其所指示的压力为表压力。

（2）真空压力表

测定真空压力的仪表称为真空压力表。

（3）差压表

测定两点压力之差的仪表称为差压表。

气动系统中的压力除了使用模拟式仪表进行检测外，也可以使用数字式仪表进行测量并显示。

第7章 真空元件

以真空吸附为动力源，并配以相应真空元件所组建的真空系统，已广泛应用于电子、汽车、轻工、食品、印刷、医疗、塑料制品等众多领域，如真空包装机械中包装纸的吸附、送标、贴标以及包装袋的开启，电视机的显像管和电子枪的加工、运输、装配及电视机的组装，印刷机械中的检测、印刷纸张的运输，玻璃的搬运和装箱，机器人抓起重物、搬运和装配，真空成型、真空卡盘等。

总之，对任何具有较光滑表面的物体，特别对于非铁、非金属且不适合夹紧的物体，如薄的柔软的纸张、塑料膜、铝箔，易碎的玻璃及其制品等都可使用真空吸附来完成各种作业。

在真空压力下工作的相关元件，统称真空元件。真空元件包括真空发生装置、真空执行机构、真空阀和真空辅件。

7.1 真空发生装置

真空发生装置有真空泵和真空发生器两种。真空泵用于需要大规模连续真空负压的场合，真空发生器适用于间歇工作、真空抽吸流量较小的情况。

7.1.1 真空泵

在结构原理上，真空泵同空气压缩机完全相同，主要区别是怎样接入气动系统。空气压缩机是排气口接系统，而真空泵是排气口直接通大气，吸气口接入气动系统并形成负压，真空泵是真空系统的能源元件。

图 7-1 所示为采用真空泵的真空回路。

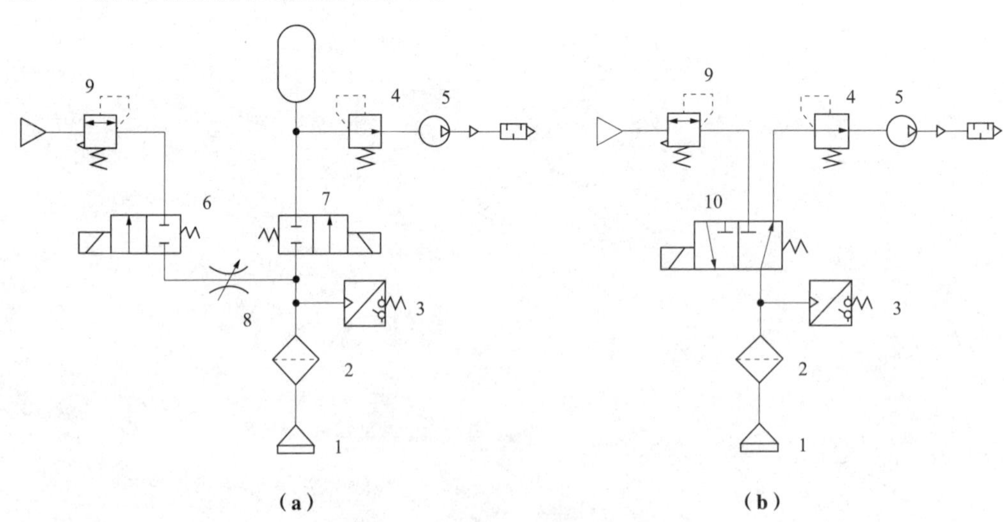

图 7-1 采用真空泵的真空回路

1—吸盘；2—真空过滤器；3—压力开关；4—真空减压阀；5—真空泵；6，7—二位二通电磁换向阀；8—节流阀；9—减压阀；10—二位三通电磁换向阀

图 7-1（a）是用真空泵产生连续负压，由两个二位二通电磁换向阀 6、7 控制真空吸盘 1，完成真空吸起和真空破坏的回路。当真空用电磁换向阀 7 通电、电磁换向阀 6 断电时，真空泵 5 产生的真空使吸盘 1 将工件吸起；当阀 7 断电、阀 6 通电时，压缩空气进入吸盘，真空被破坏，吹力使吸盘与工件脱离。

图 7-1（b）是用真空泵产生连续负压，由一个二位三通电磁换向阀 10 控制真空吸盘 1 切换的真空回路。当真空用换向阀 10 断电时，真空泵 5 产生真空，工件被吸盘 1 吸起；当阀 10 通电时，压缩空气使工件脱离吸盘。

7.1.2 真空发生器

真空发生器是利用喷射出的气流或水流的流体动能，从一个容积中（如吸盘或类似空腔）抽吸出空气，使其建立真空（负压）的气动元件。

（1）真空发生器的工作原理、结构及图形符号

① 工作原理 图 7-2（a）所示真空发生器由喷嘴、接收室、混合室和扩散室组成。压缩空气通过收缩的喷射后，从喷嘴内喷射出来的一束流体的流动称为射流。射流能卷吸周围的静止流体和它一起向前流动，这称为射流的卷吸作用［图 7-2（b）］。自由射流在接收室内流动，限制了其与外界的接触，但从喷嘴流出的主射流还是要卷吸一部分周围的流体向前运动，于是在射流的周围形成一个低压区，接收室内的流体便被吸进来，与主射流混合后，经接收室另一端流出。这种利用一束高速流体将另一束流体（静止或低速流）吸进来，相互混合后一起流出的现象称为引射现象。若在喷嘴两端的压差达到一定值时，气流达声速或亚声速流动，于是在喷嘴出口处，即接收室内可获得一定负压。

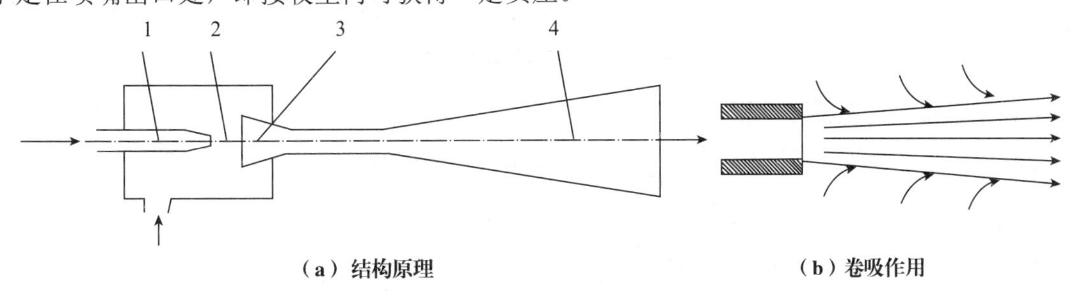

图 7-2 真空发生器的结构原理和卷吸作用

1—喷嘴；2—接收室；3—混合室；4—扩散室

② 类型及图形符号

a. 普通真空发生器 如图 7-3（a）所示，压缩空气从真空发生器的供气口经喷嘴流向排气口时，在真空口 A 产生真空。当 P 口无压缩空气输入时，抽吸过程停止，真空消失。图形符号如图 7-3（b）所示。

b. 二级真空发生器 图 7-4 所示的真空发生器是设计成二级扩散管形式的二级真空发生器。

二级真空发生器与单级真空发生器产生的真空度是相同的，但在低真空度时吸入流量增加约 1 倍，其吸入流量为 q_1+q_2。这样在低真空度的应用场合吸附动作响应快，用于吸取具有透气性的工件时特别有效。

真空发生器的结构简单，无可动机械部件，故使用寿命长。

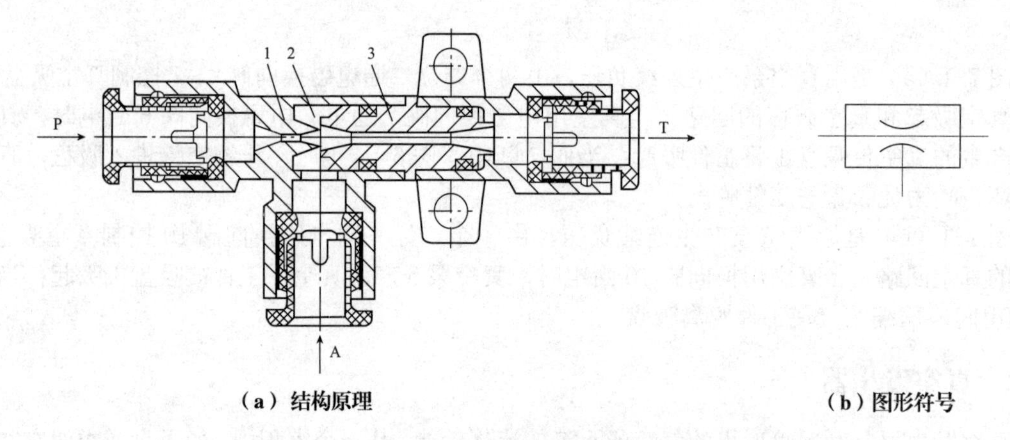

（a）结构原理　　（b）图形符号

图 7-3　普通真空发生器结构原理及图形符号

1—拉法尔喷管；2—负压腔；3—接收管

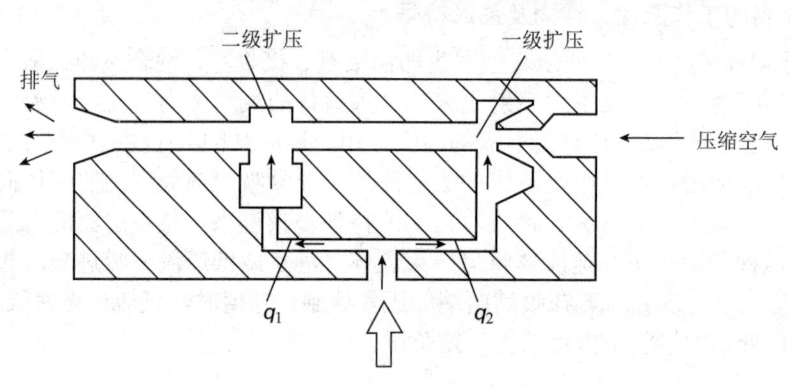

图 7-4　二级真空发生器

（2）真空发生器的主要性能指标

图 7-5 所示为真空发生器的排气特性（真空度）、流量特性（耗气量）的特性曲线。

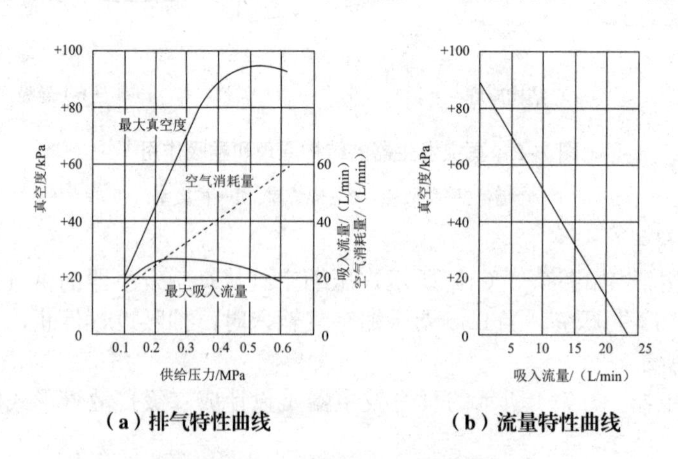

（a）排气特性曲线　　（b）流量特性曲线

图 7-5　真空发生器的特性曲线

图 7-5（a）所示为真空发生器的排气特性曲线。排气特性表示最大真空度、空气消耗量和最大吸入流量三者分别与供给压力之间的关系。最大真空度是指真空口被完全封闭时，真空口内的真空度，空气消耗量是通过供给喷管的流量（标准状态下），最大吸入流量是指真

空口向大气敞开时从真空口吸入的流量（标准状态下）。

图7-5(b)所示为真空发生器的流量特性曲线。流量特性是指供给压力为0.45MPa条件下，真空口处于变化的不封闭状态下，吸入流量与真空度之间的关系。

从图7-5（a）中的排气特性曲线可以看出，当真空口完全封闭时，在某个供给压力下，最大真空度达极限值；当真空口完全向大气敞开时，在某个供给压力下的最大吸入流量达极限值。达到最大真空度的极限值和最大吸入流量的极限值时的供给压力不一定相同。为了获得较大的真空度或较大的吸入流量，真空发生器的供给压力宜处于0.25～0.6MPa范围内，最佳使用范围为0.4～0.45MPa。

真空发生器的使用温度范围为5～60℃，不得给油工作。

（3）真空发生器的吸力计算

真空发生器的吸力可按下式计算：

$$F=\frac{pAn}{\alpha} \tag{7-1}$$

式中 F —— 吸力，N；

p —— 真空度，MPa；

A —— 吸盘的有效面积，m^2；

n —— 吸盘数量；

α —— 安全系数。

吸力计算时，考虑到吸附动作的响应快慢，真空度一般取最高真空度的70%～80%。安全系数与吸盘吸物的受力、状态、吸附表面粗糙度、吸附表面有无油污和吸附物的材质等有关。

如图7-6（a）所示，水平起吊时，标准吸盘（吸盘头部直杆连接）的安全系数$\alpha \geqslant 2$；摇头式吸盘和回转式吸盘的安全系数$\alpha \geqslant 4$。

如图7-6（b）所示，垂直起吊时的安全系数，标准吸盘为$\alpha \geqslant 4$；摇头式吸盘和回转式吸盘为$\alpha \geqslant 8$。

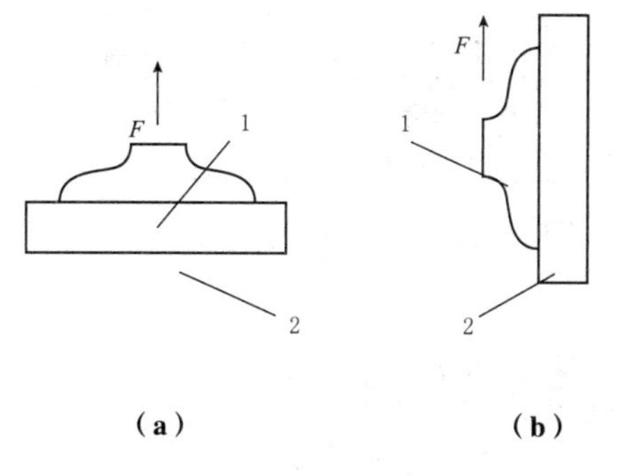

图7-6 水平吊和垂直吊

1—吸盘；2—工件

（4）真空发生器的应用

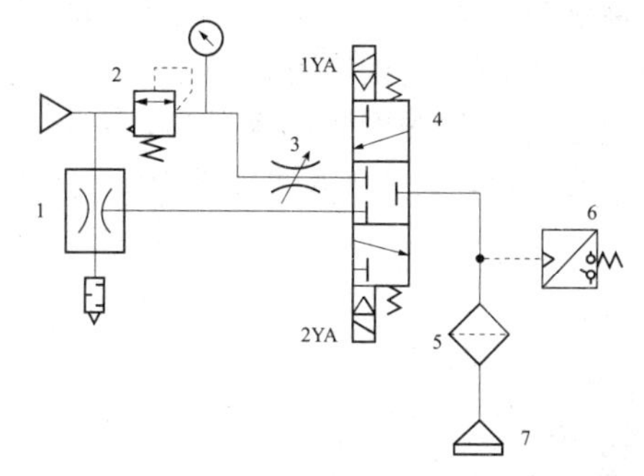

图7-7 采用真空发生器的真空回路

1—真空发生器；2—减压阀；3—节流阀；4—三位三通阀；5—过滤器；6—真空开关；7—真空吸盘

图 7-7 所示为采用三位三通阀的联合真空发生器，控制真空吸着和真空破坏的回路。当三位三通阀 4 的电磁铁 1YA 通电，真空发生器 1 与真空吸盘 7 接通，真空开关 6 检测真空度并发出信号给控制器，吸盘 7 将工件吸起。当三位三通阀不通电时，真空吸着状态能够持续。当三位三通阀的电磁铁 2YA 通电，压缩空气进入真空吸盘，真空被破坏，吹力使吸盘与工件脱离。吹力的大小由减压阀 2 设定，流量由节流阀 3 设定。

采用此回路时应注意配管的泄漏和工件吸着面处的泄漏。

7.1.3 真空发生器与真空泵的特点及应用场合

表 7-1 给出了真空发生器与真空泵的特点及其应用场合，以便选用。

表 7-1 真空发生器与真空泵的比较

项目	真空泵	真空发生器
最大真空度	可达 101.3kPa	可达 88kPa
吸入量	可以很大	不大
结构	复杂	简单
体积	大	很小
重量	重	很轻
寿命	有可动件，寿命较长	无可动件，寿命长
消耗功率	较大	较大
价格	高	低
安装	不便	方便
维护	需要	不需要
与配套件复合化	困难	容易
真空的产生和解除	慢	快
真空压力脉动	有脉动，需设真空罐	无脉动，不需设真空罐
应用场合	适合连续、大流量工作，不宜频繁启停，适合集中使用	需供应压缩空气，宜从事流量不大的间歇工作，适合分散使用

7.2 真空吸盘

吸盘是真空系统的执行元件，用于直接吸吊物体。吸盘常采用丁腈橡胶、硅橡胶、氟橡胶和聚氨酯等材料制成碗状或杯状，图 7-8 所示为真空吸盘的典型结构。根据工件的形状和大小，可以在安装支架上安装单个或多个真空吸盘。图 7-9 所示为真空吸盘的图形符号。

橡胶材料如长时间在高温下工作，则使用寿命将会变短。硅橡胶的使用温度范围较宽，但在湿热条件下工作则性能变差。吸盘的橡胶出现脆裂，是橡胶老化的表现，除过度使用的原因外，多由于受热或日光照射所致，故吸盘宜保管在冷暗的室内。

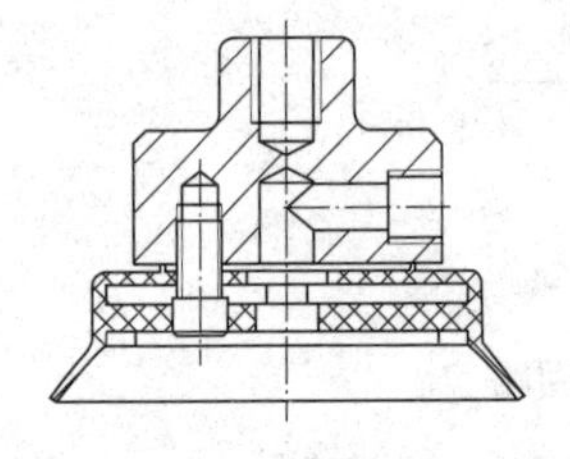

图 7-8 真空吸盘的典型结构

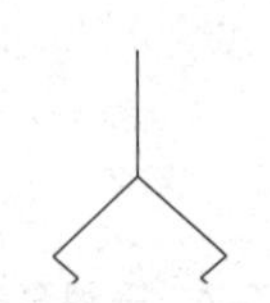

（a）通用真空吸盘符号

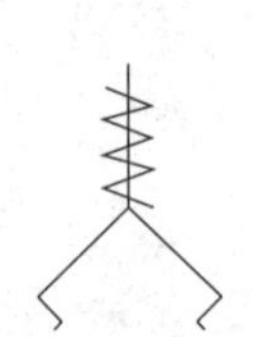

（b）带缓冲真空吸盘符号

图 7-9 真空吸盘的图形符号

7.3 真空用控制阀

（1）真空减压阀

压力管路中的减压阀（见图 7-1 的件 9）应使用一般减压阀，真空管路中的减压阀（图 7-1 中的件 4）应使用真空减压阀。

真空减压阀的结构原理如图 7-10（a）所示。真空口接真空泵，输出口接负载用的真空罐。当真空泵工作后，真空口压力降低。顺时针旋转手轮 3，设定弹簧 4 被拉伸，膜片 1 上移，带动给气阀 2 的阀芯抬起，则给气孔 7 打开，输出口与真空口接通。输出真空压力通过反馈孔 6 作用于膜片下腔。当膜片处于力平衡时，输出真空压力便达到一定值，且吸入一定流量。当输出口真空压力上升时，膜片上移。阀的开度加大，则吸入流量增大。当输出口压力接近大气压力时，吸入流量达最大值。反之，当吸入流量逐渐减小至零时，输出口真空压力逐渐下降，直至膜片下移，给气口被关闭，真空压力达最低值。手轮全松，复位弹簧推动给气阀，封住给气口，则输出口和设定弹簧室都与大气相通。

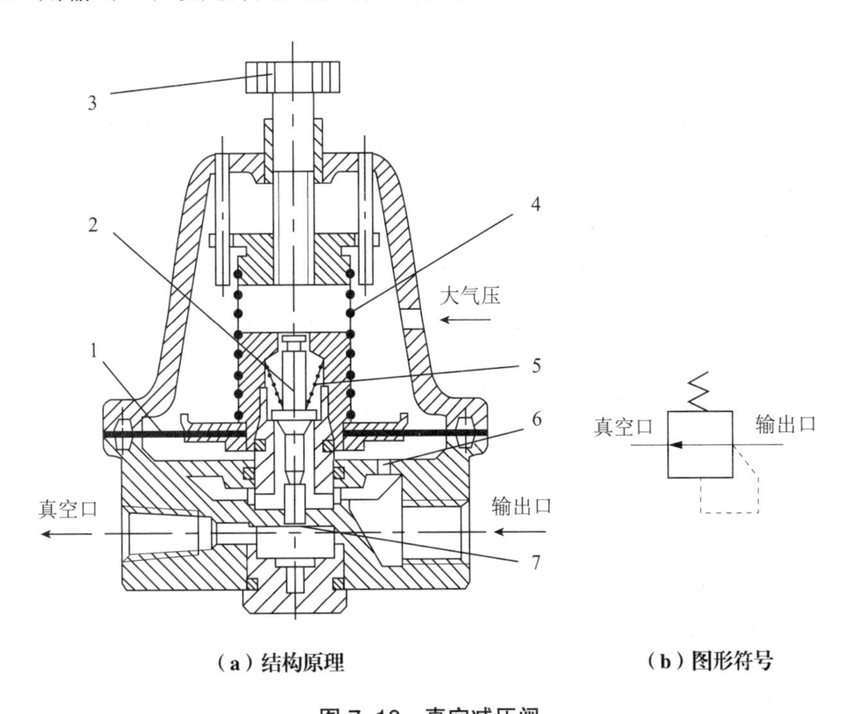

（a）结构原理　　（b）图形符号

图 7-10　真空减压阀

1—膜片；2—给气阀；3—手轮；4—设定弹簧；5—复位弹簧；6—反馈孔；7—给气孔

（2）真空换向阀

在真空回路中的换向阀，有真空破坏阀、真空切换阀和真空选择阀等。

真空破坏阀（图 7-1 中的阀 6）是破坏吸盘内的真空状态来使工件脱离吸盘的阀；真空切换阀（图 7-1 中的阀 10）是接通或断开真空压力源的阀；真空选择阀（如图 7-7 中的阀 4）可控制吸盘对工件的吸着或脱离，一个阀具有两个功能，以简化回路设计。

真空破坏阀、真空切换阀和真空选择阀设置于真空回路或存在有真空状态的回路中，所以必须选用能在真空压力条件下工作的换向阀。这类阀要求不泄漏，且不用油雾润滑，故使用截止式和膜片式阀芯结构比较理想，通径大时可使用外部先导式电磁阀；不给油润滑的软质密封滑阀，由于其通用性强，也常作为真空用换向阀使用；间隙密封滑阀存在微漏，只宜用于允许存在微漏的真空回路中。

破坏阀和切换阀一般使用二位二通阀，选择阀应使用二位三通阀，使用三位三通阀可节省能量并减少噪声，控制双作用真空气缸应使用二位五通阀。

（3）节流阀

真空系统中的节流阀用于控制真空破坏的快慢，节流阀的出口压力不得高于 0.5MPa，以保护真空压力开关和抽吸过滤器。

（4）单向阀

单向阀的作用：一是当供给阀停止供气时，保持吸盘内的真空压力不变，可节省能量；二是一旦停电，可延缓被吸吊工件脱落的时间，以便采取安全对策。一般应选用流通能力大、开启压力低（0.01MPa）的单向阀。

7.4 真空压力开关

真空压力开关是用于检测真空压力的开关。当真空压力未达到设定值时，开关处于断开状态；当真空压力达到设定值时，开关处于接通状态，发出电信号，指挥真空吸附机构动作。

一般使用的真空压力开关有以下用途：真空系统的真空度控制；有无工件的确认；工件吸着确认；工件脱离确认。

真空压力开关按功能分，有通用型和小孔口吸着确认型；按电触点的形式分，有无触点式（电子式）和有触点式（磁性舌簧开关式等）。一般使用的压力开关，主要用于确认设定压力，但真空压力开关确认设定压力的工作频率高，故真空压力开关应具有较高的开关频率，即响应速度要快。

图 7-11 所示为小孔口吸着确认型真空压力开关的外形，它与吸着孔口的连接方式如图 7-12 所示。

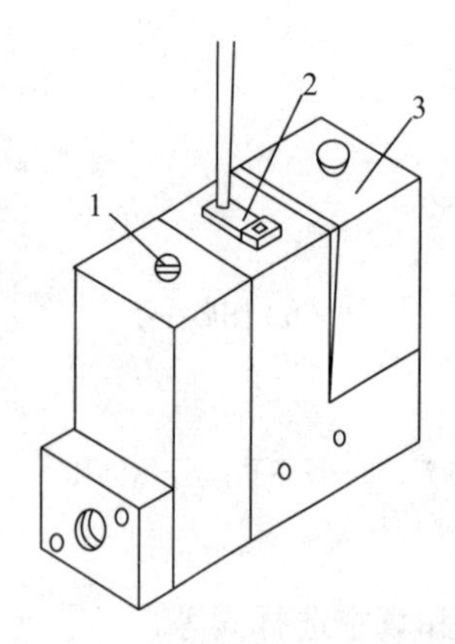

图 7-11　小孔口吸着确认型真空压力开关的外形

1—调节用针阀；2—指示灯；3—抽吸过滤器

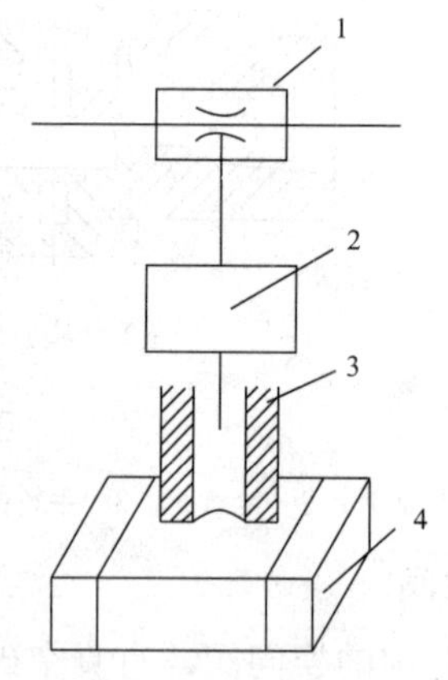

图 7-12　吸着孔口连接

1—真空发生器；2—吸着确认型开关；3—吸着孔口（Φ0.3～1.2）；4—数毫米宽小工件

图 7-13 所示为小孔口吸着确认型真空压力开关的工作原理。图中 S_4 代表吸着孔口的有效截面积，S_2 代表着可调针阀的有效截面积，S_1 和 S_3 是吸着确认型开关内部的孔径，$S_1 = S_3$。

工件未吸着时，S_4 值较大，调节针阀，即改变 S_2 值大小，使压力传感器两端的压力平衡，即 $p_1 = p_2$；当工件被吸着时，$S_4 = 0$，出现压差 $p_1 - p_2$，可被压力传感器检测出。

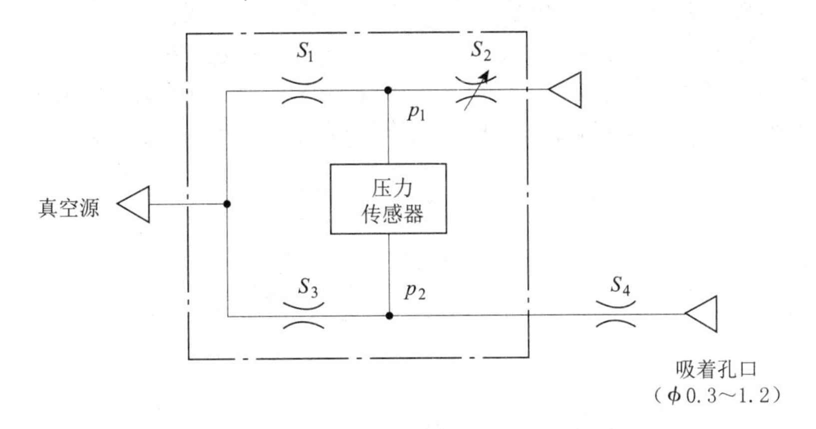

图 7-13　真空压力开关的工作原理

7.5 其他真空元件

（1）真空过滤器

真空过滤器是将从大气中吸入的污染物（主要是尘埃）收集起来，以防止真空系统中的元件受污染而出现故障。吸盘与真空发生器（或真空阀）之间，应设置真空过滤器。真空发生器的排气口、真空阀的吸气口（或排气口）和真空泵的排气口也都应装上消声器，这不仅能降低噪声而且能起过滤作用，以提高真空系统工作的可靠性。图 7-14 所示为真空过滤器实物及图形符号。

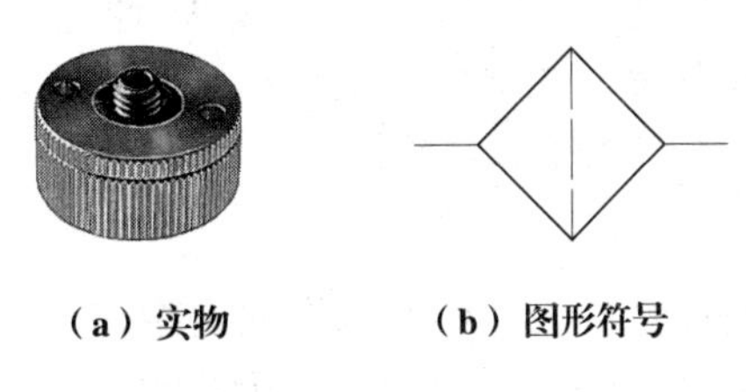

（a）实物　（b）图形符号

图 7-14　真空过滤器实物及图形符号

对真空过滤器的要求是，滤芯污染程度的确认简单，清扫污染物容易，结构紧凑，不至于使真空到达时间增长。

真空过滤器有箱式结构和管式连接两种。前者便于集成化，滤芯呈叠褶形状，故过滤面积大，可通过流量大，使用周期长；后者若使用万向接头，配管可在 360° 范围内自由安装，若使用快换接头，装卸配管更迅速。

当过滤器两端压降大于 0.02MPa 时，滤芯应卸下清洗或更换。

真空过滤器耐压 0.5MPa，滤芯耐压差 0.15MPa，过滤精度为 30μm。

安装时，注意进、出口方向不得装反，配管处不得有泄漏，维修时密封件不得损伤，过滤器入口压力不要超过 0.5MPa，这可靠调节减压阀和节流阀来保证。真空过滤器内流速不大，空气中的水分不会凝结，故该过滤器无需分水功能。

（2）真空组件

为便于安装使用，真空发生器常与电磁阀、压力开关和单向阀等真空元件组合起来使用，称为真空组件，或称为组合真空发生器。

图 7-15 所示的组合真空发生器由真空发生器、消声器、过滤器、真空压力开关和电磁阀等组成。进入真空发生器的压缩空气由内置电磁阀控制。电磁线圈通电，电磁阀换向，从进气口 1 流向排气口 3 的压缩空气产生真空。电磁线圈断电，真空消失。吸入的空气通过内置过滤器和压缩空气一起从排气口排出。内置消声器可减少噪声。真空压力开关用来控制真空度。

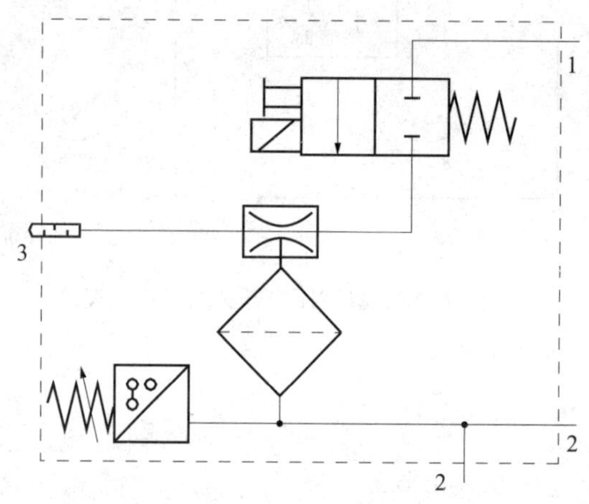

图 7-15　组合真空发生器

1—进气口；2—真空口（输出口）；3—排气口

图 7-16 所示为一种带喷射开关、内置单向阀的组合真空发生器。喷射开关由电磁阀 V_2 和节流阀构成。吸盘与真空口 2 相连。真空发生器真空的产生和消失是由电磁阀 V_1 控制的。电磁阀 V_1 断电后，内置单向阀可保持真空。若电磁阀 V_2 通电，则压缩空气经 V_2 和节流阀可使真空快速释放。调节节流阀开度，能调整真空释放的时间。这种组合真空发生器的最大特点在于内置单向阀可保持真空，节约了大量能源，再由真空开关来控制真空度。

（3）真空计

真空计是测定真空压力的计量仪表，装在真空回路中，显示真空压力的大小，便于检查和发现问题。常用真空计的量程是 0 ～ 100kPa，3 级精度。

（4）管道及管接头

真空回路中，应选用真空压力下不变形的管子，可使用硬尼龙管、软尼龙管和聚氨酯管。管接头要使用可在真空状态下工作的。

（5）空气处理元件

在真空系统中，处于压力回路中的空气处理元件可使用过滤精度为 5μm 的空气过滤器，过滤精度为 0.3μm 的油雾分离器，出口侧油雾浓度小于 $1.0mg/m^3$。

（6）真空用气缸

常用的真空用自由安装型气缸，具有以下特点：双作用垫缓冲无给油方形气缸，有多个安装面可供自由选用，安装精度高；活塞杆带导向杆，为杆不回转型缸；活塞杆内有通孔，作为真空通路；吸盘安装在活塞杆端部，有螺纹连接式和带倒钩的直接安装式，这样可省去配管，节省空间，结构紧凑；真空口有缸盖连接型和活塞杆连接型，前者缸盖及真空口连接管不动，活塞运动，真空口端活塞杆不会伸出缸盖外，后者气缸轻、结构紧凑，缸体固定，活塞杆运动；在缸体内可以安装磁性开关。

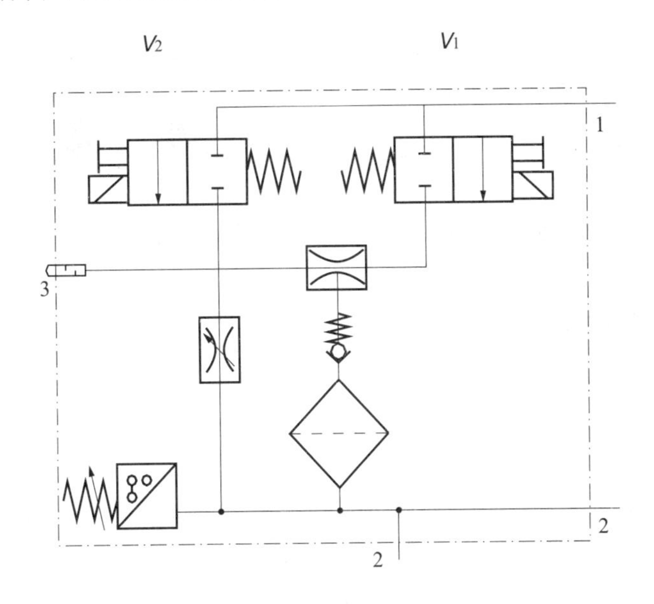

图 7-16　带喷射开关、内置单向阀的组合真空发生器

1—进气口；2—真空口；3—排气口；V_1—供气电磁阀；V_2—喷射开关电磁阀

（7）真空安全阀

真空安全阀的功用是确保在一个吸盘失效后，仍能维持系统的真空度不变。图 7-17 所示为真空安全阀的实物及图形符号。

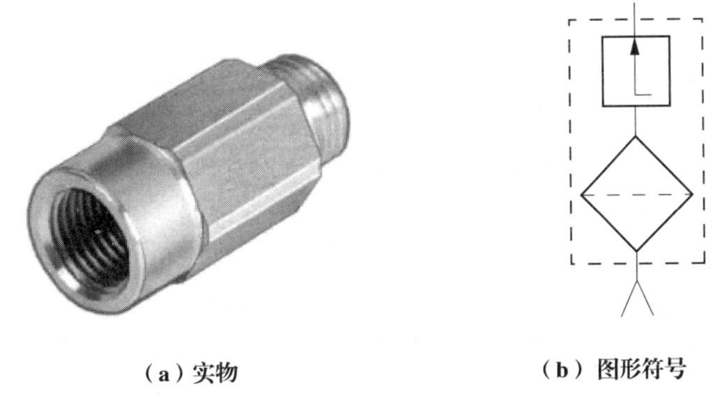

（a）实物　　（b）图形符号

图 7-17　真空安全阀

图 7-18、图 7-19 所示为同时使用多个真空吸盘的真空系统，系统中装有真空安全阀。如果没有安全阀，系统中一个或几个吸盘密封失效，将影响系统的真空度，导致其他吸盘都不能吸持工件而无法工作。

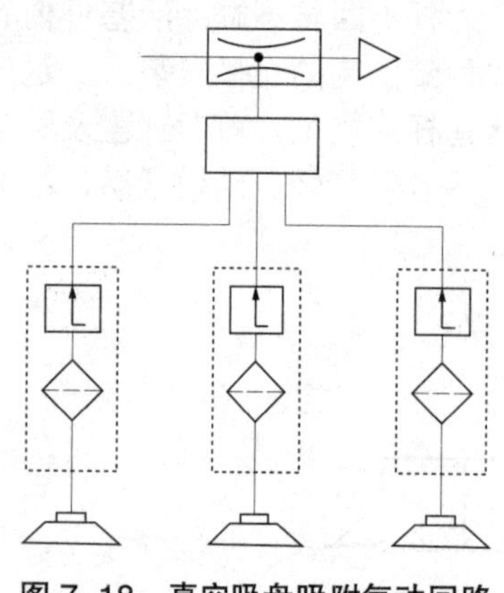

图 7-18　真空吸盘吸附气动回路

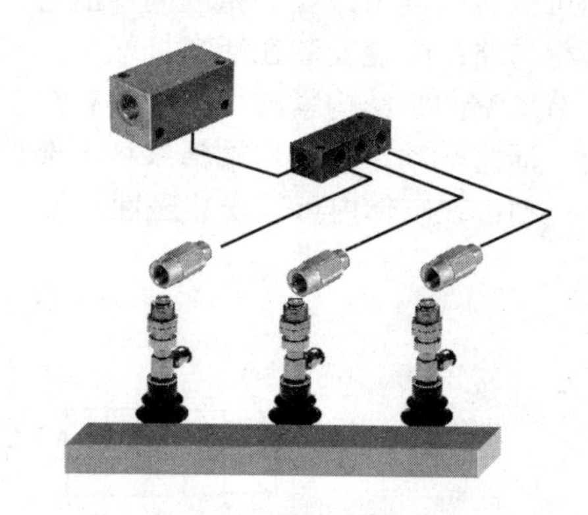

图 7-19　真空吸盘吸附气动拓扑图

7.6 真空元件的选择使用

在使用真空发生器时，应注意以下事项。

① 气源供给应是净化的、不含油雾的空气。因真空发生器的最小喷嘴喉部直径为 0.5mm，故供气口之前应设置过滤器和油雾分离器。

② 真空发生器与吸盘之间的连接管应尽量短，连接管不得承受外力，拧动管接头时要防止连接管被扭变形或造成泄漏。

③ 真空回路的各连接处及各元件应严格检查，不得向真空系统内部漏气。

④ 由于各种原因使吸盘内的真空度未达到要求时，为防止被吸吊工件吸吊不牢而跌落，回路中必须设置真空压力开关。吸着电子元件或精密小零件时，应选用小孔口吸着确认型真空压力开关。对于吸吊重工件或搬运危险品的情况，除要设置真空压力开关外，还应设真空计，以便随时监视真空压力的变化，及时处理问题。

⑤ 在恶劣环境中工作时，真空压力开关前也应装过滤器。

⑥ 为了在停电情况下仍保持一定真空度，以保证安全，对真空泵系统，应设置真空罐。在真空发生器系统、吸盘与真空发生器之间应设置单向阀。供给阀宜使用具有自保持功能的常通型电磁阀。

⑦ 真空发生器的供给压力在 0.40 ～ 0.45MPa 为最佳，压力过高或过低都会降低真空发生器的性能。

⑧ 吸盘宜靠近工件，避免受大的冲击力，以免吸盘过早变形、龟裂和磨耗。

⑨ 吸盘的吸着面积要比吸吊工件表面小，以免出现泄漏。

⑩ 面积大的板材宜用多个吸盘吸吊，但要合理布置吸盘位置，增强吸吊平稳性，要防止边上的吸盘出现泄漏。为防止板材翘曲，宜选用大口径吸盘。

⑪ 吸着高度变化的工件应使用缓冲型吸盘或带回转止动的缓冲型吸盘。

⑫ 对有透气性的被吊物，如纸张、泡沫塑料，应使用小口径吸盘。漏气太大，应提高真空吸吊能力，加大气路的有效截面积。

⑬ 吸着柔性物，如纸、聚乙烯薄膜，由于易变形、易皱折，应选用小口径吸盘或带肋吸盘，且真空度宜小。

⑭ 一个真空发生器带一个吸盘最理想。若带多个吸盘，其中一个吸盘有泄漏，会减小其他吸盘的吸力。

第8章 气动基本回路

气动系统无论多么复杂，均是由一些具有不同功能的基本回路组成的。气动基本回路是指能够实现某种特定功能的气动元件的组合。

气动基本回路按其控制目的、控制功能分为方向控制回路、速度控制回路、压力控制回路、多缸动作回路和安全保护回路等几类。

8.1 方向控制回路

方向控制回路也称换向回路，其功用是利用各种方向控制阀改变压缩气体的流动方向，从而改变气动执行元件的运动方向。方向控制阀按其通路数来分，有二通阀、三通阀、四通阀、五通阀等，按其控制方式又有气控阀、电磁阀、机动阀、手动阀等。利用这些方向控制阀可以构成单作用气缸、双作用气缸以及气动马达的各种换向回路。

8.1.1 单作用气缸换向回路

（1）电磁阀控制换向回路

图 8-1 所示为常断型二位三通电磁阀换向回路。当电磁铁得电时，气压使活塞杆伸出工作；当电磁铁失电时，活塞杆在弹簧作用下缩回。

在图 8-2 所示的三位五通电磁阀换向回路中，电磁铁失电后能自动复位，故能使气缸停留在行程中任意位置，不过由于空气的可压缩性，其定位精度较差。

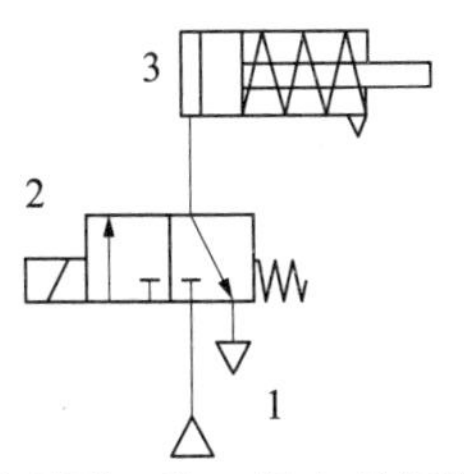

图 8-1　常断型二位三通电磁阀换向回路

1—气源；2—电磁阀；3—单作用气缸

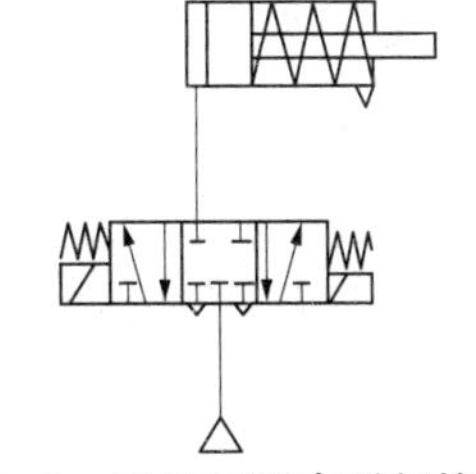

图 8-2　三位五通电磁阀换向回路

图 8-3 所示为采用一个二位二通阀和一个二位三通阀的联合控制换向回路，该回路也能实现单作用气缸的中间停止功能。

（2）手动阀控制换向回路

图 8-4 所示为二位三通阀手动换向回路，此方法适用于气缸缸径较小的场合。图 8-4（a）所示为采用弹簧复位式手控二位三通阀的换向回路，当按下按钮后阀进行切换，活塞杆伸出，松开按钮后阀复位，气缸活塞杆靠弹簧力返回。图 8-4（b）所示为采用带定位机构手控二位三通阀的换向回路，按下按钮后活塞杆伸出，松开按钮，因阀有定位机构而保持原位，活塞杆仍保持伸出状态，只有把按钮上拔时，二位三通阀才能换向，气缸进行排气，活塞杆返回。

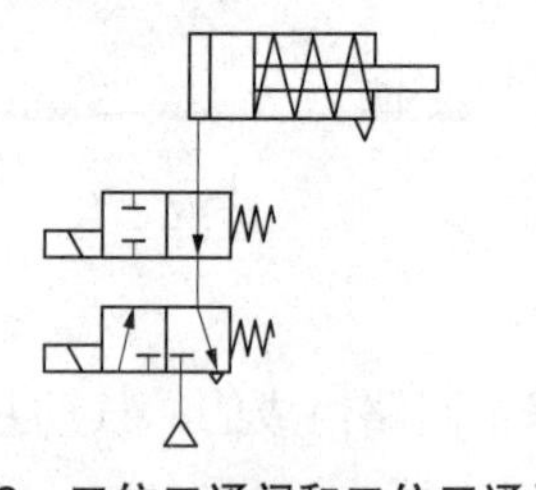

图 8-3 二位二通阀和二位三通阀联合控制换向回路

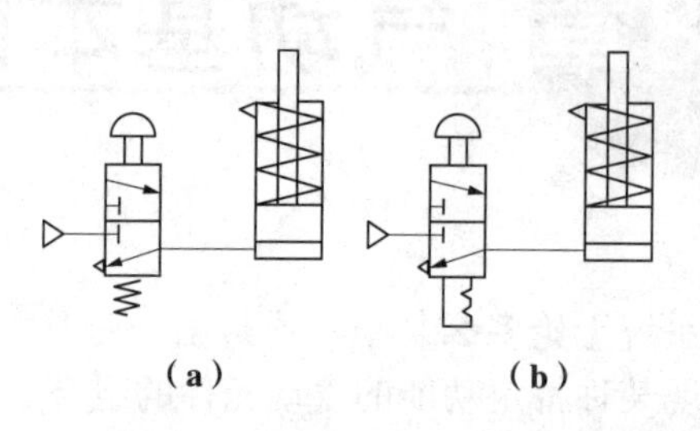

图 8-4 二位三通阀手动换向回路

（3）气控阀控制换向回路

图 8-5 所示为二位三通气控阀换向回路。当缸径很大时，手控阀的通流能力过小将影响气缸运动速度。因此，直接控制气缸换向的主控阀需采用通径较大的气控阀。阀 2 也可用机控阀代替。

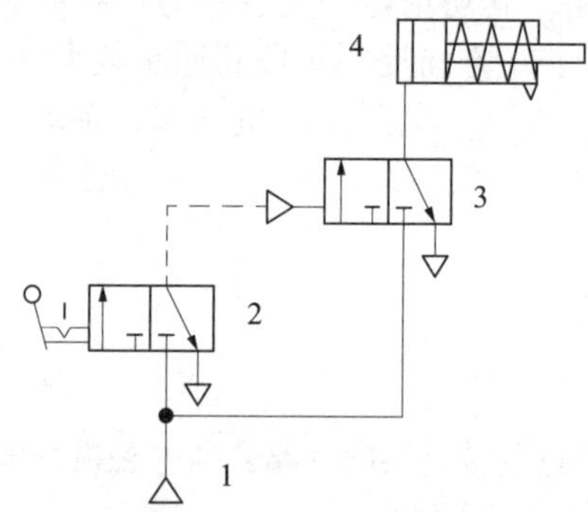

图 8-5 二位三通气控阀换向回路

1—气源；2—手动换向阀；3—气控换向阀；4—单作用气缸

8.1.2 双作用气缸换向回路

图 8-6 所示为双作用气缸换向回路。在图 8-6（a）中通过对换向阀左右两侧分别输入控制信号，使气缸活塞杆伸出和缩回。此回路不允许左右两侧同时加等压控制信号。图 8-6（b）所示回路，除控制双作用气缸换向外，还可在行程中的任意位置停止运动。

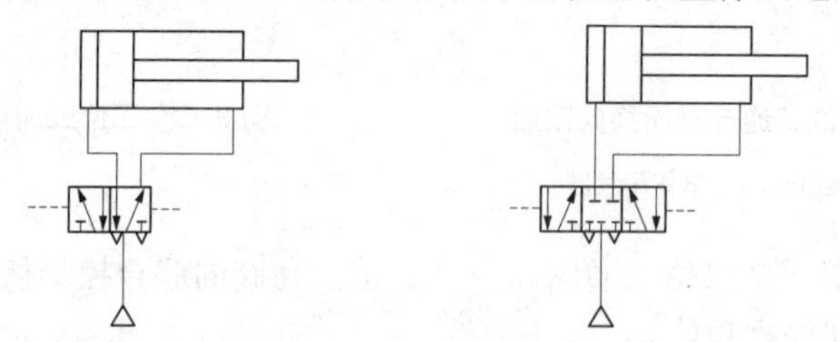

（a）采用双气控二位五通阀 （b）采用双气控中位封闭式三位五通阀

图 8-6 双作用气缸换向回路

8.1.3 往复运动回路

（1）一次往复运动回路

① 行程阀往复运动回路 如图 8-7 所示为行程阀往复运动回路，按下手动换向阀 2，有

压气体经手动换向阀 2 作用于气控换向阀 3 左侧，气控阀换向，有压气体经气控换向阀 3 进入气缸 5 的无杆腔，活塞杆伸出，当到达行程阀 4 时，行程阀 4 被触发，有压气体经行程阀 4 作用于气控换向阀 3 右侧，气控换向阀 3 换向，有压气体经气控换向阀 3 进入气缸 5 的有杆腔，活塞杆缩回，完成一次往复运动。其中，气控换向阀 3 具有自保持功能。手动换向阀 2 按下，气控换向阀 3 换向后，要松开手动换向阀 2 使其自动复位。

② 单向顺序阀往复运动回路 图 8-8 所示为单向顺序阀往复运动回路，手动换向阀 1 与气动顺序阀 4 交替控制气动换向阀 2 换向，使气缸往复运动。

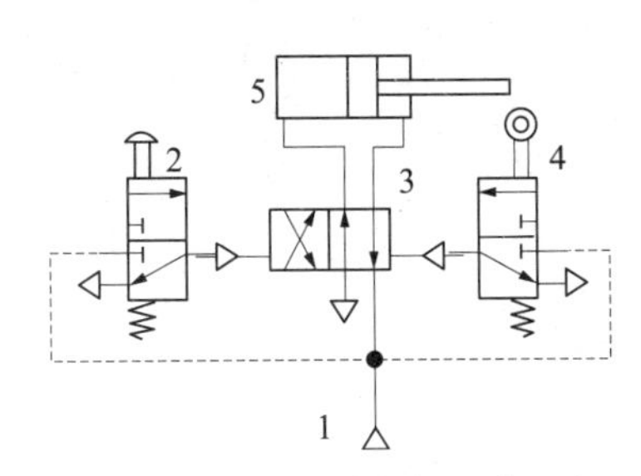

图 8-7 行程阀往复运动回路

1—气源；2—手动换向阀；3—气控换向阀；4—行程阀；5—气缸

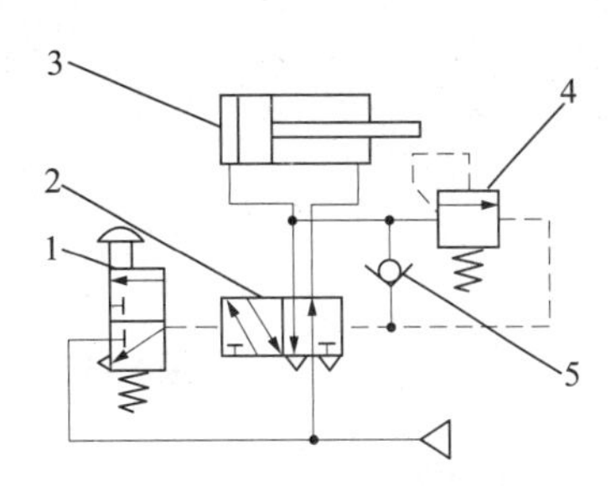

图 8-8 单向顺序阀往复运动回路

1—手动换向阀；2—气动换向阀；3—气缸；4—气动顺序阀；5—单向阀

（2）连续往复运动回路

图 8-9 所示为连续往复运动回路，手动换向阀 3 具有定位机构，当其处于上位排空状态时，气控换向阀 2 左侧控制气体没有压力，有压气体经气控换向阀 2 右位进入气缸 6 有杆腔，活塞杆缩回至初始位置并压下行程阀 4。按下手动换向阀 3 使其处于接通状态，有压气体经手动换向阀 3、行程阀 4 作用于气控换向阀 2 的左侧，气控换向阀 2 换向，有压气体经气控换向阀 2 进入气缸 6 的无杆腔，活塞杆伸出，当到达行程阀 5 时，行程阀 5 被压下，来自于手动换向阀 3 的控制气体经行程阀 5 排空，气控换向阀 2 控制气源失去压力换向，活塞杆缩回。当活塞杆缩回到行程阀 4 时，行程阀 4 被压下，有压气体经手动换向阀 3、行程阀 4 作用于气控换向阀 2 的左侧，活塞杆再次伸出，周而复始连续往复运动。

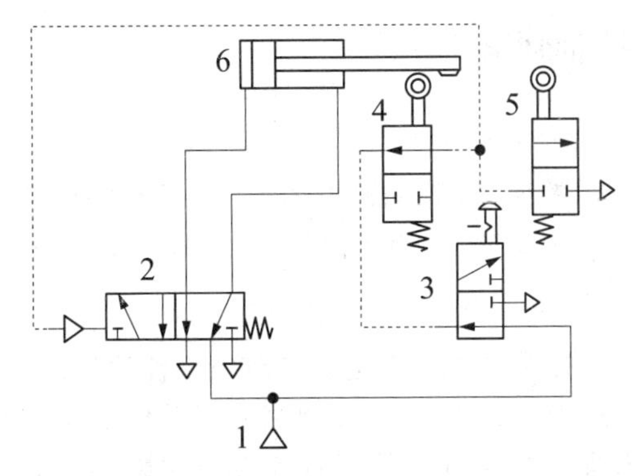

图 8-9 连续往复运动回路

1—气源；2—气控换向阀；3—手动换向阀；4，5—行程阀；6—气缸

8.1.4 气动马达换向回路

图 8-10 所示为常见的气动马达换向回路。图 8-10（a）所示为气动马达单方向旋转的回路，采用了二位二通电磁阀来实现转停控制，马达的转速用节流阀来调整。图 8-10（b）和图 8-10（c）所示的回路分别为采用两个二位三通阀和一个三位五通阀来控制气动马达正反转的回路。

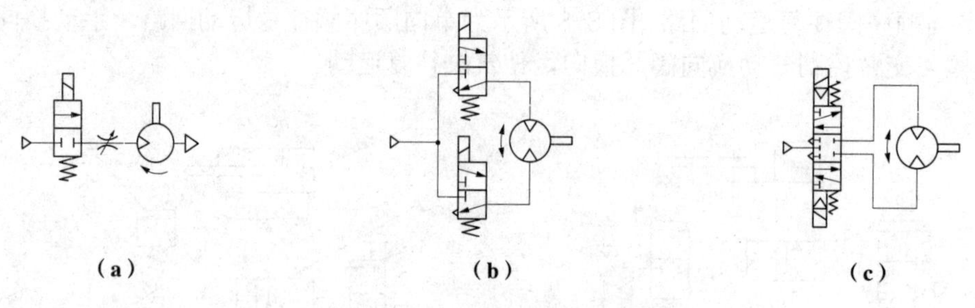

图 8-10　气动马达换向回路

8.1.5 延时换向回路

图 8-11 所示为延时换向回路，在图（a）和图（b）所示的两种回路中，通过调节节流阀的开度，便可调节延时时间。

图 8-11　延时换向回路

1，4，5，7，8—换向阀；2，6—气罐；3—单向节流阀

8.2 速度控制回路

8.2.1 单作用气缸速度控制回路

（1）进气节流调速回路

图 8-12（a）、（b）所示的两种回路分别采用了节流阀和单向节流阀，通过调节节流阀的不同开度，可以实现进气节流调速。气缸活塞杆返回时，由于没有节流，可以快速返回。

（2）排气节流调速回路

图 8-13（a）、（b）所示的两种回路均是通过排气节流来实现快进慢退的。图 8-13（a）中的回路是在排气口设置一排气节流阀来实现调速的。其优点是安装简单，维修方便；但在管路比较长时，较大的管内容积会对气缸的运行速度产生影响，此时就不宜采用排气节流阀控制。图 8-13（b）中的回路是在换向阀与气缸之间安装了单向节流阀。进气时不节流，活塞杆快速前进；换向阀复位时，由节流阀控制活塞杆的返回速度。这种安装形式不会影响换

向阀的性能，工程中多数采用这种回路。

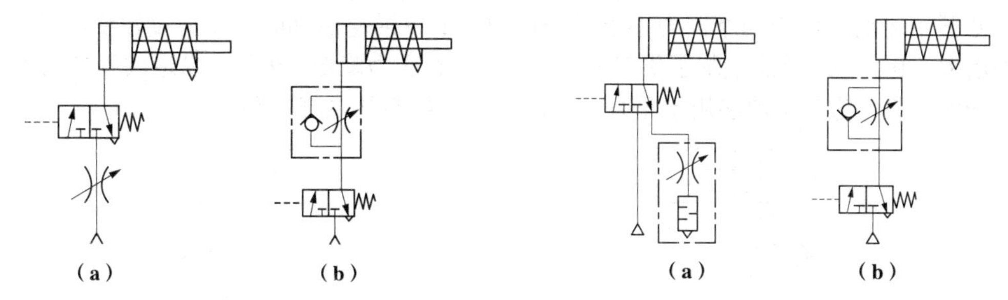

图 8-12　进气节流调速回路　　　　图 8-13　排气节流调速回路

（3）双向节流调速回路

图 8-14（a）所示为采用单向节流阀实现排气节流的单作用气缸速度控制回路，调节节流阀的开度实现气缸背压的控制，完成气缸双向运动速度的调节。

如图 8-14（b）所示的回路是另一种形式的双向节流调速的回路，进、退速度分别由节流阀 6、7 调节。

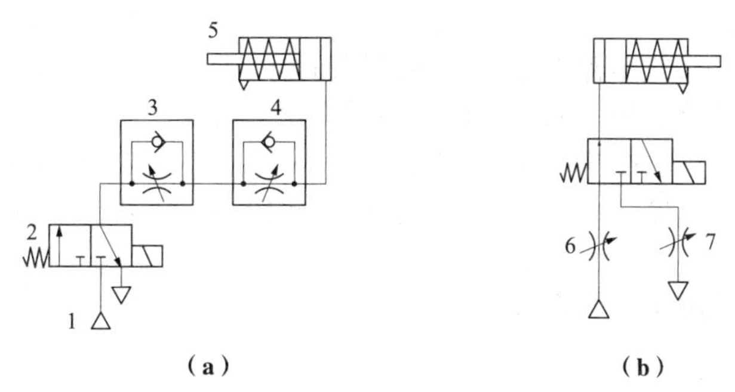

图 8-14　双向节流调速回路

1—气源；2—电磁换向阀；3，4—单向节流阀；5—气缸；6，7—节流阀

（4）慢进快退调速回路

图 8-15 所示为单作用气缸慢进快退调速回路，活塞杆伸出时节流调速；活塞杆退回时，通过快速排气阀排气，快速退回。

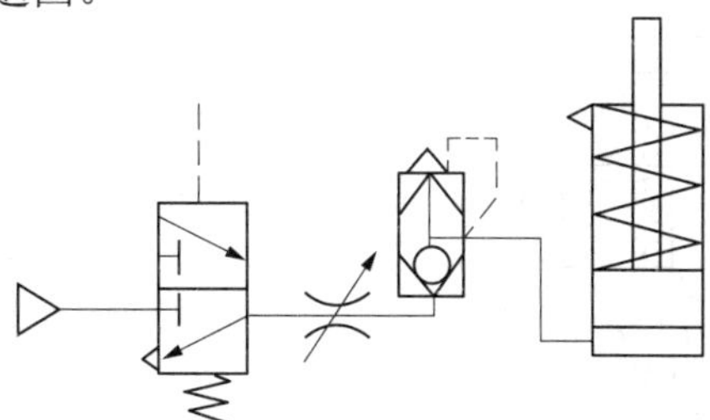

图 8-15　单作用气缸慢进快退调速回路

8.2.2　双作用气缸速度控制回路

（1）单向调速回路

图 8-16（a）所示为进气节流调速回路。在进气节流时，气缸排气腔压力很快降至大气压，

而进气腔压力的升高比排气腔压力的降低缓慢。当进气腔压力产生的合力大于活塞静摩擦力时，活塞开始运动。由于动摩擦力小于静摩擦力，所以活塞启动时运动速度较快，进气腔容积急剧增大，由于进气节流限制了供气速度，使进气腔压力降低，从而容易造成气缸的“爬行”现象。一般来说，进气节流多用于垂直安装的气缸支撑腔的供气回路。

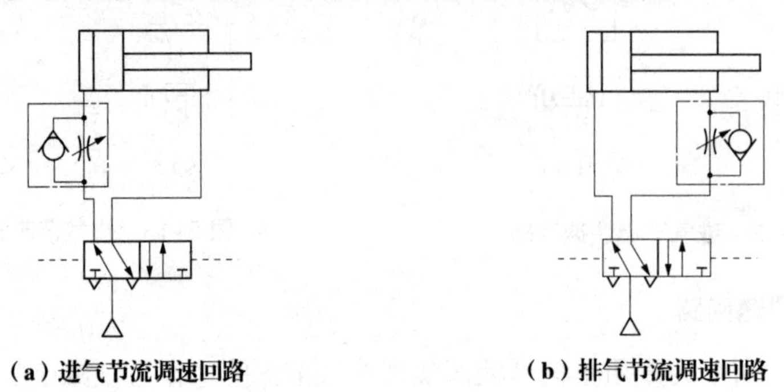

（a）进气节流调速回路　　（b）排气节流调速回路

图 8-16　单向调速回路

水平安装的气缸一般采用图 8-16（b）所示的排气节流调速回路。当气控换向阀不换向时［图 8-16（b）所示位置］，从气源来的压缩空气经气控换向阀直接进入气缸的无杆腔，而有杆腔排出的气体必须经过节流阀到气控换向阀而排入大气，因而有杆腔中的气体就有了一定的压力。此时活塞在无杆腔与有杆腔的压力差作用下前进，而减少了“爬行”的可能性。调节节流阀的开度，就可以控制不同的排气速度，从而也就控制了活塞的运动速度。

排气节流回路有以下特点：气缸速度随负载变化较小，运动较平稳；能承受与活塞运动方向相同的负载。

双作用气缸一般采用排气节流调速。

（2）双向调速回路

图 8-17（a）所示为采用单向节流阀的双向调速回路。电磁铁通电换向阀左位接入系统［图 8-17（a）所示位置］，无杆腔进气，有杆腔排气，由阀 4 调速；电磁铁断电，换向阀弹簧复位使右位接入系统，此时由阀 3 调速。

当外负载变化不大时，采用图 8-17（b）所示的排气节流阀调速，进气阻力小，比图 8-17（a）所示的单向节流阀调速回路效果好，且排气节流阀和消声器通常做成一体，可直接安装在二位五通阀上。

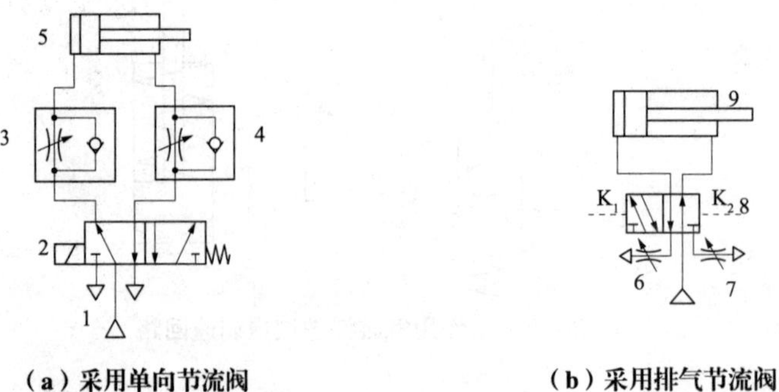

（a）采用单向节流阀　　（b）采用排气节流阀

图 8-17　双向调速回路

1—气源；2—电磁换向阀；3，4—单向节流阀；5，9—单杆气缸；

6，7—排气节流阀；8—气控换向阀

（3）慢进快退回路

图 8-18 所示为双作用气缸慢进快退调速回路。按下手动换向阀 2，压缩空气经二位五通气控换向阀 4、快速排气阀 5 进入气缸 7 的无杆腔。从有杆腔排出的气体经单向节流阀 6 的节流阀进入气控换向阀 4 排空。活塞杆以较慢的速度伸出。当机动换向阀 3 触发时，压缩空气经气控换向阀 4 右位、单向节流阀 6 的单向阀进入气缸 7 的有杆腔，无杆腔排出的气体经快速排气阀 5 排空，因为有杆腔截面积较小且压缩空气未被节流调速，因此活塞杆以较快的速度退回。

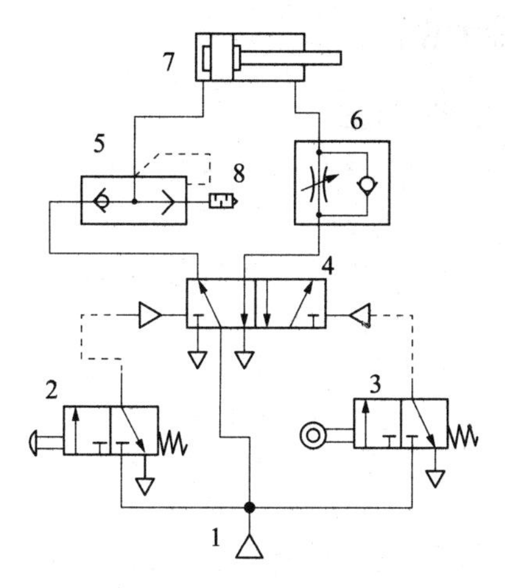

图 8-18　双作用气缸的慢进快退调速回路

1—气源；2—手动换向阀；3—机动换向阀；4—气控换向阀；5—快速排气阀；6—单向节流阀；7—气缸；8—消声器

8.2.3　差动快速回路

把单杆气缸差动连接，即可在不增大气源供气量的情况下实现气缸的快速运动，此类回路称为差动快速回路。图 8-19 所示为采用手动换向阀的差动快速回路。当压下二位三通手动换向阀 1 使其切换至右位时，气缸的无杆腔进气推动活塞右行，有杆腔排出的气体经阀 1 的右位反馈进入气缸无杆腔。由于气缸无杆腔流量增大，故活塞实现快速运动。

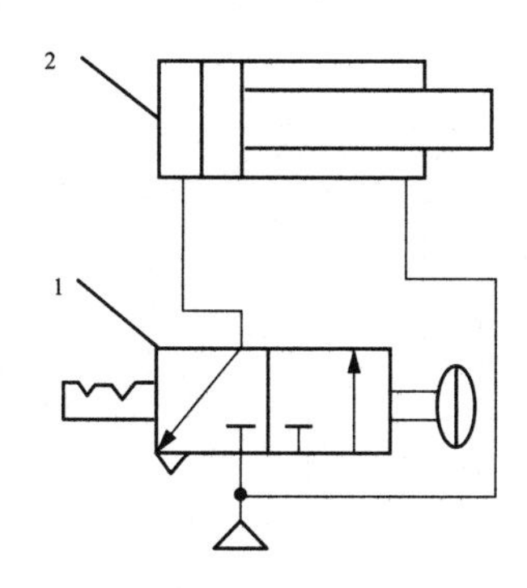

图 8-19　采用手动换向阀的差动快速回路

1—二位三通手动换向阀；2—气缸

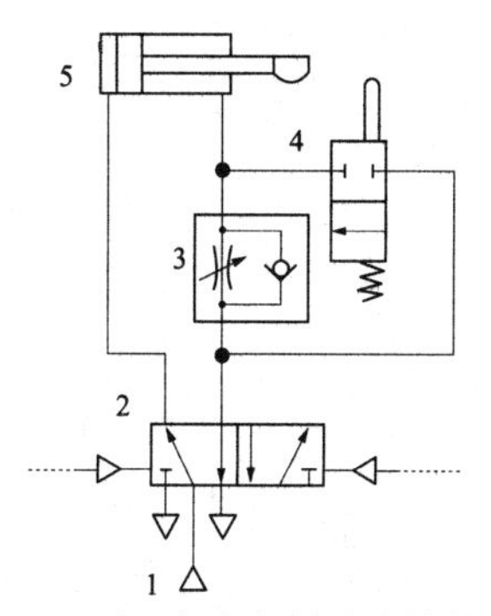

图 8-20　采用行程阀的速度换接回路

1—气源；2—气控换向阀；3—单向节流阀；4—行程阀；5—气缸

8.2.4 速度换接回路

使执行元件从一种速度转换成另一种速度的回路称为速度换接回路。

用行程阀的速度换接回路如图 8-20 所示，气缸活塞杆刚伸出时，行程阀 4 处于接通的状态，气缸 5 有杆腔排出的气体经行程阀 4、气控换向阀 2 排空。活塞杆以较快的速度运动。当活塞杆的挡铁压下行程阀时，行程阀断开，有杆腔排出的气体经单向节流阀 3、气控换向阀 2 排空。活塞杆以较慢的速度运动。行程阀的接通和断开实现了活塞杆运动速度的快慢换接。

8.2.5 气－液联动速度控制回路

（1）采用气－液转换器的双向调速回路

气－液转换器是一种气－液共存又可以相互转换的气－液转换元件。其作用是在一端输入压缩空气时，另一端输出液体。这种回路不需要液压动力即可实现传动平稳、定位精度高、速度控制容易等目的，充分发挥了气动供气的方便和液压速度容易控制的优点。

图 8-21 所示为采用气－液转换器的双向调速回路，该回路中，原来的气缸换成液压缸，但原动力还是压缩空气。由电磁换向阀 1 输出的压缩空气通过气－液转换器 2 转换成油压，推动液压缸 4 作前进与后退运动。两个单向节流阀 3 串联在油路中，可控制液压缸活塞进退运动的速度。由于油是不可压缩的介质，因此其调节的速度容易控制、调速精度高、活塞运动平稳。

在该回路中，气－液转换器的储油容积应大于液压缸的容积，而且要避免气体混入油中，否则就会影响调速精度与活塞运动的平稳性。该回路适用于缸速小于 40mm/min 的场合。

（2）采用气－液联动缸的调速回路

图 8-22 所示为采用气－液联动缸的调速回路，该回路能实现“快进—慢进—快退”的工作循环。当换向阀 1 通电时，气－液联动缸 5 左腔进气，右腔经行程阀 4 快速排油至气－液转换器 2，活塞杆快速前进。当活塞杆的挡块压下行程阀 4 后，油路切断，右腔余油只能经单向节流阀 3 的节流阀回流到气－液转换器 2，因此活塞杆慢速前进，调节单向节流阀 3 的开度，就可得到所需的进给速度；当换向阀 1 复位后，经气－液转换器，油液经单向节流阀 3 迅速流入气－液联动缸 5 右腔，同时气－液联动缸左腔的压缩空气迅速从换向阀 1 排空，使活塞杆快速退回。

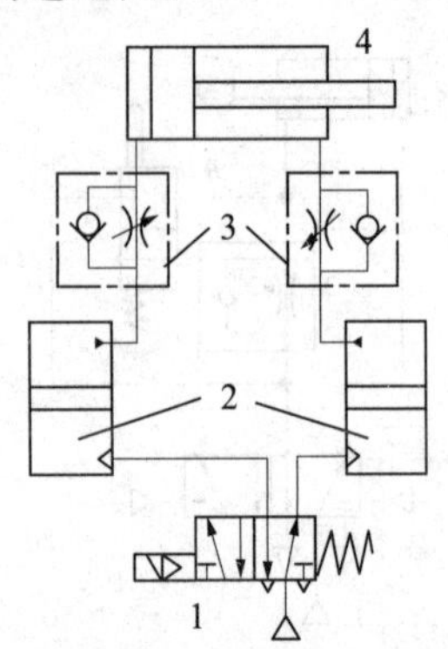

图 8-21 采用气－液转换器的双向调速回路

1—电磁换向阀；2—气液转换器；3—单向节流阀；4—液压缸

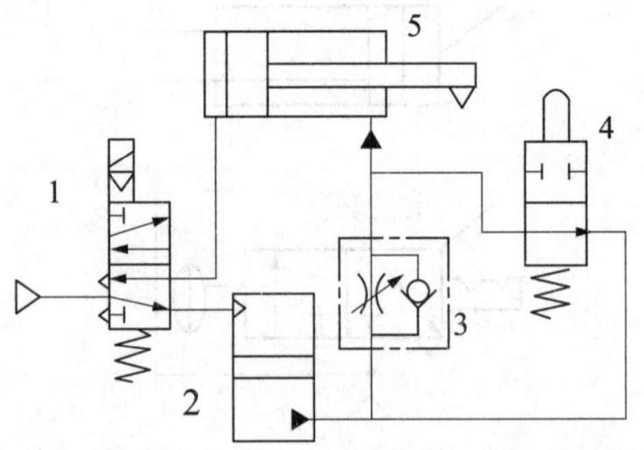

图 8-22 采用气－液联动缸的调速回路

1—换向阀；2—气－液转换器；3—单向节流阀；4—行程阀；5—气－液联动缸

这种变速回路常用于金属切削机床上推动刀具进给和退回的驱动缸。行程阀 4 的位置可根据加工工件的长度进行调整。

（3）采用气 – 液阻尼缸的速度控制回路

在这种回路中，用气缸传递动力，并由液压缸进行阻尼和稳速，由液压缸和调速机构进行调速。由于调速是在液压缸和油路中进行的，因而调速精度高、运动速度平稳。因此这种调速回路应用广泛，尤其在金属切削机床中用得最多。

① 串联型气 – 液阻尼缸调速回路 图 8-23 所示为串联型气 – 液阻尼缸调速回路。由换向阀 1 控制气 – 液阻尼缸 2 的活塞杆前进与后退，阀 3 和阀 4 调节活塞杆的进、退速度，油杯 5 起补充回路中少量漏油的作用。

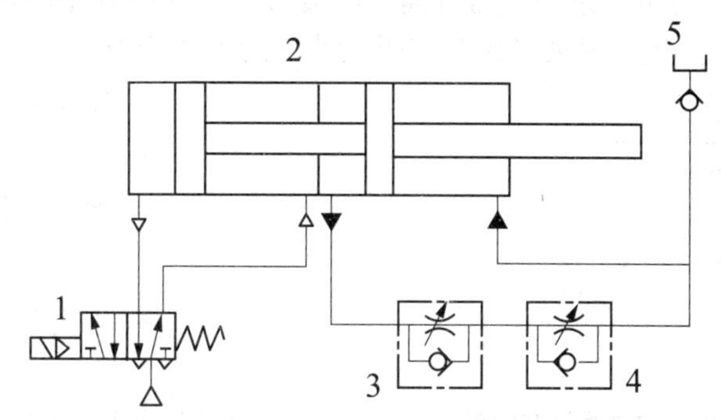

图 8-23 串联型气 – 液阻尼缸调速回路

1—换向阀；2—气液阻尼缸；3，4—单向节流阀；5—油杯

② 并联型气 - 液阻尼缸调速回路 图 8-24 所示为并联型气 - 液阻尼缸调速回路。在图 8-24 所示位置，调节单向节流阀 6 即可实现速度控制，蓄能器 7 储存液压油。这种回路的优点是比串联型结构紧凑，气与液不易相混；不足之处是如果两缸安装轴线不平行，会由于机械摩擦导致运动速度不平稳。

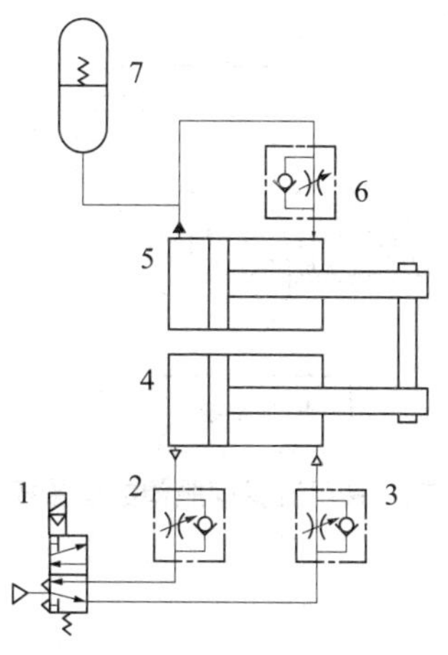

图 8-24 并联型气 – 液阻尼缸调速回路

1—换向阀；2，3，6—单向节流阀；4—气缸；5—液压缸；7—蓄能器

8.2.6 位置控制回路

气动系统中，气缸通常只有两个固定的定位点。如果要求气动执行元件在运动过程中的某个中间位置停下来，则要求气动系统具有位置控制功能。常采用的位置控制方式有气压控

制方式、机械挡块方式、气 - 液转换方式和制动气缸控制方式等。

（1）采用三位阀的位置控制回路

图 8-25 所示为采用三位五通阀中位封闭式的位置控制回路。当阀处于中位时，气缸两腔的压缩空气被封闭，活塞可以停留在行程中的某一位置。这种回路不允许系统有内泄漏，否则气缸将偏离原停止位置。另外，由于气缸活塞两端作用面积不同，阀处于中位后活塞仍将移动一段距离。

（2）采用机械挡块的位置控制回路

图 8-26 所示为采用机械挡块辅助定位的位置控制回路。该回路简单可靠，其定位精度取决于挡块的机械精度。为防止系统压力过高，应设置安全阀；为保证高的定位精度，挡块的设置既要考虑有较高的刚度，又要考虑具有吸收冲击的缓冲能力。

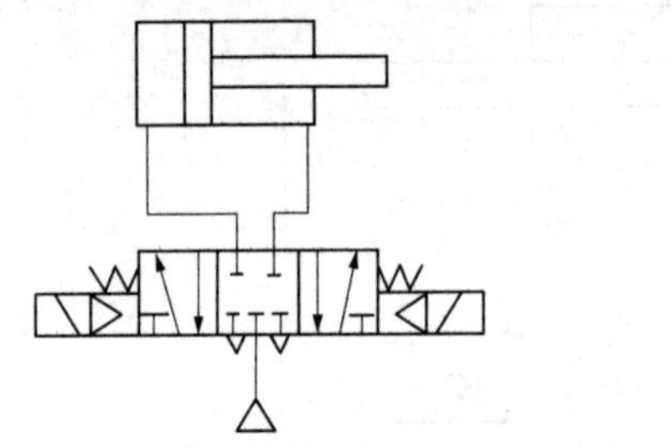

图 8-25 采用三位阀的位置控制回路

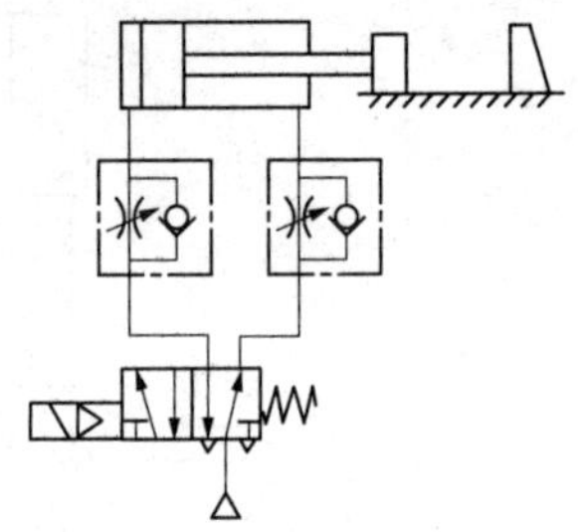

图 8-26 采用机械挡块的位置控制回路

（3）采用流量伺服阀的位置控制回路

图 8-27 所示为采用流量伺服阀的位置控制回路。该回路由气缸、流量伺服阀、位移传感器及计算机控制系统组成。活塞位移由位移传感器获得并送入计算机，计算机按一定的算法求得伺服阀的控制信号的大小，从而控制活塞停留在期望的位置上。该回路不采用机械式辅助定位也可达到较高精度的位置控制。

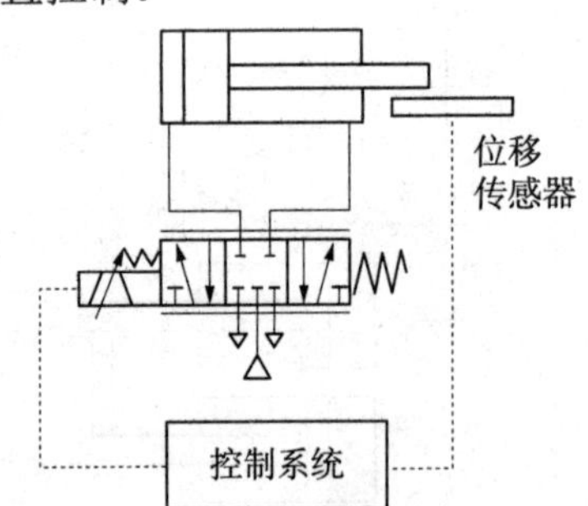

图 8-27 采用流量伺服阀的位置控制回路

8.2.7 缓冲回路

气缸驱动较大负载高速移动时，会产生很大的动能，能将此动能逐渐减小，并最终使执行元件平稳停止的回路称为缓冲回路。常用的缓冲方法很多，除采用缓冲气缸、设置缓冲器外，还可以采用以下缓冲回路。

（1）并联行程阀缓冲回路

在图 8-28 所示的回路中，阀 3 的开度大于阀 2 的节流口。当阀 1 通电时，A 腔进气，B

腔的气流经阀 3、阀 4 从阀 1 排出。调节阀 3 的开度，可改变活塞杆的前进速度。当活塞杆挡块压下行程终端的阀 4 后，阀 4 换向，通路切断，这时 B 腔的余气只能从阀 2 的节流阀排出。如果把阀 2 的节流口调得很小，则 B 腔内压力猛升，对活塞产生反向作用力，阻止和减小活塞的高速运动，从而达到在行程末端减速和缓冲的目的。根据负载大小调整阀 4 的位置，即调整 B 腔的缓冲容积，就可获得较好的缓冲效果。

由速度换接的原理可知，若按要求调整行程阀的安装位置及节流阀的开度，此回路也可用于快进转工进的速度换接。

（2）吸振缸缓冲回路

对于行程短、速度高的情况，气缸内设气压缓冲吸收动能比较困难，一般采用液压吸振器，采用吸振缸的缓冲回路如图 8-29 所示，工作缸活塞右移接近终点时，其活塞杆撞上吸振缸，由吸振缸吸收能量并减速。

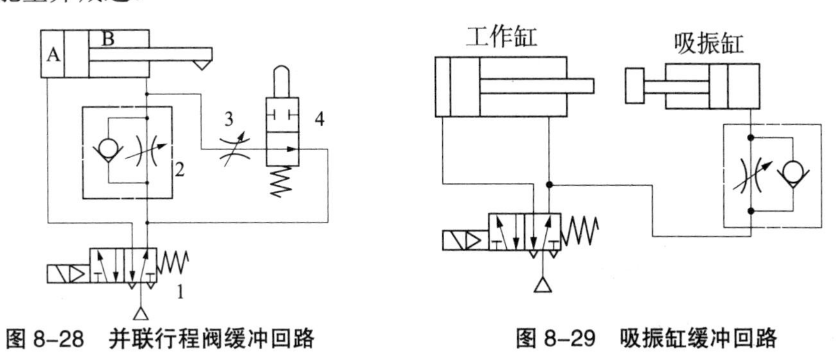

图 8-28　并联行程阀缓冲回路

1—电磁阀；2—单向节流阀；3—节流阀；4—行程阀

图 8-29　吸振缸缓冲回路

8.3 压力控制回路

对气动系统压力进行调节和控制的回路称为压力控制回路。压力控制方法通常可分为气源压力控制、工作压力控制、多级压力控制、双压驱动、增压控制等。

8.3.1　气源压力控制回路

图 8-30 所示为气源压力控制回路，也称为一次压力控制回路，该回路用于控制气源的压力，使之不超过规定的压力值。

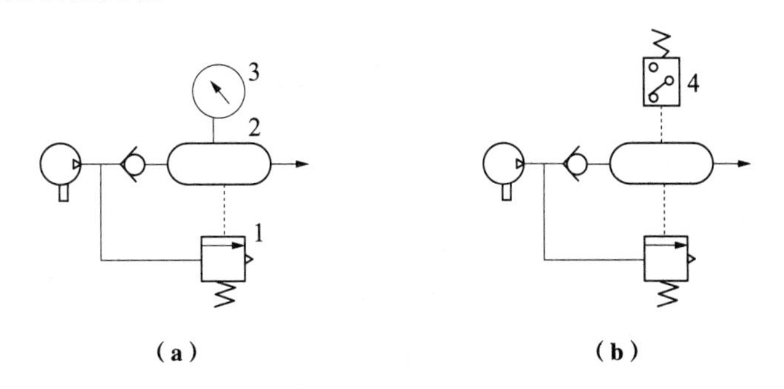

图 8-30　气源压力控制回路

1—安全阀；2—储气罐；3—压力表；4—压力继电器

8.3.2 工作压力控制回路

（1）二次压力控制回路

图 8-31 所示的二次压力控制回路由气动三联件组成，主要由减压阀来实现压力控制，把经一次调压后的压力再经减压阀减压稳压后所得到的输出压力（称为二次压力）作为气动控制系统的工作气压使用。

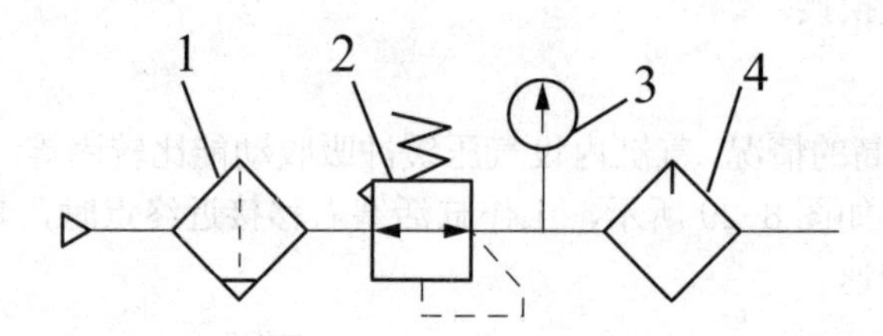

图 8-31　二次压力控制回路

1—分水滤气器；2—减压阀；3—压力表；4—油雾器

（2）高、低压输出控制回路

图 8-32 所示为高、低压输出控制回路，该回路由两个减压阀控制，实现两个压力同时输出。用于系统同时需要高、低压力的场合。

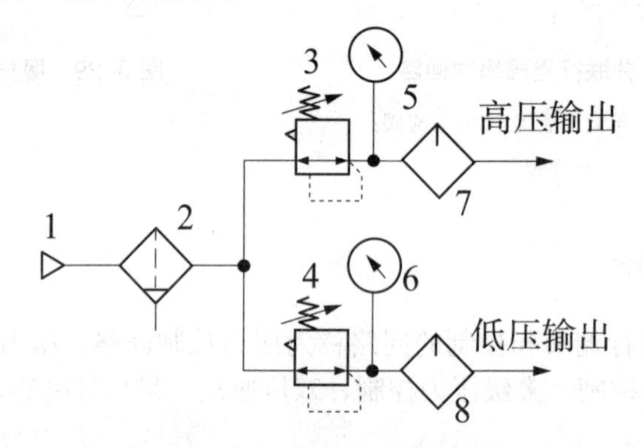

图 8-32　高、低压输出控制回路

1—气源；2—分水滤气器；3—减压阀（高压）；4—减压阀（低压）；
5，6—压力表；7，8—油雾器

（3）高、低压切换回路

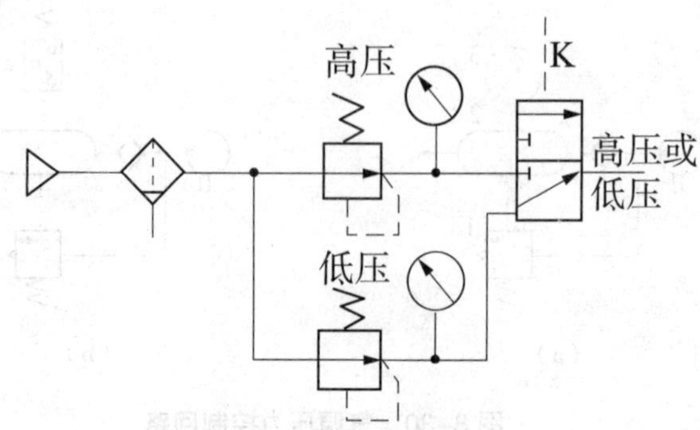

图 8-33　高、低压切换回路

图 8-33 所示的高、低压切换回路利用换向阀和减压阀实现高、低压切换输出。用于系统分别需要高、低压力的场合。

8.3.3 多级压力控制回路

（1）远程多级压力控制回路

在一些场合，例如在平衡系统中，需要根据工件重量的不同提供多种平衡压力。这时就需要用到多级压力控制回路。图 8-34 所示为采用远程调压阀的多级压力控制回路。该回路中的远程调压阀 1 的先导压力通过三个二位三通电磁换向阀 2、3、4 的切换来控制，可根据需要设定低、中、高三种先导压力。在进行压力切换时，必须用阀 5 先将先导压力泄压，然后再选择新的先导压力。

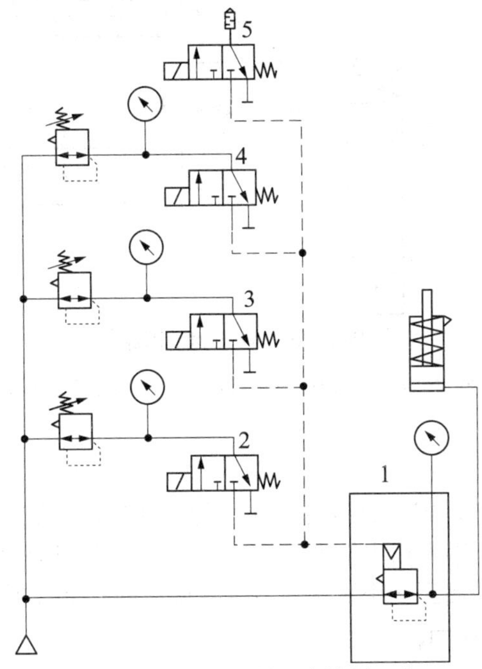

图 8-34 远程多级压力控制回路

1—远程调压阀；2 ～ 5—电磁换向阀

（2）连续压力控制回路

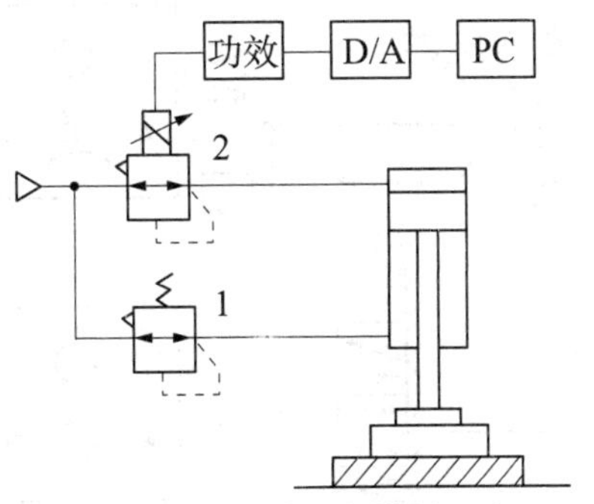

图 8-35 连续压力控制回路

1—减压阀；2—比例阀

图 8-35 所示为采用比例阀构成的连续压力控制回路。气缸有杆腔的压力由减压阀 1 调为定值，而无杆腔的压力由计算机输出的控制信号控制比例阀 2 的输出压力来实现控制，从而使气缸的输出力得到连续控制。

8.3.4 双压驱动回路

在气动系统中，有时需要提供两种不同的压力，来驱动双作用气缸在不同方向上的运动。图 8-36 所示为采用带单向减压阀的双压驱动回路。当电磁换向阀 2 通电时，系统采用正常压力驱动活塞杆伸出，对外做功；当电磁换向阀 2 断电时，气体经减压阀 3、快速排气阀 4 进入气缸有杆腔，以较低的压力驱动气缸缩回，达到节省耗气量的目的。

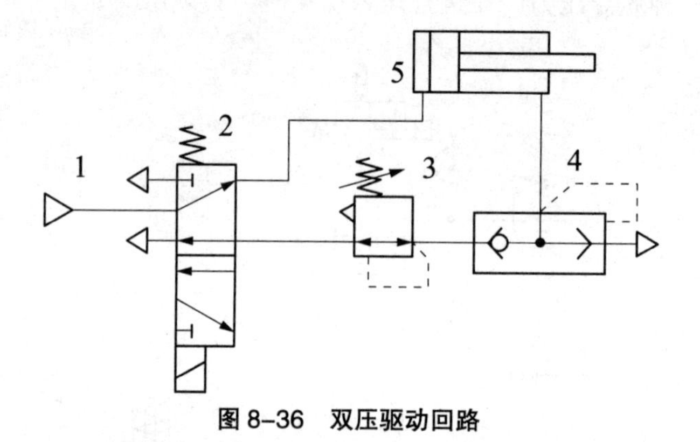

图 8-36　双压驱动回路

1—气源；2—电磁换向阀；3—减压阀；4—快速排气阀；5—气缸

8.3.5 增压回路

当压缩空气的压力较低，或气缸设置在狭窄的空间里，不能使用较大面积的气缸，而又要求很大的输出力时，可采用增压回路。增压一般使用增压器，增压器可分为气体增压器和气 - 液增压器。气 - 液增压器的高压侧用液压油，以实现从低压空气到高压油的转换。

（1）采用气体增压器的增压回路

图 8-37 所示为采用气体增压器的增压回路。二位五通电磁阀通电，气控信号使二位三通阀换向，经增压器增压后的压缩空气进入气缸无杆腔；二位五通电磁阀断电，气缸在较低的供气压力作用下缩回，可以达到节能的目的。

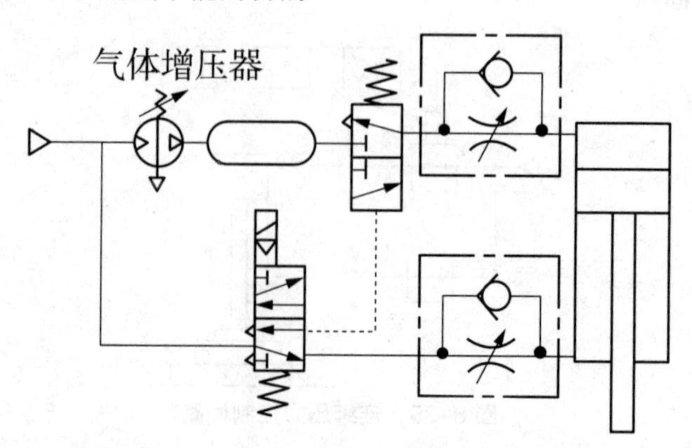

图 8-37　采用气体增压器的增压回路

（2）采用气－液增压器的增压回路

图8-38所示为采用气－液增压器的增压回路。电磁阀左侧通电，对增压器低压侧施加压力，增压器动作，其高压侧产生高压油并供给工作缸，推动工作缸活塞动作并夹紧工件。电磁阀右侧通电可实现工作缸及增压器回程。使用该增压回路时，油与气关联处密封要好，油路中不得混入空气。

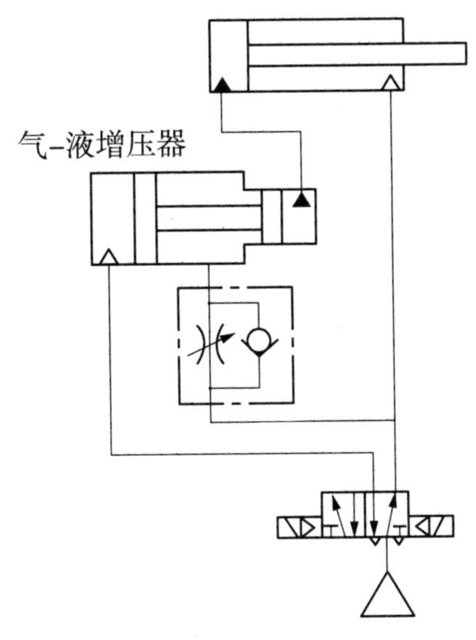

图8-38　采用气－液增压器的增压回路

8.3.6　增力回路

在气动系统中，力的控制除了可以通过改变输入气缸的工作压力来实现外，还可以通过改变有效作用面积来实现力的控制。图8-39所示为利用串联气缸实现多级力控制的增力回路，串联气缸的活塞杆上连接有数个活塞，每个活塞的两侧可分别供给压力。通过对电磁阀1、2、3的通电个数进行组合，可实现气缸的多级力输出。

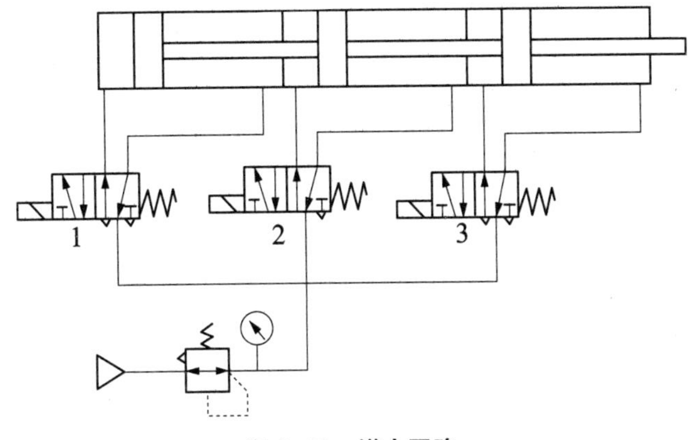

图8-39　增力回路

1～3—电磁阀

8.3.7 气动马达转矩控制回路

气动马达是产生转矩的气动执行元件。一般情况下，对于已选定的气动马达，其转矩是由进、排气压差决定的。图 8-40 所示为活塞式气动马达转矩控制回路。通过改变减压阀的设定压力，即可改变气动马达的输出转矩。

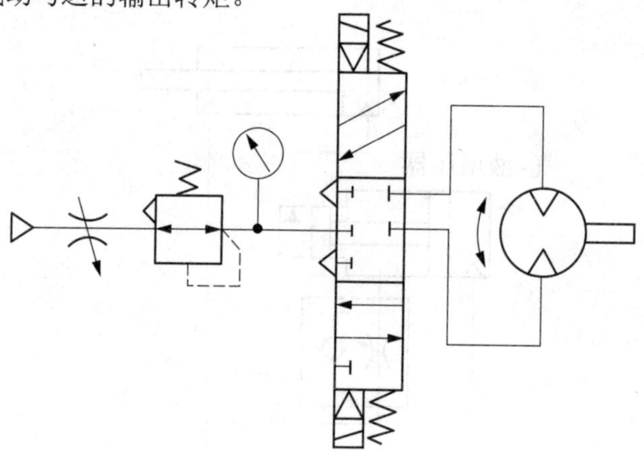

图 8-40 气动马达转矩控制回路

8.3.8 冲击回路

冲击回路是利用气缸的高速运动给工件以冲击的回路。如图 8-41 所示，此回路由储存压缩空气的储气罐 1、快速排气阀 4 及操纵气缸的换向阀 2、3 等元件组成。气缸在初始状态时，由于机动换向阀处于压下状态，即上位工作，气缸有杆腔通大气。二位五通电磁阀通电后，二位三通气控阀换向，气罐内的压缩空气快速流入冲击气缸，气缸启动，快速排气阀排气，活塞以极高的速度运动，活塞的动能可以对工件形成很大的冲击力。使用该回路时，应尽量缩短各元件与气缸之间的距离。

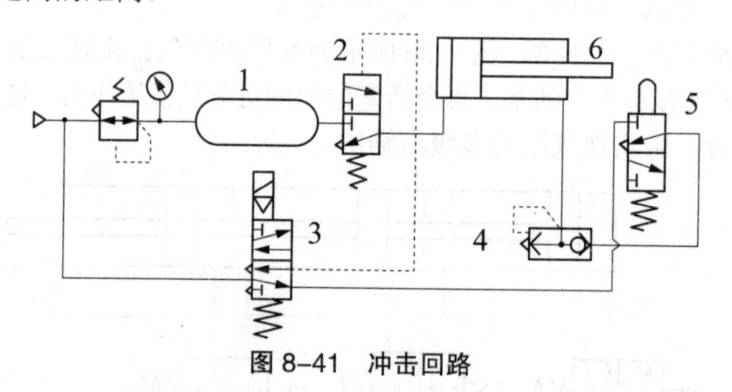

图 8-41 冲击回路

1—储气罐；2—气控换向阀；3—电磁换向阀；4—快速排气阀；5—行程阀；6—气缸

8.4 多缸动作回路

8.4.1 多缸顺序动作回路

图 8-42 所示为用顺序阀控制两个气缸顺序动作的回路。换向阀 5 电磁铁通电，使其左位接入，压缩空气先进入气缸 1，待缸 1 向右运动到终点后，打开顺序阀 4，压缩空气才开始进

入气缸 2 使其动作。换向阀 5 换向切断气源，在弹簧力作用下气缸返程，缸 1 左腔气体经换向阀 5 排气，缸 2 返回的气体经单向阀 3 和换向阀 5 排空。

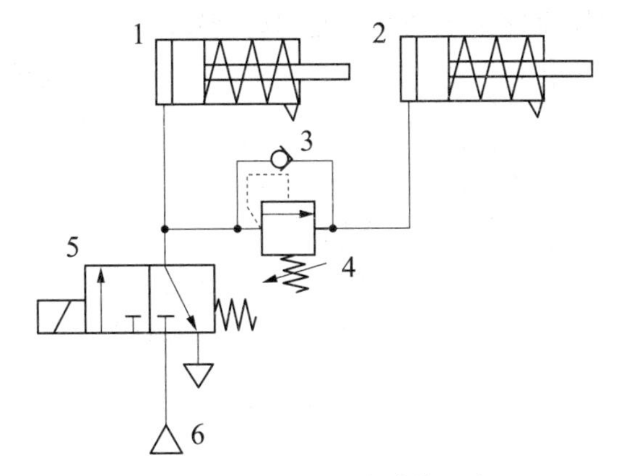

图 8-42 多缸顺序动作回路

1，2—单作用气缸；3—单向阀；4—顺序阀；5—换向阀；6—气源

8.4.2 延时顺序动作控制回路

（1）单向延时顺序动作回路

图 8-43 所示为一单向延时顺序动作回路，气控换向阀 2 右位通入有压控制气体，有压气体经气控换向阀 2 进入气缸 7 的无杆腔，气缸 7 的活塞杆伸出，有压气体的另一支路经节流阀 4 进入气容 5 和气控换向阀 6 的左侧。气容 5 充入气体后压力开始增大，一定时间后，气容 5 的压力升高到可以克服气控换向阀 6 的弹簧力使其换向，气缸 8 的活塞杆开始伸出。当气缸 7、8 的活塞杆都伸出到终了位置时，气控换向阀 2 左侧通入控制气体时，有压气体经气控换向阀 2 进入气缸 7、8 的有杆腔，气缸 7、8 的活塞杆同时缩回。

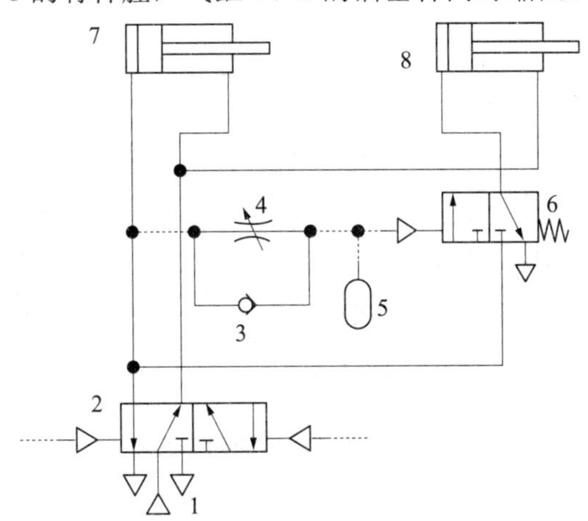

图 8-43 单向延时顺序动作回路

1—气源；2，6—气控换向阀；3—单向阀；4—节流阀；5—气容；7，8—气缸

（2）双向延时顺序动作回路

图 8-44 所示为一双向延时顺序动作回路，原理与单向延时顺序动作回路近似。伸出时，气缸 11 的活塞杆先伸出，延时后，气缸 12 的活塞杆再伸出；缩回时，气缸 12 的活塞杆先缩

回，延时一定时间后，气缸 11 的活塞杆再缩回。

两个回路都是通过气容充气，实现延时动作，延时的时间通过调节气容前面的节流阀的开度来改变。开度小，延时时间长；开度大，延时时间短。

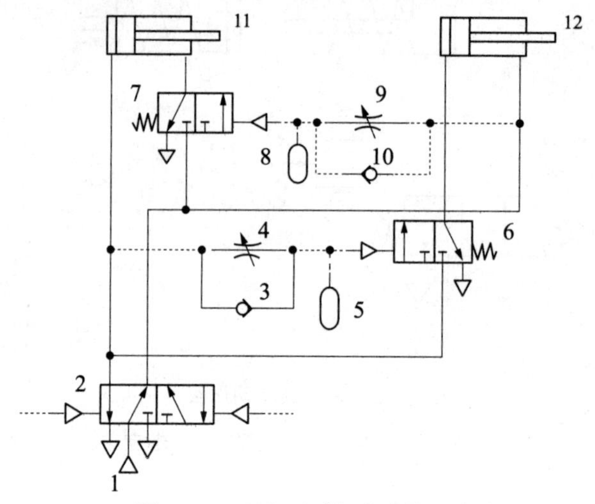

图 8-44　双向延时顺序动作回路

1—气源；2，6，7—气控换向阀；3，10—单向阀；4，9—节流阀；5，8—气容；11，12—气缸

8.4.3　气动双缸同步回路

（1）机械连接的同步回路

机械连接的同步回路如图 8-45 所示。该回路采用刚性零件把两尺寸相同的气缸的活塞杆连接起来，保证两缸同步。对于机械连接同步控制来说，其缺点是机械误差会影响同步精度，且两个气缸的设置距离不能太大，机构较复杂。

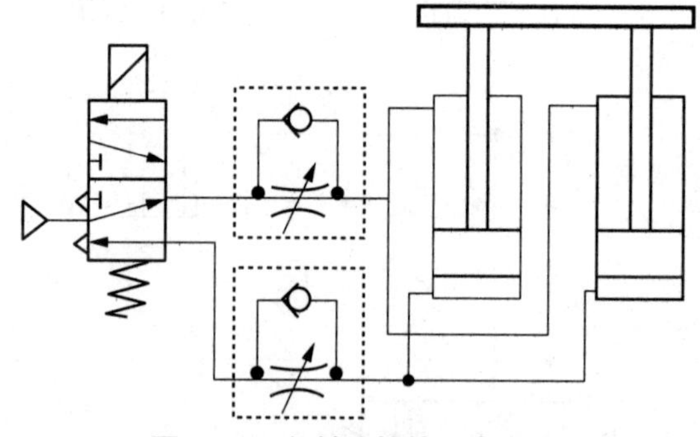

图 8-45　机械连接的同步回路

（2）利用节流阀的同步回路

图 8-46 所示为采用节流阀的出口节流调速同步回路。由节流阀 4、6 控制缸 1、2 同步上升，由节流阀 3、5 控制缸 1、2 同步下降。用这种同步控制方法，如果气缸缸径相对于负载来说足够大，工作压力足够高，则可以取得一定程度的同步效果。

（3）双杆缸串联的同步回路

图 8-47 所示为双杆缸串联的同步回路。此回路将两个结构尺寸完全相同的双杆气缸串联，

如果不考虑泄漏等因素影响，两缸双向运动基本同步，单向节流阀3和4可调节双向运动速度。

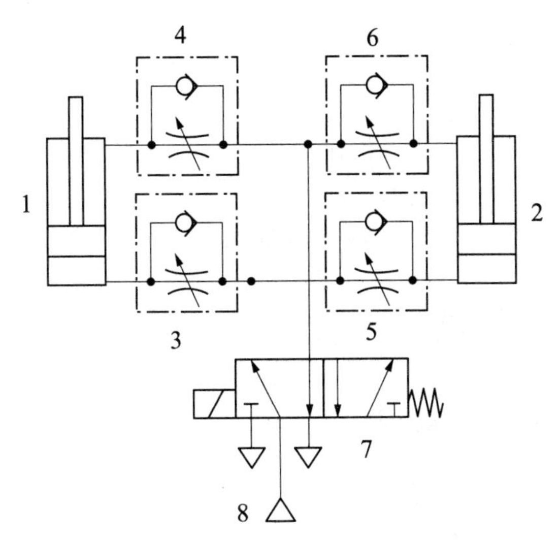

图 8-46 利用节流阀的同步回路

1，2—气缸；3～6—单向节流阀；7—换向阀；8—气源

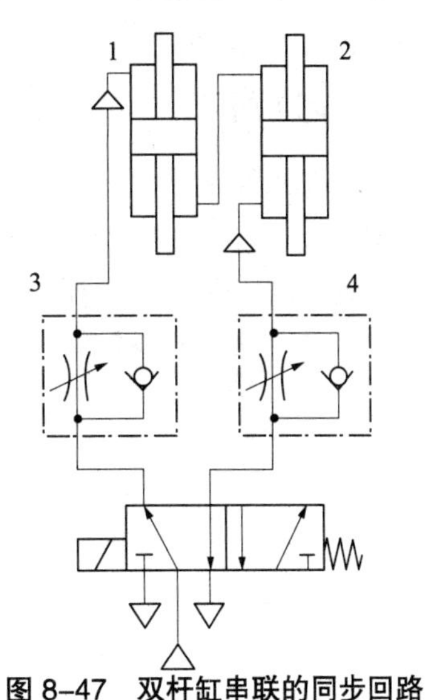

图 8-47 双杆缸串联的同步回路

1，2—双杆气缸；3，4—单向节流阀

（4）气－液联动同步控制回路

图 8-48 所示为一气－液联动同步回路。气－液联动缸 5 有杆腔充入气体，无杆腔充入液体，气－液联动缸 6 有杆腔充入液体，无杆腔充入气体。活塞杆伸出时，气－液联动缸 6 排出的液体等于气－液联动缸 5 充入的液体，活塞杆缩回时，气－液联动缸 5 排出的液体等于气－液联动缸 6 充入的液体。气－液联动缸 5 的无杆腔的截面面积与气－液联动缸 6 有杆腔环形截面面积相同。这保证了气－液联动缸 6 伸出和缩回的高度与气－液联动缸 5 伸出和缩回的高度相同，从而实现双缸同步。双缸活塞杆伸出的速度由单向节流阀 3 来调节，双缸活塞杆缩回的速度由单向节流阀 4 来调节。

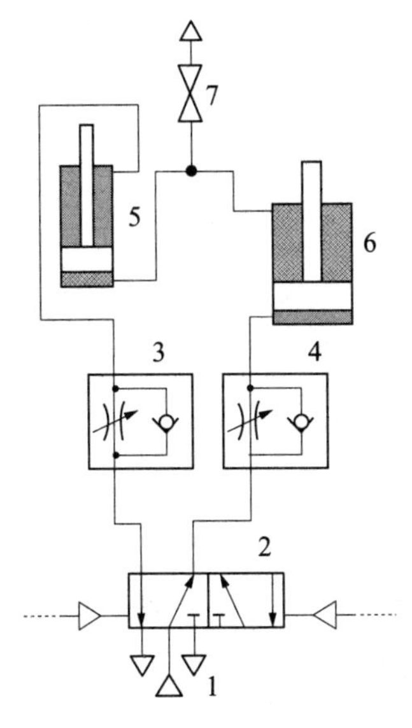

图 8-48 气－液联动同步回路

1—气源；2—气控换向阀；3，4—单向节流阀；5，6—气－液联动缸；7—放气阀

8.5 其他基本回路

8.5.1 安全回路

锻压、冲压等设备中必须设置安全保护回路，以保证操作者的安全。

如图 8-49 所示，气控换向阀控制单作用气缸 5 换向，气控换向阀要实现换向并让压缩空气进入到气缸就必须将手动控制阀 2、3 同时按下，气缸的换向才能实现。单独按下一个手动换向阀时，气缸无法完成换向。

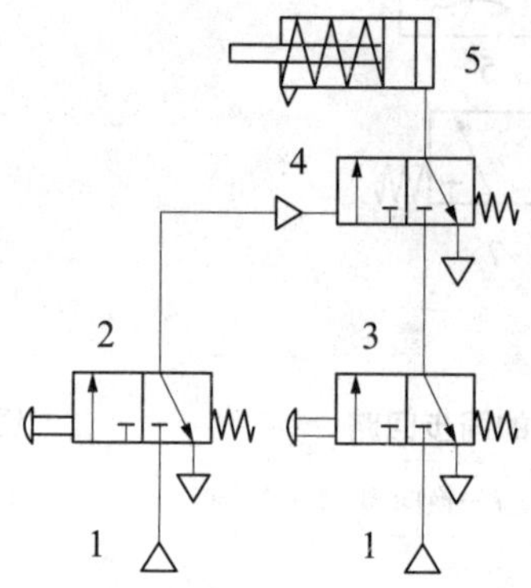

图 8-49 单作用缸双手操作安全回路

1—气源；2，3—手动换向阀；4—气控换向阀；5—气缸

图 8-50 所示为双作用缸双手操作安全回路，该回路需要双手同时按下手动换向阀时，才能切换主阀，气缸才能动作。给主阀的控制信号也是手动换向阀 2、3 相“与”的信号。此回路如因阀 2（或 3）的弹簧折断不能复位时，单独按下一个手动换向阀，气缸活塞也可动作，所以此回路并不十分安全。

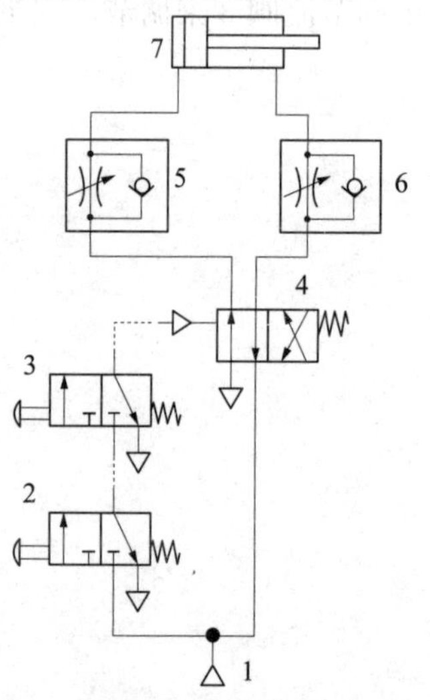

图 8-50 双作用缸双手操作安全回路（一）

1—气源；2，3—手动换向阀；4—气控换向阀；

5，6—单向节流阀；7—气缸

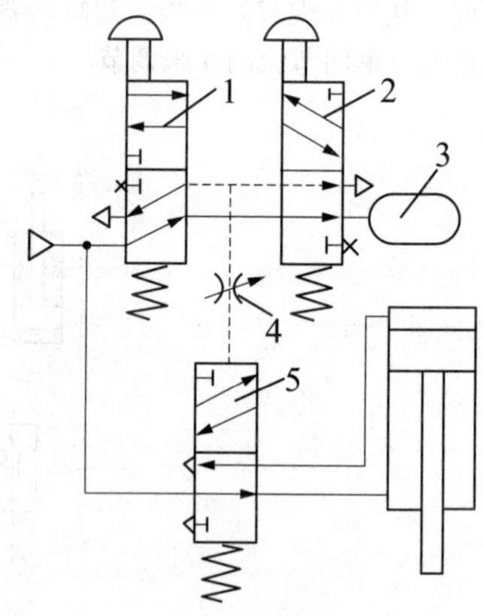

图 8-51 双作用缸双手操作安全回路（二）

1，2—手动换向阀；3—储气罐；4—节流阀；

5—换向阀

如图 8-51 所示回路，需要双手同时按下手动换向阀时，储气罐 3 中预先充满的压缩空气经节流阀 4 并延迟一定时间后切换阀 5，活塞才能落下。如果双手不同时按下手动换向阀，或因其中任一手动换向阀弹簧折断不能复位，储气罐 3 中的压缩空气都将通过手动换向阀 1 的排气口排空，建立不起控制压力，阀 5 不能被切换，活塞也不能下落。所以，此回路比图 8-50 所示回路安全。

图 8-52 所示为三阀互锁的安全回路。气缸 6 要实现换向就必须触发气控换向阀 5，通过三位四通气控换向阀 5 的换向来改变气缸活塞杆的伸出或缩回状态。而气控换向阀 5 通入有压气体使气缸 6 活塞杆伸出，串联在气控回路的三个机动换向阀 2、3、4 就必须全部处于压下状态。只要有一个机动换向阀处于释放状态，气缸 6 活塞杆就不会伸出。三个机动换向阀与气缸是互锁的关系。

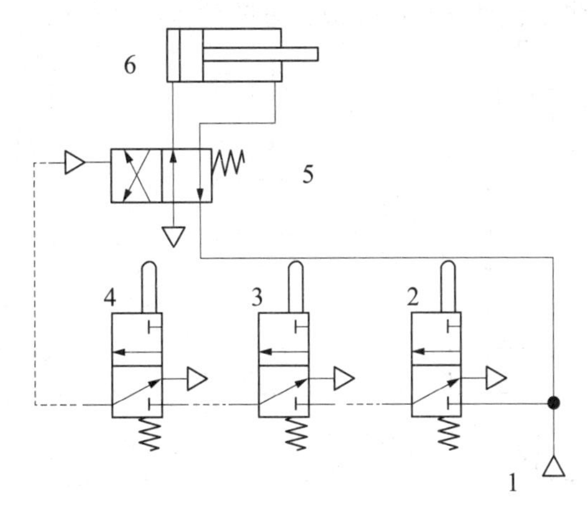

图 8-52 多信号互锁安全回路

1—气源；2 ～ 4—机动换向阀；5—气控换向阀；6—气缸

8.5.2 过载保护回路

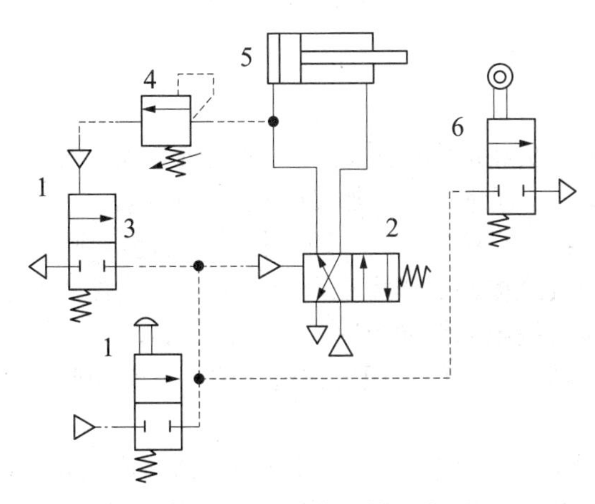

图 8-53 过载保护回路

1—手动换向阀；2，3—气控换向阀；4—顺序阀；5—气缸；6—行程阀

图 8-53 所示为一过载保护回路，按下手动换向阀 1，气控换向阀 2 换向，有压气体经换向阀 2 进入气缸 5 无杆腔，活塞杆伸出，当活塞杆触发行程阀 6 时，控制气源经行程阀 6 排空，气控换向阀因失去压力而换向，气缸活塞杆缩回，完成一个工作循环。如果活塞杆伸出时所受的负载很大时，气缸无杆腔的压力升高，当压力大于顺序阀 4 的控制压力时，有压气体经

顺序阀 4 作用于气控换向阀 3 使来自手动换向阀的控制气体经气控换向阀 3 排空，从而保证了气缸无杆腔的气体压力不高于顺序阀 4 所调定的压力，从而实现了系统的保护。

8.5.3 互锁回路

图 8-54 所示为互锁回路。该回路能防止各气缸的活塞同时动作，始终保证只有一个活塞动作。该回路的技术要点是利用了梭阀 1、2、3 及换向阀 4、5、6 进行互锁。如当换向阀 7 切换至左位，则换向阀 4 至左位，使 A 缸活塞杆上移伸出。与此同时，气缸进气管路的压缩空气使梭阀 1、2 动作，把换向阀 5、6 锁住，B 缸和 C 缸活塞杆均处于下降状态。此时换向阀 8、9 即使有信号，B、C 缸也不会动作。如要改变缸的动作，必须把前动作缸的气控阀复位。

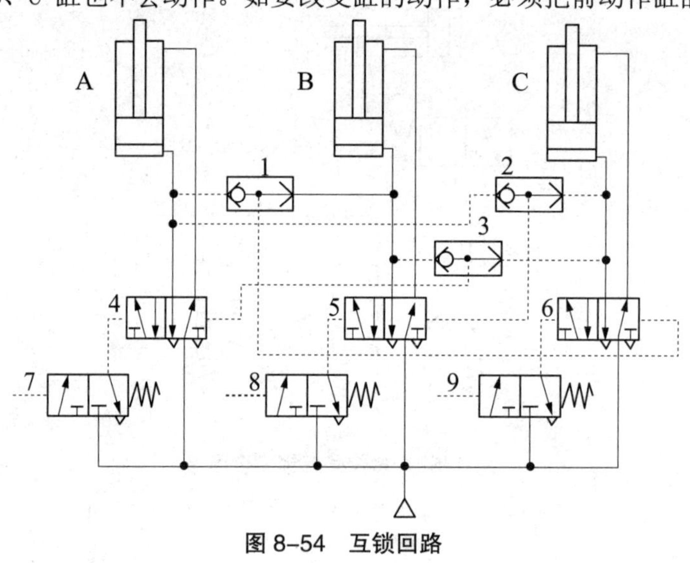

图 8-54 互锁回路

1 ～ 3—梭阀；4 ～ 9—换向阀

8.5.4 锁紧回路

气缸在垂直使用且带有负载的场合如遇突然停电或停气，气缸活塞杆将会在负载重力的作用下伸出，为了保证安全，通常应考虑加设防止落下机构。

图 8-55（a）所示为采用了两个二位二通气控阀 3 的锁紧回路。当三位五通电磁阀 1 左端电磁铁通电时，压缩空气经梭阀 2 作用在两个二位二通气控阀 3 上，使它们换向，气缸向下运动。同理，当电磁阀右端电磁铁通电时，气缸向上运动。当电磁阀不通电时，加在二位二通气控阀上的气控信号消失，二位二通气控阀复位，气缸两腔的气体被封闭，气缸保持在原位置。

图 8-55（b）所示为采用气控单向阀的锁紧回路。当三位五通电磁阀左端电磁铁通电后，压缩空气一路进入气缸无杆腔，另一路将右侧的气控单向阀打开，使气缸有杆腔的气体经单向阀排出。当电磁阀不通电时，加在气控单向阀上的气控信号消失，气缸两腔的气体被封闭，气缸保持在原位置。

图 8-55（c）所示为采用了行程末端锁定气缸的锁紧回路。当气缸上升至行程末端，电磁阀处于非通电状态时，气缸内部的锁定机构将活塞杆锁定；当电磁阀右端电磁铁通电后，利用气压将锁打开，气缸向下运动。

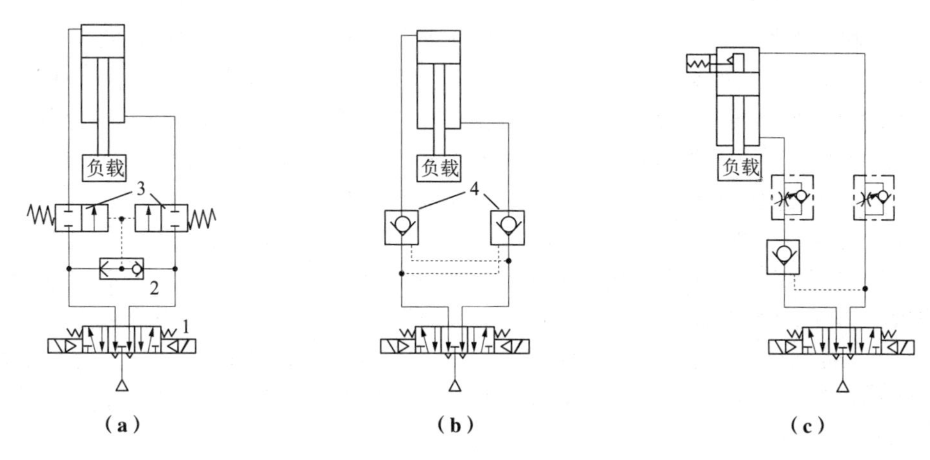

图 8-55 锁紧回路

1—三位五通电磁阀；2—梭阀；3—二位二通气控阀；4—气控单向阀

8.5.5 自动和手动并用的控制回路

图 8-56 所示为采用三通手动阀、三通电磁阀和梭阀控制的自动和手动转换回路。当电磁阀通电时，气缸的动作由电气控制实现；当手动阀操作时，气缸的动作用手动实现。此回路的主要用途是当停电或电磁阀发生故障时，气动系统也可进行工作。

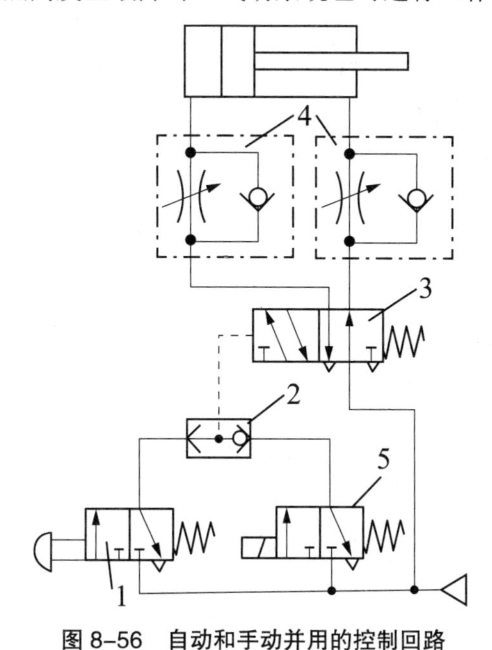

图 8-56 自动和手动并用的控制回路

1—手动换向阀；2—梭阀；3—气控换向阀；4—单向节流阀；5—电磁换向阀

8.5.6 计数回路

图 8-57 所示为一计数回路。该回路实现的功能为第 1、3、5…次（奇数）按下手动换向阀 2 时，气缸 8 活塞杆伸出，第 2、4、6…次（偶数）按下手动换向阀 2 时，气缸 8 活塞杆缩回。其工作原理是，按下手动换向阀 2，有压气体（气源 1）经气控换向阀 3 右位进入气控

换向阀7左位和气控换向阀4右位，气控换向阀4处于右位截止状态。气控换向阀7处于左位，有压气体（气源5）经气控换向阀7进入气缸8无杆腔，活塞杆伸出。松开手动换向阀2，弹簧复位，气控换向阀3排空，气控换向阀4右位失去压力，弹簧复位，气控换向阀4处于左位接通状态，有压气体（气源5）经气控换向阀7和气控换向阀4作用于气控换向阀3左位，气控换向阀3换向处于左位。第二次按下手动换向阀2时，有压气体（气源1）经过气控换向阀左位进入气控换向阀7右位和气控换向阀6左位，气控换向阀6断开，有压气体（气源5）经过气控换向阀7右位进入气缸8有杆腔，活塞杆缩回。松开手动换向阀2，弹簧复位，手动换向阀2排空，气控换向阀6左位失去压力，弹簧复位，气控换向阀6接通，有压气体（气源5）经气控换向阀7右位、气控换向阀6右位作用于气控换向阀3右位，气控换向阀3换向等待下一次手动控制阀的动作，周而复始，从而实现奇数次按下时气缸伸出，偶数次按下时气缸缩回。

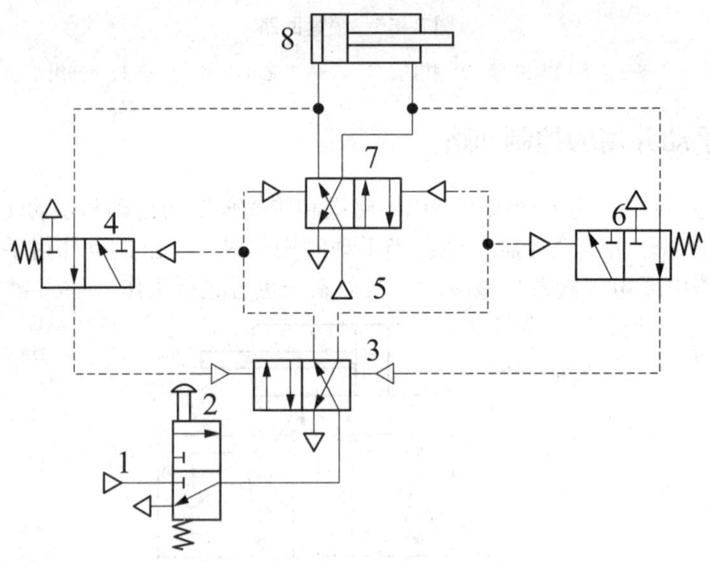

图 8-57 计数回路

1，5—气源；2—手动换向阀；3，4，6，7—气控换向阀；8—气缸

第9章 典型气动系统分析

9.1 工件尺寸自动分选机气动系统

工件尺寸自动分选机能够将生产线上超规格的工件自动剔除，其结构示意图如图 9-1 所示。

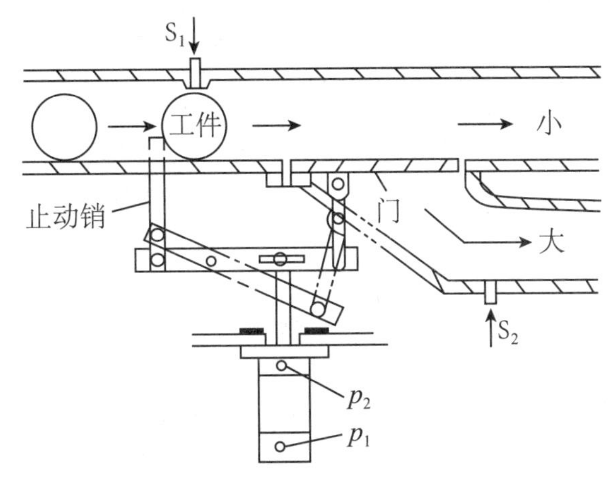

图 9-1 工件尺寸自动分选机结构示意图

图 9-2 所示为工件尺寸自动分选机液压系统图。当工件通过通道时，尺寸大到某一范围内的工件通过空气喷嘴传感器 S_1 时产生信号，使阀 5 上位工作，把主阀 4 切换至左位，使气缸的活塞杆缩回，一方面打开门使该工件流入下通道，另一方面使止动销上升，防止后面工件继续流过产生误动作。当落入下通道的工件经过传感器 S_2 时发出复位信号，阀 2 上位工作，使主阀复位，以使气缸的活塞杆伸出，门关闭，止动销退下，工件继续流动，尺寸小的工件通过 S_1 时，则不产生信号。

该系统的特点是结构简单、成本低，适用于测量一般精度的工件。

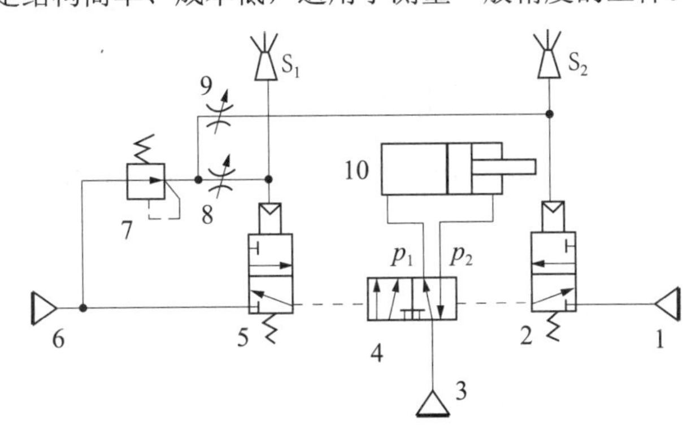

图 9-2 工件尺寸自动分选机液压系统图

1，3，6—气源；2，5—二位三通换向阀；4—二位五通换向阀；7—减压阀；

8，9—节流阀；10—气缸；S_1，S_2—传感器

9.2 拉门自动开闭系统

图 9-3 所示为拉门自动开闭系统原理图，该系统通过连杆机构将活塞杆的直线运动转换为门的开闭运动。在踏板 6、11 的下方各装有一端完全封闭的橡胶管，而管的另一端与超低压气动阀 7、12 的控制口相连接，当人踏上踏板时，超低压气动阀 7、12 就发出信号。

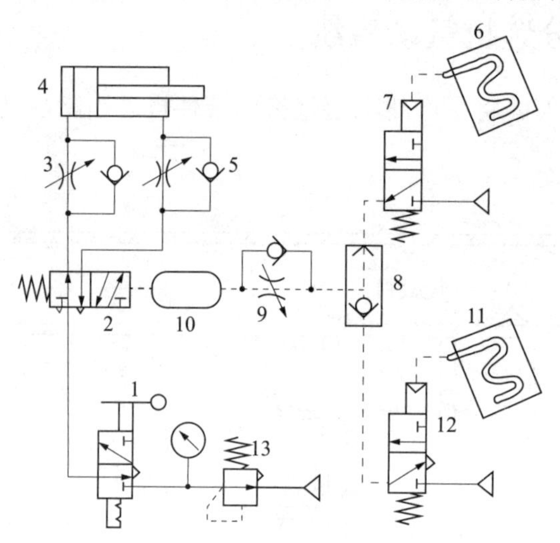

图 9-3　拉门自动开闭系统原理图

1—手动换向阀；2—气动换向阀；3，5，9—单向节流阀；4—气缸；6，11—踏板；
7，12—超低压气动阀；8—或门型梭阀；10—气罐；13—减压阀

操纵手动换向阀 1 使压缩空气通过气动换向阀 2 使气缸 4 的活塞杆伸出，实现关门。

若有人踏上踏板 6 或 11，则超低压气动阀 7 或 12 动作，使气动换向阀 2 换向，气缸 4 的活塞杆收回，门打开。若行人已走过踏板 6 或 11，则气动换向阀 2 控制腔的压缩空气经气罐 10 和单向节流阀 9、梭阀 8 组成的延时回路排气，使气动换向阀复位，气缸 4 的活塞杆外伸使门关闭。

通过调节减压阀（压力调节器）13 的压力，可以调节门的夹持力，以防止门的夹持力过大伤人。

9.3 八轴仿形铣加工机床气动系统

八轴仿形铣加工机床是一种高效专用半自动加工木质工件的机床。该机床一次可加工 8 个工件。

（1）气动控制回路的工作原理

八轴仿形铣加工机床有夹紧缸 B（共 8 个），托盘缸 A（共 2 个），盖板缸 C，铣刀缸 D，粗、精铣缸 E，砂光缸 F，平衡缸 G 共计 15 个气缸。其动作程序为

气动→夹紧工件→托盘降 { →盖板下；→铣刀下→粗铣→精铣→砂光进→砂光退；→平衡缸 }

→铣刀上 { →盖板上；→托盘升→松开工件；→平衡缸 }

该机床的气控回路如图 9-4 所示。动作过程如下。

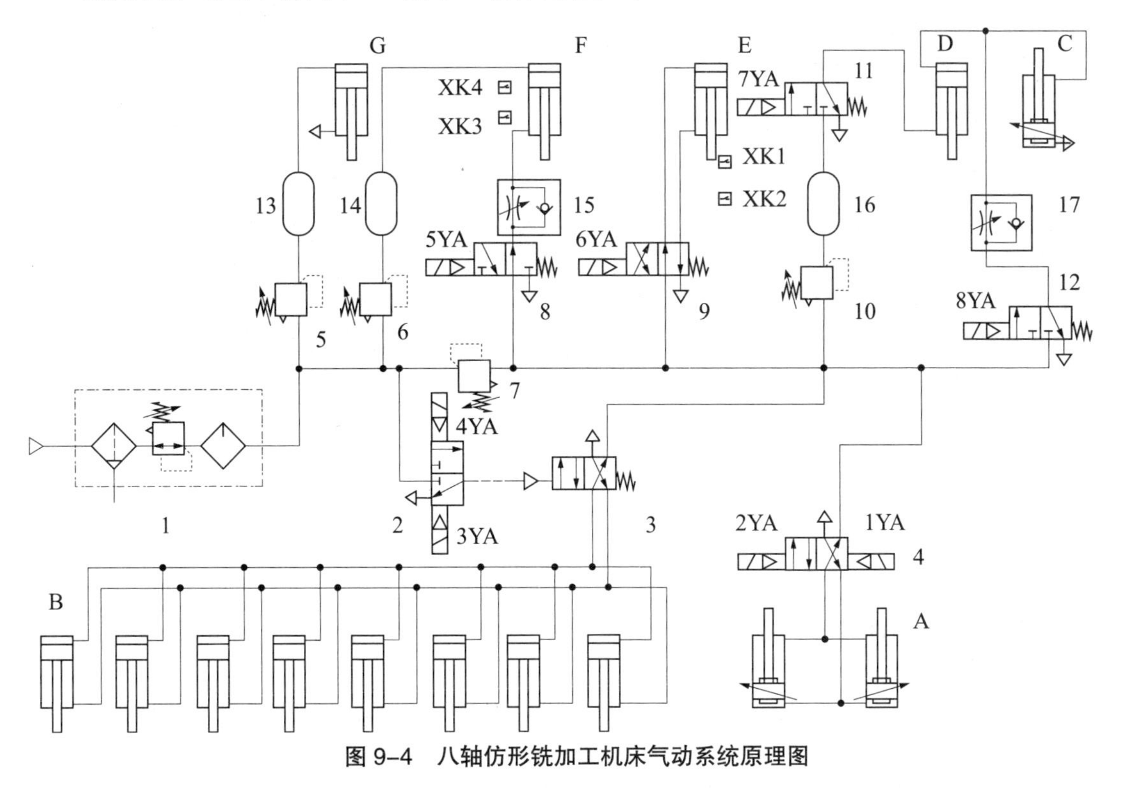

图 9-4　八轴仿形铣加工机床气动系统原理图

1—气动三联件；2，4，8，9，11，12—电磁换向阀；3—气控换向阀；5 ～ 7，10—减压阀；13，14，16—储气罐；15，17—单向节流阀；A—托盘缸；B—夹紧缸；C—盖板缸；D—铣刀缸；E—粗、精铣缸；F—砂光缸；G—平衡缸

① 接料托盘升降及工件夹紧。按下接料托盘升按钮开关后，电磁铁 1YA 通电，使阀 4 处于右位，A 缸无杆腔进气，活塞杆伸出，有杆腔气体经阀 4 排气口排空，此时接料托盘升起。托盘升至预定位置时，由人工把工件毛坯放在托盘上，接着按工件夹紧按钮使电磁铁 3YA 通电，阀 2 换向处于下位。此时，阀 3 的气控信号经阀 2 的排气口排空，使阀 3 复位处于右位，压缩空气分别进入 8 个夹紧缸的无杆腔，有杆腔气体经阀 3 的排气口排空，实现工件夹紧。

工件夹紧后，按下接料托盘下降按钮，使电磁铁 2YA 通电，1YA 断电，阀 4 换向处于左位，A 缸有杆腔进气，无杆腔排气，活塞杆退回，使托盘返至原位。

② 盖板缸、铣刀缸和平衡缸的动作。由于铣刀主轴转速很高，加工木质工件时，木屑会飞溅。为了便于观察加工情况和防止木屑向外飞溅，该机床有一透明盖板并由气缸 C 控制，实现盖板的上、下运动。在盖板中的木屑由引风机产生负压，从管道中抽吸到指定地点。

为了确保安全生产，盖板缸与铣刀缸同时动作。按下铣刀缸向下按钮时，电磁铁 7YA 通电，阀 11 处于右位，压缩空气进入 D 缸的有杆腔和 C 缸的无杆腔，D 缸无杆腔和 C 缸有杆腔的空气经单向节流阀 17、阀 12 的排气口排空，实现铣刀下降和盖板下降的同时动作。在铣刀缸动作的同时盖板缸及平衡缸的动作也是同时的，平衡缸 G 无杆腔的压力由减压阀 5 调定。

③ 粗、精铣及砂光的进退动作。铣刀下降动作结束时，铣刀已接近工件，按下粗仿形铣按钮后，使电磁铁 6YA 通电，阀 9 换向处于右位，压缩空气进入 E 缸的有杆腔，无杆腔的气体经阀 9 排气口排空，完成粗铣加工。E 缸的有杆腔加压时，由于对下端盖有一个向下的作用力，

因此，对整个悬臂又增加了一个逆时针转动力矩，使铣刀进一步增加对工件的吃刀量，从而完成粗仿形铣加工工序。

同理，E缸无杆腔进气，有杆腔排气时，对悬臂等于施加一个顺时针转动力矩，使铣刀离开工件，切削量减少，完成精加工仿形工序。

在进行粗仿形铣加工时，E缸活塞杆缩回，粗仿形铣加工结束时，压下行程开关XK1，6YA通电，阀9换向处于左位，E缸活塞杆又伸出，进行精铣加工。加工完了时，压下行程开关XK2，使电磁铁5YA通电，阀8处于右位，压缩空气经减压阀6、储气罐14进入F缸的无杆腔，有杆腔气体经单向节流阀15、阀8排气口排气，完成砂光进给动作。砂光进给速度由单向节流阀15调节，砂光结束时，压下行程开关XK3，使电磁铁5YA通电，F缸活塞杆缩回。

F缸活塞杆返回至原位时，压下行程开关XK4，使电磁铁8YA通电，7YA断电，D缸、C缸同时动作，完成铣刀上升，盖板打开，此时平衡缸仍起着平衡重物的作用。

④ 托盘升、松开工件。加工完毕时，按下启动按钮，托盘升至接料位置。再按下另一按钮，松开工件，工件自动落到接料托盘上，人工取出加工完毕的工件。接着再将被加工工件放至接料托盘上，为下一个工作循环做准备。

（2）气控回路的主要特点

① 该机床气动系统与电气控制相结合，各自发挥其优点，互为补充，具有操作简便、自动化程度较高等特点。

② 砂光缸、铣刀缸和平衡缸均与储气罐相连，稳定了气缸的工作压力，在储气罐前面都设有减压阀，可单独调节各自的压力值。

③ 用平衡缸通过悬臂对吃刀量和自重进行平衡，具有气弹簧的作用，其柔韧性较好，缓冲效果好。

④ 托盘缸采用双向缓冲气缸，实现终端缓冲，简化了气控回路。

9.4 数控加工中心气动换刀系统

图9-5所示为某型号数控加工中心气动换刀系统原理图，该系统在换刀过程中要实现主轴定位、主轴松刀、向主轴锥孔吹气和插刀、刀具夹紧等动作。

数控加工中心气动换刀系统工作原理是，当数控系统发出换刀指令时，主轴停止转动，同时4YA通电，压缩空气经气动三联件1→换向阀4→单向节流阀5→主轴定位缸A的右腔→缸A活塞杆左移伸出，使主轴自动定位，定位后压下无触点开关，使6YA得电，压缩空气经换向阀6→快速排气阀8→气-液增压缸B的上腔→增压腔的高压油使活塞杆伸出，实现主轴松刀，同时使8YA得电，压缩空气经换向阀9→单向节流阀11→缸C的上腔，使缸C下腔排气，活塞下移实现拔刀，并由回转刀库交换刀具，同时1YA得电，压缩空气经换向阀2→单向节流阀3向主轴锥孔吹气，稍后1YA失电、2YA得电，吹气停止，8YA失电，7YA得电，压缩空气经换向阀9、单向节流阀10进入缸C下腔，活塞上移实现插刀动作，同时活塞碰到行程限位阀，使6YA失电、5YA得电，则压缩空气经阀6进入气-液增压缸B的下腔，使活塞退回，主轴的机械机构使刀具夹紧，气-液增压缸B的活塞碰到行程限位阀后，使4YA失电、3YA得电，缸A的活塞在弹簧力作用下复位，回复到初始状态，完成换刀动作。

数控加工中心气动换刀系统电磁铁动作顺序见表9-1。

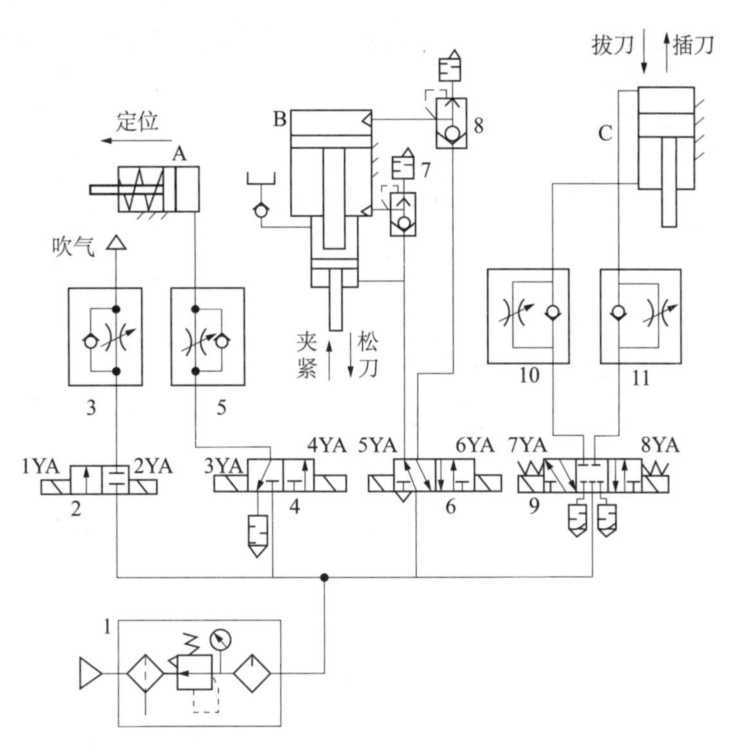

图 9-5　数控加工中心气动换刀系统原理图

1—气动三联件；2，4，6，9—换向阀；3，5，10，11—单向节流阀；7—消声器；8—快速排气阀；

A—定位缸；B—气 - 液增压缸（夹紧、松刀缸）；C—插、拔刀缸

表 9-1　电磁铁动作顺序

工况	电磁铁							
	1YA	2YA	3YA	4YA	5YA	6YA	7YA	8YA
主轴定位				+				
主轴松刀						+		
拔刀								+
向主轴锥孔吹气	+							
插刀	−	+					+	−
刀具夹紧					+	−		
主轴复位			+	−				

注："+"表示通电；"−"表示断电。

9.5　气 - 液动力滑台气动系统

气 - 液动力滑台采用气 - 液阻尼缸作为执行元件。气 - 液阻尼缸的活塞杆与动力滑台相连接，活塞杆的伸缩带动滑台往复运动。滑台上安装多轴箱、动力箱等动力部件或工件，因而机床上常用动力滑台来作为实现进给运动的部件。图 9-6 所示为动力滑台气 - 液驱动系统原理图，系统的执行元件是气 - 液阻尼缸 11，该缸的缸筒固定，活塞杆与滑台相连。双点划

线框内的阀为组合阀，即阀 1、2、3 和阀 4、5、6 形成了两个组合阀。这种气 - 液动力滑台能完成两种不同工作循环。

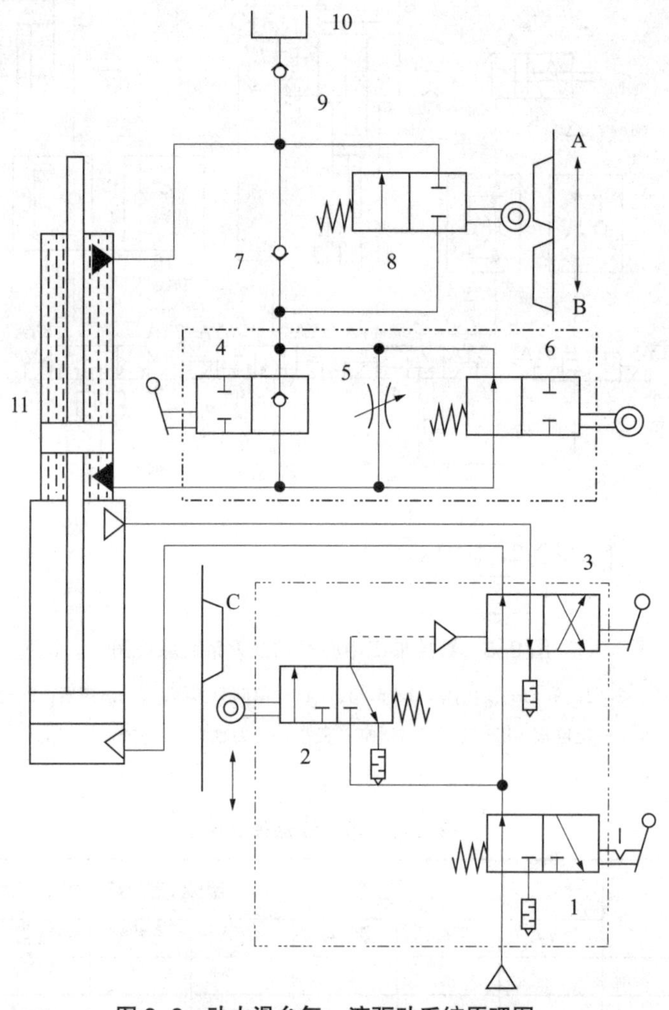

图 9-6 动力滑台气 - 液驱动系统原理图

1—二位三通手动换向阀；2—二位三通行程阀；3—二位四通手动换向阀；4—二位二通手动换向阀；5—节流阀；6，8—二位二通行程阀；7，9—单向阀；10—补油箱；11—气 - 液阻尼缸；A，B，C—活动挡块

（1）快进→慢进（工进）→快退→停止

当阀 4 处于图 9-6 所示位置时，可实现此动作循环。其工作原理为，当阀 3 切换至右位时，实际上就是给予进给信号，压缩空气经阀 1、阀 3 进入气 - 液阻尼缸气缸小腔，大腔经阀 3 排气，气缸的活塞开始向下运动，而气 - 液阻尼缸液压缸中的下腔油液经行程阀 6 的左位和单向阀 7 进入液压缸的上腔，实现了动力滑台快进；当快进到活塞杆上的活动挡块 B 将行程阀 6 压换至右位后，液压缸中的下腔油液只能经节流阀 5 进入上腔，活塞开始慢进（工进），气 - 液阻尼缸运动速度由节流阀 5 的开度调节；当慢进到活动挡块 C 使行程阀 2 复位时，输出气压信号使阀 3 切换至左位，这时气缸的进、排气交换方向，活塞开始向上运动，液压缸上腔的油液经阀 8 的左位和阀 4 中的单向阀进入液压缸下腔，实现了快退，当快退到挡块

A切换阀8而使油液通道被切断时，活塞以及动力滑台便停止运动。只要改变挡块A的位置，就能改变“停”的位置。

（2）快进→慢进→慢退→快退→停止

将手动阀4关闭（切换至左位）时，即可实现此双向进给程序。其动作循环中的快进→慢进的动作原理与上述循环相同。当慢进至挡块C切换行程阀2至左位时，输出气压信号使阀3切换至左位，气缸活塞开始向上运动，这时液压缸上腔的油液经行程阀8的左位和节流阀5进入活塞下腔，亦即实现了慢退，慢退到挡块B离开阀6的顶杆而使其复至左位后，液压缸上腔的油液就经阀6左位而进入活塞下腔，开始了快退，快退到挡块A切换阀8而使油液通路被切断时，活塞及滑台便停止运动。

该系统利用了液体不可压缩的性能及液体流量易于控制的优点，可使动力滑台获得稳速运动；带定位机构的手动换向阀1、行程阀2和手动换向阀3组合成一个气动组合阀块，而阀4、阀5和阀6为一液压组合阀，系统结构紧凑；补油箱10、单向阀9仅仅是为了补偿漏油而设置的。

9.6 机床夹具气动系统

机床夹具气动系统的原理图如图9-7所示，本气动系统的执行元件为A、B、C三个夹紧气缸，通过这三个夹紧气缸来夹紧或松开工件。这一夹紧装置结构简单，工作效率高，故常用于机械加工自动线和组合机床中。

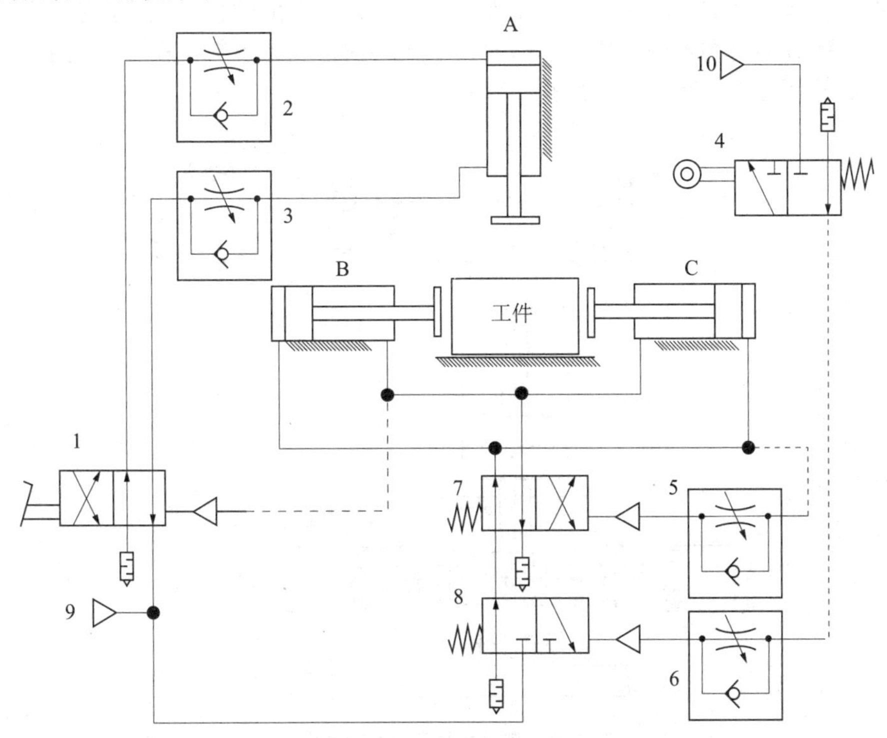

图9-7 机床夹具气动系统原理图

1—二位四通脚踏换向阀；2，3，5，6—单向节流阀；4—行程阀（二位三通机动换向阀）；7—二位四通气控换向阀；8—二位三通气控换向阀；9，10—气源；A，B，C—夹紧缸

机床夹具气动系统工作时的动作循环是工件置位→缸A活塞杆伸出夹紧→工件定位后缸

B 和缸 C 的活塞杆伸出→工件侧面被夹紧后加工→缸 B 和缸 C 的活塞杆退回→缸 A 的活塞杆退回→工件松开。

工作原理是，工件定位后，踩下脚踏换向阀 1 ，脚踏换向阀左位工作，气源 9 的压缩空气经换向阀 1、单向节流阀 2 进入缸 A 无杆腔，有杆腔内的空气经单向节流阀 3 和换向阀 1 排空，缸 A 活塞杆伸出夹紧工件，工件被夹紧的同时，行程阀 4 被压下，压缩空气（气源 10）经行程阀 4 左位、节流阀 6 作用于换向阀 8，换向阀 8 切换为右位，压缩空气（气源 9）经换向阀 8 右位、换向阀 7 左位进入缸 B 和缸 C 的无杆腔，缸 B 和缸 C 有杆腔的空气经换向阀 7 排空，缸 B 和缸 C 的活塞杆伸出，工件从侧面被夹紧后进行加工，同时缸 B 和缸 C 内的压缩空气经单向节流阀 5 进入换向阀 7 右侧气室，右侧气室压力逐渐升高，待工件加工完毕时，换向阀 7 右侧气室的压力升高使换向阀 7 切换至右位，缸 B 和缸 C 有杆腔进压缩空气，无杆腔排气，缸 B 和缸 C 松开，缸 B 和缸 C 完全松开后，有杆腔内的压力继续增大，控制气路作用于换向阀 1 的右侧使换向阀 1 切换至右位，压缩空气（气源 9）经换向阀 1 右位、单向节流阀 3 进入缸 A 的有杆腔，无杆腔经单向节流阀 2 至换向阀 1 排空，缸 A 活塞杆缩回，缸 A 松开工件，至此完成一个工作循环。换向阀 7、8 换向的延时时间由其前面的单向节流阀 5、6 的开度决定，开度越小，延时时间越长，开度越大，延时时间越短。

9.7 气动机械手

气动机械手是以气缸、摆缸、气爪、吸盘等气动元件组成的抓取机构，它可以替代人手的部分动作来完成物料的抓取、搬运，从而实现物料的自动上下料，在自动化生产中被广泛应用。图 9-8 所示为一典型气动机械手结构示意图。

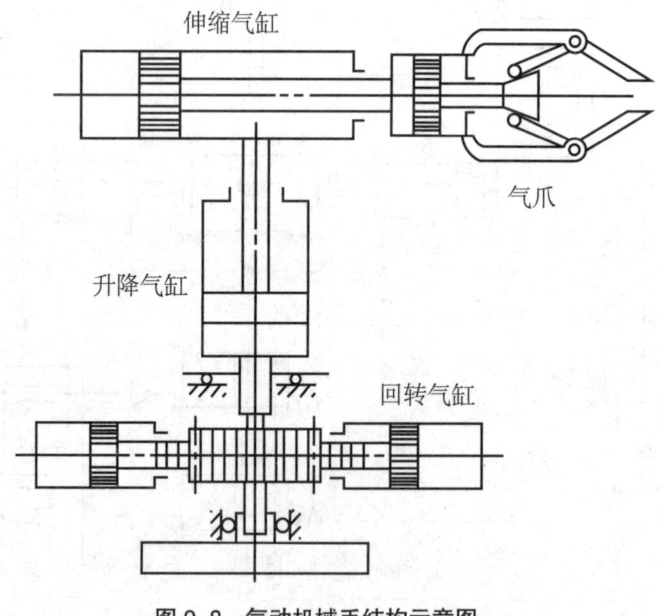

图 9-8　气动机械手结构示意图

本机械手由回转气缸、升降气缸、伸缩气缸、气爪等部分构成。回转气缸为齿轮齿条型摆动气缸，作用是使手臂摆动一定的角度；升降气缸实现手臂的升降；伸缩气缸实现手臂的伸缩；气爪的作用是抓握工件或松开工件。此气动机械手结构简单、制造成本低廉，可根据各种自动化设备的工作需要按规定的控制程序动作。

本机械手的基本工作循环是初始位置（气爪松开状态）→伸缩气缸伸出→气爪夹紧工件→升降气缸升起→回转气缸逆时针摆动 90° →工件抓取到位，气爪松开→伸缩气缸缩回→回转气缸顺时针摆动 90° →升降气缸降下→回到初始位置。其相应的气动系统原理图如图 9-9 所示。

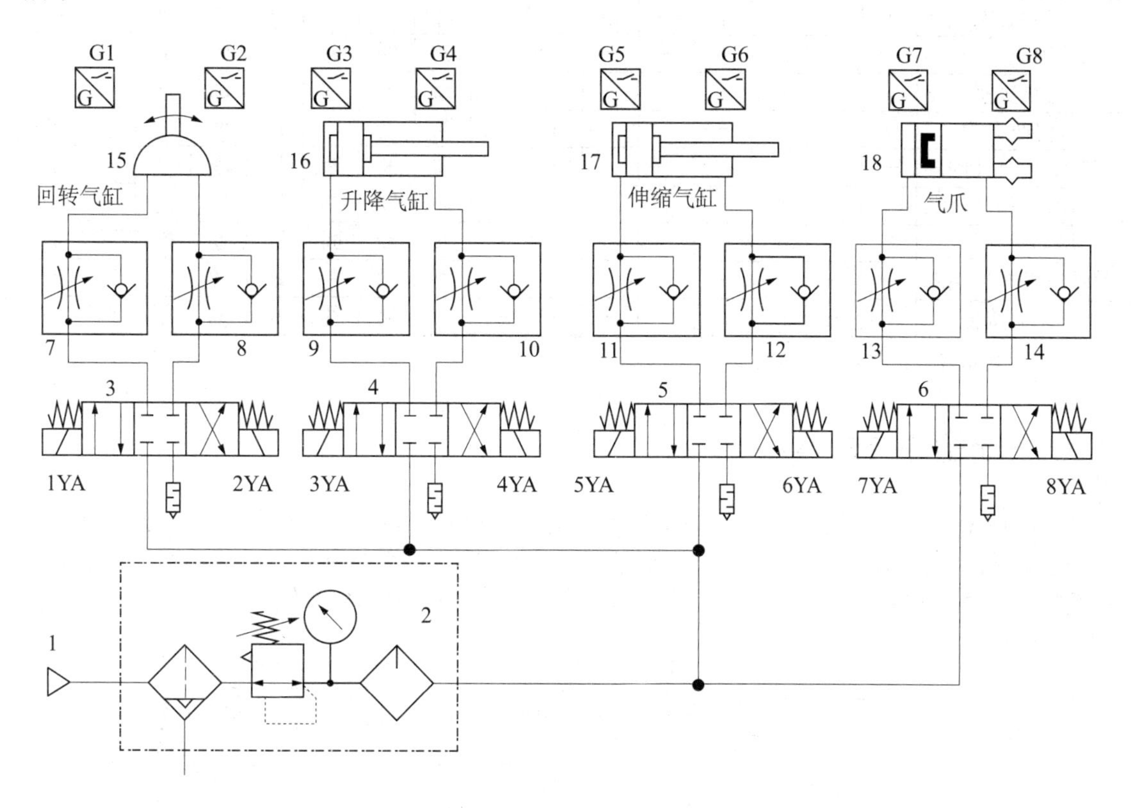

图 9-9 气动机械手气动系统原理图

1—气源；2—气动三联件；3 ～ 6—三位四通电磁换向阀；7 ～ 14—单向节流阀；

15—回转气缸；16—升降气缸；17—伸缩气缸；18—气爪；G1 ～ G8—磁性开关（位置检测）

工作原理是，气源 1 为气动机械手提供了动力源，即必需的压缩空气。来自于气源 1 的压缩空气经气动三联件 2 分配给四个三位四通电磁换向阀。通过控制三位四通换向阀的电磁线圈 1YA ～ 8YA 的通电、断电，控制回转气缸的摆动、升降气缸的升降、伸缩气缸的伸缩、气爪的松开与夹紧。其动作顺序见表 9-2。表中的加号（＋）表示电磁铁得电，减号（—）表示电磁铁失电。

气动三联件的作用是滤除空气中的水分；将气源的压缩空气压力减小为系统所需的压力；通过油雾器为以后的气动元件提供润滑；实时显示气动系统的压力。

单向节流阀 7 ～ 14 的作用是通过调节节流阀的开度，控制各个执行元件的动作速度，同时也可减小系统冲击。

G1 ～ G8 为位置检测磁性开关。G1 通→回转气缸逆时针旋转到位指示，G2 通→回转气缸顺时针旋转到位指示，G3 通→升降气缸在底部指示，G4 通→升降气缸在顶部指示，G5 通→伸缩气缸完全缩回指示，G6 通→伸缩气缸完全伸出指示，G7 通→气爪松开指示，G8 通→气爪夹紧指示。

表 9-2　气动机械手动作顺序

项目	回转气缸		升降气缸		伸气气缸		气爪		回转气缸		升降气缸		伸缩气缸		气爪	
操作对象	1YA	2YA	3YA	4YA	5YA	6YA	7YA	8YA	G1	G2	G3	G4	G5	G6	G7	G8
初始状态	+	−	−	+	−	+	−	+	断	通	通	断	通	断	通	断
伸缩缸伸出	+	−	−	+	+	−	−	+	断	通	通	断	断	通	通	断
气爪夹紧	+	−	−	+	+	−	+	−	断	通	通	断	断	通	断	通
升降缸升高	+	−	+	−	+	−	+	−	断	通	断	通	断	通	断	通
回转缸逆时针回转	−	+	+	−	+	−	+	−	通	断	断	通	断	通	断	通
气爪松开	−	+	+	−	+	−	−	+	通	断	断	通	断	通	通	断
伸缩缸缩回	−	+	+	−	−	+	−	+	通	断	断	通	通	断	通	断
回转缸顺时针回转	+	−	+	−	−	+	−	+	断	通	断	通	通	断	通	断
升降缸降低	+	−	−	+	−	+	−	+	断	通	通	断	通	断	通	断

注：“+”表示得电；“−”表示失电。

9.8 自动钻床气动系统

气动钻床是一种利用气动钻削头完成主运动（主轴的旋转），再由气动滑台实现进给运动的自动钻床。图 9-10 所示为自动钻床气动系统原理图，该系统利用气压传动实现进给运动和送料、夹紧等辅助动作。它共有三个气缸，即送料缸 14、夹紧缸 13、钻削缸 12。

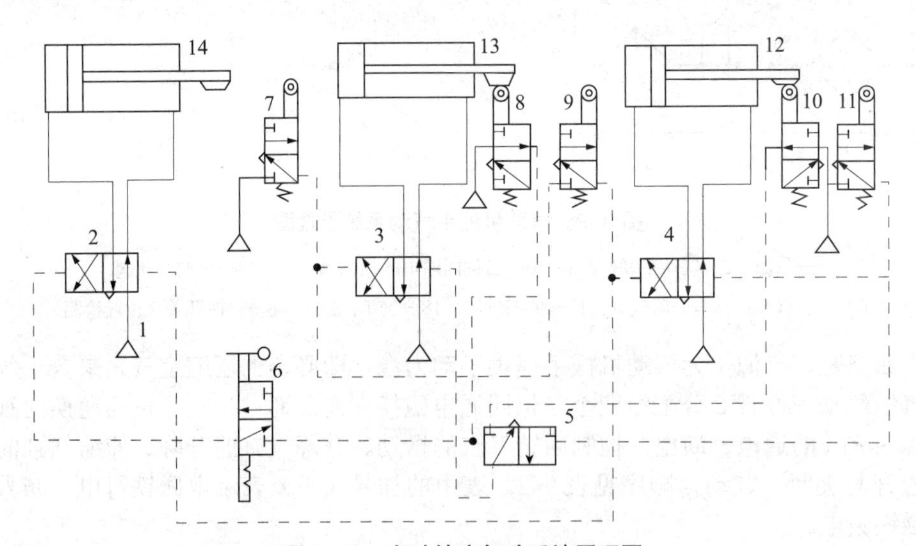

图 9-10　自动钻床气动系统原理图

1—气源；2 ～ 4—二位四通气控换向阀；5—二位三通气控换向阀；6—二位三通手动换向阀；7 ～ 11—二位三通行程换向阀；12—钻削缸；13—夹紧缸；14—送料缸

该气动钻床气动系统的动作顺序为

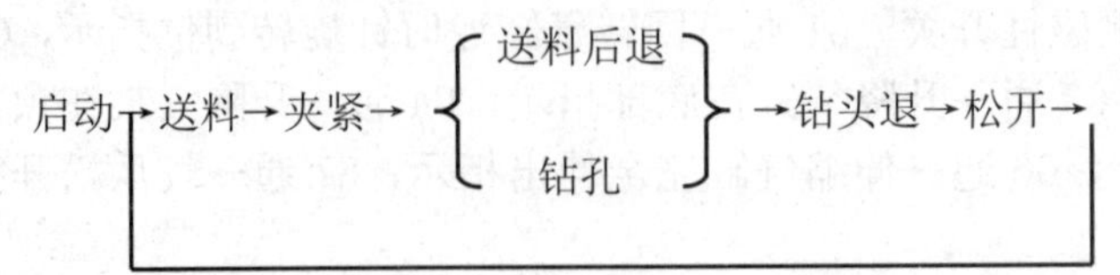

工作原理如下。

① 当按下二位三通手动换向阀（启动阀）6，控制气使二位四通气控换向阀 2 换向，左位工作，气体进入送料缸 14 无杆腔，活塞杆伸出，实现送料。

② 当送料缸 14 活塞杆碰到二位三通行程换向阀 7 的滚轮时，二位三通行程换向阀 7 换向，其上位工作，控制气使二位四通气控换向阀 3 换向左位工作，夹紧缸 13 无杆腔进气，活塞杆伸出，实现夹紧。

③ 当夹紧缸 13 的活塞杆碰到二位三通行程换向阀 9 的滚轮时，二位三通行程换向阀 9 换向，上位工作，控制气体使二位四通气控换向阀 2 换向，右位工作，送料缸 14 有杆腔进气，活塞杆退回；同时，控制气体使二位四通气控换向阀 4 换向，左位工作，钻削缸 12 无杆腔进气，活塞杆伸出，完成钻削。

④ 当钻削缸 12 活塞杆碰到二位三通行程换向阀 11 的滚轮时，二位三通行程换向阀 11 换向，上位工作，控制气体使二位四通气控换向阀 4 换向，右位工作，钻削缸 12 有杆腔进气，活塞杆退回，完成退钻头；同时，二位三通气控换向阀 5 换向，右位工作。

⑤ 当钻削缸 12 活塞杆碰到二位三通行程换向阀 10 的滚轮时，二位三通行程换向阀 10 换向，上位工作，气体通过二位三通气控换向阀 5 的右位使二位四通气控换向阀 3 换向，右位工作，夹紧缸 13 有杆腔进气，活塞杆退回，松开工件，完成一个工作循环。

9.9 气动计量系统

图 9-11 所示为气动计量系统示意图。当计量箱中的物料质量达到设定值时，暂停传送带上物料的供给，然后把计量好的物料卸到包装容器中；当计量箱返回到图 9-11 所示位置后，物料再次落入计量箱中，开始下一次的计量。

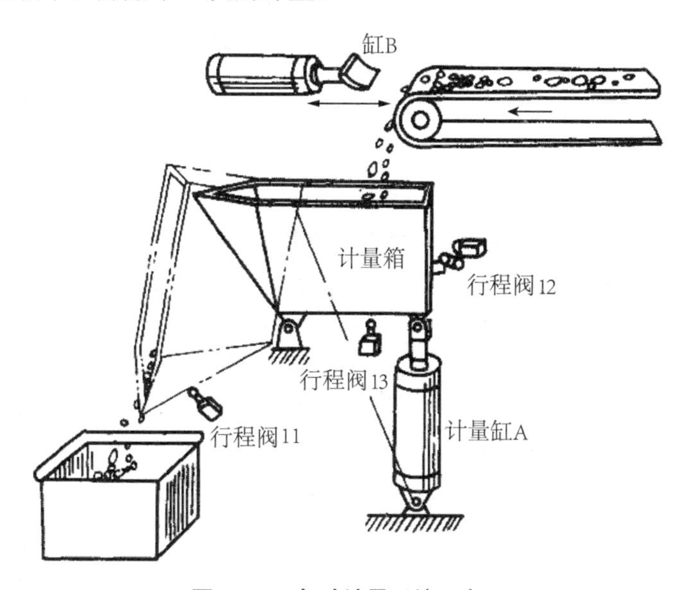

图 9-11 气动计量系统示意图

气动计量系统的工作原理是，首先要有计量准备动作使计量箱到达图 9-11 所示位置，随着物料落入计量箱中，计量箱的质量不断增加，计量缸 A 慢慢被压缩，计量的质量达到设定值时，止动缸 B 伸出，暂时停止物料的供给，计量缸 A 换接高压气源后伸出把物料卸掉，经过一段时间的延时后，计量缸 A 缩回，为下次计量做好准备。

图 9-12 所示为气动计量系统原理图。启动时，先切换手动换向阀 14 至左位，减压阀 1 调节的高压气体使计量缸 A 外伸，当计量箱上的凸块通过设置于行程中间的行程阀 12 的位置时，手动换向阀 14 切换到右位，计量缸 A 以排气节流阀 17 所调节的速度下降。当计量箱侧面的凸块切换行程阀 12 后，行程阀 12 发出的信号使阀 6 换至图 9-12 所示位置，使止动缸 B 缩回。然后把手动换向阀换至中位，计量准备工作结束。

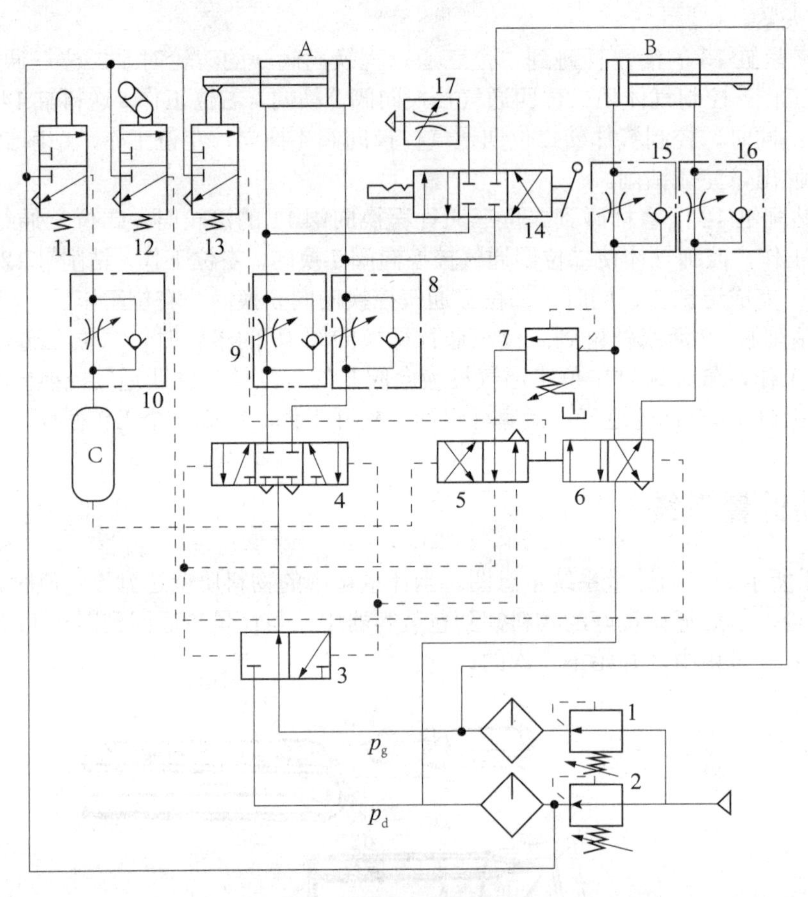

图 9-12　气动计量系统原理图

1，2—减压阀；3 ～ 6—气控换向阀；7—顺序阀；8 ～ 10，15，16—单向节流阀；11 ～ 13—行程阀；14—手动换向阀；17—排气节流阀；A—计量缸；B—止动缸；C—储气罐

随着来自传送带的物料落入计量箱中，计量箱的质量逐渐增加，此时阀 4 处于中间位置，计量缸 A 内气体被封闭住而呈等温压缩过程，即计量缸 A 活塞杆慢慢缩回。当质量达到设定值时，切换行程阀 13。阀 13 发出的气压信号切换气控换向阀 6 至左位，使止动缸 B 外伸，暂停被计量物料的供给。同时切换气控换向阀 5 至图 9-12 所示位置。止动缸 B 外伸至行程终点时无杆腔压力升高，顺序阀 7 打开。计量缸 A 主控阀（气控换向阀）4 和高低压切换阀（气控换向阀）3 均被切换至左位，高压气体使计量缸 A 外伸。当计量缸 A 行至终点时，行程阀 11 动作，经过由单向节流阀 10 和储气罐 C 组成的延时回路延时后，切换气控换向阀 5，其输出信号使阀 4 和阀 3 换向，低压气体进入计量缸 A 的有杆腔，计量缸 A 活塞杆以单向节流阀 8 调节的速度内缩。行程阀 12 动作后，发出的信号切换气控换向阀 6，使止动缸 B 内缩，来自传送带上的物料再次落入计量箱中。至此，完成一个工作循环。

9.10 公共汽车车门气动系统

采用气动控制的公共汽车车门，需要司机和售票员都可以开关门，这样就必须在司机座位和售票员座位处都装有气动开关，并且当车门在关闭的过程中遇到障碍物时，车门能够马上打开，起到安全保护的作用。

图 9-13 所示为公共汽车车门气动系统原理图。车门的开关靠气缸 7 来实现，气缸由双气控换向阀 4 控制，而双气控换向阀又由 A ～ D 的按钮手动阀来操纵，气缸运动速度的快慢通过调节单向节流阀 5 或阀 6 来控制。通过阀 A 或阀 B 使车门开启，通过阀 C 或阀 D 使车门关闭。起安全作用的先导阀 8 安装在车门上。

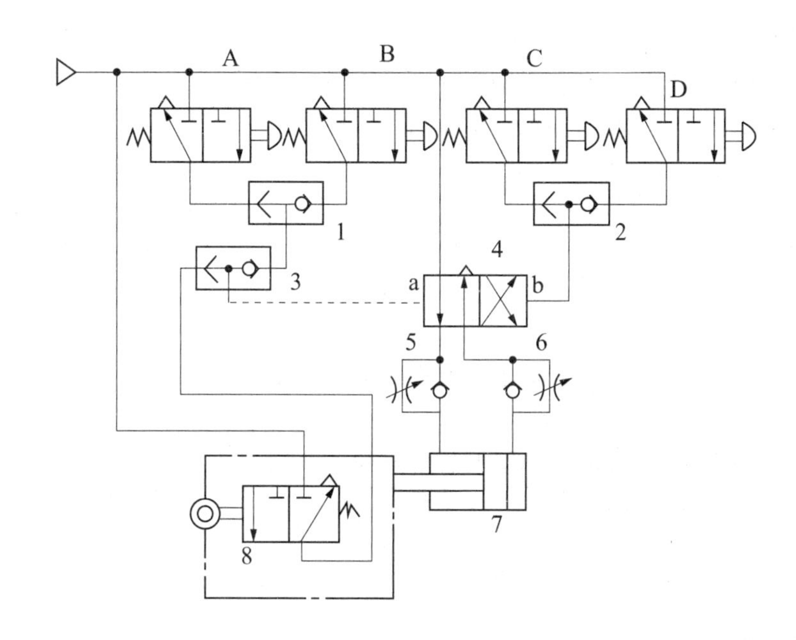

图 9-13　公共汽车车门气动系统原理图

1 ～ 3—梭阀；4—双气控换向阀；5，6—单向节流阀；7—气缸；8—机动换向阀（先导阀）；
A ～ D—按钮手动阀

当操纵阀 A 或阀 B 时，气源压缩空气经阀 A 或阀 B 到阀 1 或阀 2，把控制信号送到阀 4 的 a 侧，使阀 4 向车门开启方向切换。气源压缩空气经阀 4 和阀 6 到气缸的有杆腔，使车门开启。

当操纵阀 C 和阀 D 时，气源压缩空气经阀 C 或阀 D 到阀 2，把控制信号送到阀 4 的 b 侧，使阀 4 向车门关闭方向切换。气源压缩空气经阀 4 和阀 6 到气缸的无杆腔，使车门关闭。

车门在关闭的过程中如碰到障碍物，便推动阀 8，此时气源压缩空气经阀 8 把控制信号通过阀 3 送到阀 4 的 a 侧，使阀 4 向车门开启方向切换。必须指出，如果阀 C 或阀 D 仍然保持在压下状态，则阀 8 起不到自动开启车门的安全作用。

第10章 气动系统的安装使用及维护

10.1 气动系统的安装及调试

10.1.1 气动系统的安装

（1）管道的安装

① 安装前要检查管道内壁是否光滑，并进行除锈和清洗。

② 管道支架要牢固，工作时不得产生振动。

③ 装紧各处接头，管路不允许漏气。

④ 管道焊接应符合规定标准的要求。

⑤ 管路系统中任何一段管道均可自由拆装。

⑥ 管道安装的倾斜度、弯曲半径、间距和坡向均要符合有关规定。

（2）元件的安装

① 安装前应对元件进行清洗，必要时要进行密封试验。

② 各类阀体上的箭头方向或标记，要符合气流流动方向。

③ 动密封圈不要装得太紧，尤其是U形密封圈，否则阻力太大。

④ 移动缸的中心线与负载作用力的中心线要同轴，否则会引起侧向力，使密封件加速磨损，活塞杆弯曲。

⑤ 各种自动控制仪表、自动控制器、压力继电器等，在安装前应进行校验。

10.1.2 气动系统的调试

（1）调试前的准备工作

① 要熟悉说明书等有关技术资料，力求全面了解系统的原理、结构性能及操纵方法。

② 了解需要调整的元件在设备上的实际位置、操纵方法及调节旋钮的旋向等。

③ 准备好调试工具及仪表。

（2）空载试运行

空载试运行不得少于2h，注意观察压力、流量、温度的变化。

（3）负载试运行

负载运转应分段加载，运转不得少于4h，分别测出有关数据，记入试车记录。

10.2 气动系统的使用及维护

气动系统的使用与维护保养是保证系统正常工作、减少故障发生、延长使用寿命的一项十分重要的工作。维护保养应及早进行，不应拖延到故障已发生，需要修理时才进行，也就是要进行预防性的维护保养。

10.2.1 气动系统的使用

（1）气动系统的使用注意事项

① 日常维护需对冷凝水和系统润滑进行管理。

② 开车前后要放掉系统中的冷凝水。

③ 定期给油雾器加油。

④ 随时注意压缩空气的清洁度，对分水滤气器的滤芯要定期清洗。

⑤ 开车前检查各调节旋钮是否在正确位置，行程阀、行程开关、挡块的位置是否正确、牢固。对活塞杆、导轨等外露部分的配合表面进行擦拭后方能开车。

⑥ 长期不使用时，应将各旋钮放松，以免弹簧失效而影响元件的性能。

⑦ 间隔三个月需定期检修，一年应进行一次大修。

⑧ 对受压容器应定期检验，漏气、漏油、噪声等要进行防治。

（2）压缩空气的污染及防止方法

压缩空气的质量对气动系统性能的影响极大，它如被污染将使管道和元件锈蚀、密封件变形、喷嘴堵塞，使系统不能正常工作。压缩空气的污染主要来自水分、油分和粉尘三个方面，其污染原因及防止方法如下。

① 水分 空气压缩机吸入的是含水分的湿空气，经压缩后提高了压力，当再度冷却时就要析出冷凝水，侵入到压缩空气中致使管道和元件锈蚀，影响其性能。

防止冷凝水侵入压缩空气的方法是，及时排除系统各排水阀中积存的冷凝水，经常注意自动排水器、干燥器的工作是否正常，定期清洗空气过滤器、自动排水器的内部元件等。

② 油分 这里是指使用过的因受热而变质的润滑油。压缩机使用的一部分润滑油成雾状混入压缩空气中，受热后汽化，随压缩空气一起进入系统，将使密封件变形，造成空气泄漏，摩擦阻力增大，阀和执行元件动作不良，而且还会污染环境。

清除压缩空气中油分的方法是，较大的油分颗粒，通过除油器和空气过滤器的分离作用同空气分开，从设备底部排污阀排除；较小的油分颗粒，则可通过活性炭吸附作用清除。

③ 粉尘 大气中含有的粉尘、管道内的锈粉及密封材料的碎屑等侵入到压缩空气中，将引起元件中的运动件卡死、动作失灵、喷嘴堵塞，加速元件磨损，降低使用寿命，导致故障发生，严重影响系统性能。

防止粉尘侵入压缩机的主要方法是，经常清洗空气压缩机前的预过滤器，定期清洗空气过滤器的滤芯，及时更换滤清元件等。

10.2.2 气动系统的维护

（1）气动系统维护保养的中心任务

① 保证供给气动系统清洁干燥的压缩空气。

② 保证气动系统的气密性。

③ 保证使油雾润滑元件得到必要的润滑。

④ 保证气动元件和系统在规定的工作条件（如使用压力、电压等）下工作和运转，以保证气动执行机构按预定的要求进行工作。

维护工作可以分为经常性维护工作和定期维护工作。维护工作应有记录，以利于以后的故障诊断和处理。

（2）气动系统的日常维护保养

① 对冷凝水的管理　空气压缩机吸入的是含有水分的湿空气，经压缩后提高了压力，当再度冷却时就要析出冷凝水，侵入到压缩空气中，使管道和元件锈蚀。防止的方法是及时排除系统各排水阀中积存的冷凝水，经常检查自动排水器、干燥器是否正常，定期清洗分水滤气器、自动排水器。

② 对系统润滑的管理　气动系统中从控制元件到执行元件凡有相对运动的表面都需要润滑。如果润滑不当，会使摩擦力增大，导致元件动作不灵敏，因密封磨损会引起泄漏，润滑油的性质将直接影响润滑的效果。通常，高温环境下使用高黏度的润滑油，低温则使用低黏度的润滑油，如果温度特别低，为克服起雾困难可在油杯内装加热器。供油量随润滑部位的形状、运动状态及负载大小而变化。供油量总是大于实际需要量。一般以每 $10m^3$ 自由空气供给 1mL 的油量为基准。在系统工作过程中，要经常检查油雾器是否正常，如发现油杯中油量没有减少，需要及时调整滴油量或进行检修。

③ 对空压机系统的管理　检查空压机系统是否向后冷却器供给了冷却水（指水冷式），检查空压机是否有异常声音和异常发热现象，检查润滑油位是否正常。

（3）气动系统的定期检修

定期检修的时间间隔通常为三个月。其主要内容如下。

① 查明系统各泄漏处，并设法予以解决。

② 通过对方向控制阀排气口的检查，判断润滑油是否适度，空气中是否有冷凝水。如果润滑不良，考虑油雾器规格是否合适，安装位置是否恰当，滴油量是否正常等。如果有大量冷凝水排出，考虑过滤器的安装位置是否恰当，排除冷凝水的装置是否合适，冷凝水的排除是否彻底。如果方向控制阀排气口关闭时，仍有少量泄漏，往往是元件损伤的初期阶段，检查后，可更换磨损元件以防止发生动作不良。

③ 检查安全阀、紧急安全开关动作是否可靠。定期检修时，必须确认它们动作的可靠性，以确保设备和人身安全。

④ 观察换向阀的动作是否可靠。根据换向时声音是否异常，判定铁芯和衔铁配合处是否有杂质。检查铁芯是否有磨损，密封件是否老化。

⑤ 反复开关换向阀观察气缸动作，判断活塞上的密封是否良好。检查活塞杆外露部分，判定前盖的配合处是否有泄漏。

上述各项检查和修复的结果应记录下来，以作为设备出现故障查找原因和设备大修时的参考。

气动系统的大修间隔期为一年或几年。其主要内容是检查系统各元件和部件，判定其性能和寿命，并对平时产生故障的部位进行检修或更换元件，排除修理间隔期间内一切可能产生故障的因素。

10.3 气动系统的常见故障及排除方法

10.3.1 气动系统的故障种类

由于故障发生的时期不同，故障的内容和原因也不同。因此，可将故障分为初期故障、突发故障和老化故障。

(1)初期故障

在调试阶段和开始运转的两三个月内发生的故障称为初期故障。其产生的原因如下。

① 元件加工、装配不良 如元件内孔的研磨不符合要求，零件毛刺未清除干净，安装不清洁，零件装错、装反，装配时对中不良，紧固螺钉拧紧力矩不恰当，零件材质不符合要求，外购零件(如密封圈、弹簧)质量差等。

② 设计失误 设计元件时，对零件的材料选用不当，加工工艺要求不合理，对元件的特点、性能和功能了解不够，造成设计回路时元件选用不当。设计的空气处理系统不能满足气动元件和系统的要求，回路设计出现错误。

③ 安装不符合要求 安装时，元件及管道内吹洗不干净，使灰尘、密封材料碎片等杂质混入，造成气动系统故障，安装气缸时存在偏载。没有采取有效的管道防松、防振措施。

④ 维护管理不善 如未及时排放冷凝水，未及时给油雾器补油等。

(2)突发故障

系统在稳定运行时期内突然发生的故障称为突发故障。例如，油杯和水杯都是用聚碳酸酯材料制成的，如它们在有机溶剂的雾气中工作，就有可能突然破裂；空气或管路中残留的杂质混入元件内部，突然使相对运动件卡死；弹簧突然折断、软管突然爆裂、电磁线圈突然烧毁；突然停电造成回路误动作等。

有些突发故障是有先兆的。如排出的空气中出现杂质和水分，表明过滤器已失效，应及时查明原因并予以排除，以免酿成突发故障。但有些突发故障是无法预测的，只能采取安全保护措施加以防范，或准备一些易损件的备件，以备及时更换失效的元件。

(3)老化故障

个别或少数元件达到使用寿命后发生的故障称为老化故障。参照系统中各元件的生产日期、开始使用日期、使用的频繁程度以及已经出现的某些征兆，如声音反常、泄漏越来越严重、气缸运动不平稳等现象，大致预测老化故障的发生期限是有可能的。

10.3.2 气动系统常见故障及其排除方法

气动系统常见故障及其排除方法列于表10-1～表10-8。

表10-1 减压阀的常见故障及其排除方法

故障	原因	排除方法
二次压力升高	①阀弹簧损坏 ②阀座有伤痕，或阀座橡胶剥离 ③阀体中夹入灰尘，阀导向部分黏附异物 ④阀芯导向部分和阀体的O形密封圈收缩、膨胀	①更换阀弹簧 ②更换阀体 ③清洗、检查滤清器 ④更换O形密封圈
压力降很大(流量不足)	①阀口径小 ②阀下部积存冷凝水；阀内混入异物	①使用口径大的减压阀 ②清洗、检查滤清器
溢流口总是漏气	①溢流阀座有伤痕(溢流式) ②膜片破裂 ③二次压力升高 ④二次侧背压增高	①更换溢流阀座 ②更换膜片 ③参见“二次压力上升” ④检查二次侧的装置、回路

续表

故障	原因	排除方法
阀体漏气	①密封件损伤 ②弹簧松弛	①更换密封件 ②张紧弹簧
异常振动	①弹簧的弹力减弱，弹簧错位 ②阀体的中心和阀杆的中心错位 ③因空气消耗量周期变化使阀不断开启、关闭，与减压阀引起共振	①把弹簧调整到正常位置，更换弹力减弱的弹簧 ②检查并调整位置偏差 ③和制造厂协商

表 10-2 溢流阀的常见故障及其排除方法

故障	原因	排除方法
压力虽上升，但不溢流	①阀内部的孔堵塞 ②阀芯导向部分进入异物	清洗
压力虽没有超过设定值，但在二次侧却溢出空气	①阀内进入异物 ②阀座损伤 ③调压弹簧损坏	①清洗 ②更换阀座 ③更换调压弹簧
溢流时发生振动（主要发生在膜片式阀，启闭压力差较小）	①压力上升速度很慢，溢流阀放出流量多，引起阀振动 ②因从压力上升源到溢流阀之间被节流，阀前部压力上升慢而引起振动	①二次侧安装针阀微调溢流量，使其与压力上升量匹配 ②增大压力上升源到溢流阀的管道口径
从阀体和阀盖向外漏气	①膜片破裂（膜片式） ②密封件损伤	①更换膜片 ②更换密封件

表 10-3 换向阀常见故障及其排除方法

故障	原因	排除方法
不能换向	①阀的滑动阻力大，润滑不良 ② O 形密封圈变形 ③ 粉尘卡住滑动部分 ④ 弹簧损坏 ⑤ 阀操纵力小 ⑥ 活塞密封圈磨损	①进行润滑 ②更换密封圈 ③清除粉尘 ④更换弹簧 ⑤检查阀操纵部分 ⑥更换密封圈
阀产生振动	①空气压力低（先导型） ②电源电压低（电磁阀）	①提高操纵压力，采用直动型 ②提高电源电压，使用低电压线圈
交流电磁铁有蜂鸣声	①活动铁芯密封不良 ②粉尘进入铁芯的滑动部分，使活动铁芯不能密切接触 ③ T 形活动铁芯的铆钉脱落，铁芯叠层分开不能吸合 ④短路环损坏 ⑤电源电压低 ⑥外部导线拉得太紧	①检查铁芯接触和密封性，必要时更换铁芯组件 ②清除粉尘 ③更换活动铁芯 ④更换固定铁芯 ⑤提高电源电压 ⑥导线应宽裕

续表

故障	原因	排除方法
电磁铁动作时间偏差大，或有时不能动作	①活动铁芯锈蚀，不能移动；在湿度高的环境中使用气动元件时，由于密封不完善而向磁铁部分泄漏空气 ②电源电压低 ③粉尘等进入活动铁芯的滑动部分，使运动恶化	①铁芯除锈，修理好对外部的密封，更换坏的密封件 ②提高电源电压或使用符合电压的线圈 ③清除粉尘
线圈烧毁	①环境温度高 ②快速循环使用 ③因为吸引时电流大，单位时间耗电多，温度升高，使绝缘损坏而短路 ④粉尘夹在阀和铁芯之间，不能吸引活动铁芯 ⑤线圈上残余电压	①按产品规定温度范围使用 ②使用高级电磁阀 ③使用气动逻辑回路 ④清除粉尘 ⑤使用正常电源电压，使用符合电压的线圈
切断电源，活动铁芯不能退回	粉尘夹入活动铁芯滑动部分	清除粉尘

表 10-4　气缸的常见故障及其排除方法

故障	原因	排除方法
外泄漏 ①活塞杆与密封衬套间漏气 ②气缸体与端盖间漏气 ③缓冲装置的调节螺钉处漏气	①衬套密封圈磨损 ②活塞杆偏心 ③活塞杆有伤痕 ④活塞杆与密封衬套的配合面内有杂质 ⑤密封圈损坏	①更换衬套密封圈 ②重新安装，使活塞杆不受偏心负荷 ③更换活塞杆 ④除去杂质、安装防尘盖 ⑤更换密封圈
内泄漏 活塞两端串气	①活塞密封圈损坏 ②润滑不良 ③活塞被卡住 ④活塞配合面有缺陷，杂质挤入密封面	①更换活塞密封圈 ②检查油雾器是否失灵 ③重新安装，使活塞杆不受偏心负荷 ④缺陷严重者更换零件，除去杂质
输出力不足，动作不平稳	①润滑不良 ②活塞或活塞杆卡住 ③气缸体内表面有锈蚀或缺陷进入了冷凝水、杂质	①调节或更换油雾器 ②检查安装情况，消除偏心 ③视缺陷大小再决定排除故障办法，加强对过滤器和除油器的管理，定期排放污水
缓冲效果不好	①缓冲部分的密封圈密封性能差 ②调节螺钉损坏 ③气缸速度太快	①更换密封圈 ②更换调节螺钉 ③研究缓冲机构的结构是否合适

续表

故障	原因	排除方法
损伤 ①活塞杆折断 ②端盖损坏	①有偏心负荷摆动气缸安装轴销的摆动面与负荷摆动面不一致 ②摆动轴销的摆动角过大，负荷大，摆动速度快 ③有冲击装置的冲击加到活塞杆上，活塞杆承受负荷的冲击 ④气缸的速度太快，缓冲机构不起作用	①调整安装位置，消除偏心，使轴销摆角一致 ②确定合理的摆动速度 ③冲击不得加在活塞杆上，设置缓冲装置 ④在外部或回路中设置缓冲机构

表 10-5　空气过滤器的常见故障及其排除方法

故障	原因	排除方法
压力过大	①使用过细的滤芯 ②滤清器的流量范围太小 ③流量超过滤清器的容量 ④滤清器滤芯网眼堵塞	①更换适当的滤芯 ②换流量范围大的滤清器 ③换大容量的滤清器 ④用净化液清洗（必要时更换）滤芯
输出端溢出冷凝水	①未及时排出冷凝水 ②自动排水器发生故障 ③超过滤清器的流量范围	①养成定期排水习惯或安装自动排水器 ②修理（必要时更换） ③在适当流量范围内使用或者更换大容量的滤清器
输出端出现异物	①滤清器滤芯破损 ②滤芯密封不严 ③用有机溶剂清洗塑料件	①更换滤芯 ②更换滤芯的密封，紧固滤芯 ③用清洁的热水或煤油清洗
塑料水杯破损	①在有机溶剂的环境中使用 ②空气压缩机输出某种焦油 ③压缩机从空气中吸入对塑料有害的物质	①使用不受有机溶剂侵蚀的材料（如使用金属杯） ②更换空气压缩机的润滑油，使用无油压缩机 ③使用金属杯
漏气	①密封不良 ②因物理（冲击）、化学原因使塑料水杯产生裂痕 ③泄水阀、自动排水器失灵	①更换密封件 ②参见“塑料水杯破损” ③修理（必要时更换）

表 10-6　油雾器的常见故障及其排除方法

故障	原因	排除方法
油不能滴下	①没有产生油滴下落所需的压差 ②油雾器反向安装 ③油道堵塞 ④油杯未加压	①加上文氏管或换成小的油雾器 ②改变安装方向 ③拆卸，进行修理 ④因通往油杯的空气通道堵塞，需拆卸修理
油杯未加压	①通往油杯的空气通道堵塞 ②油杯大、油雾器使用频繁	①拆卸修理 ②加大通往油杯的空气通孔，使用快速循环式油雾器
油滴数不能减少	油量调整螺钉失效	检修油量调整螺钉

续表

故障	原因	排除方法
空气向外泄漏	①油杯破损 ②密封不良 ③观察玻璃破损	①更换 ②检修密封 ③更换观察玻璃
油杯破损	①用有机溶剂清洗 ②周围存在有机溶剂	①更换油杯，使用金属杯或耐有机溶剂油杯 ②与有机溶剂隔离

表 10-7　排气口和消声器的常见故障及其排除方法

故障	原因	排除方法
有冷凝水排出	①忘记排放各处的冷凝水 ②后冷却器能力不足 ③空气压缩机进气口潮湿或淋入雨水 ④缺少除水设备 ⑤除水设备太靠近空气压缩机，无法保证大量水分呈液态，不便排出 ⑥压缩机油黏度低，冷凝水多 ⑦环境温度低于干燥器的露点 ⑧瞬时耗气量太大，节流处温度下降太大	①每天排放各处冷凝水，确认自动排水器能正常工作 ②加大冷却水量，重新选型 ③调整空气压缩机位置，避免雨水淋入 ④增设后冷却器、干燥器、过滤器等必要的除水设备 ⑤除水设备应远离空气压缩机 ⑥选用合适的压缩机油 ⑦提高环境温度或重新选择干燥器 ⑧提高除水装置的除水能力
有灰尘排出	①从空气压缩机吸气口和排气口混入灰尘等 ②系统内部产生锈屑、金属末和密封材料粉末 ③安装维修时混入灰尘等	①空气压缩机吸气口装过滤器，排气口装消声器或洁净器，灰尘多时加保护罩 ②元件及配管应使用不生锈耐腐蚀的材料，保证良好润滑条件 ③安装维修时应防止铁屑、灰尘等杂质混入，安装完应用压缩空气充分吹净
有油雾喷出	①油雾器离气缸太远，油雾达不到气缸，阀换向时油雾便排出 ②一个油雾器供应多个气缸，很难均匀输入各气缸，多出的油雾便排出 ③油雾器的规格、品种选用不当，油雾送不到气缸	①油雾器尽量靠近需润滑的元件，选用微雾型油雾器 ②改成一个油雾器只供应一个气缸 ③选用与气量相适应的油雾器

表 10-8　气动系统压力异常的故障及其排除方法

故障	原因	排除方法
气路无气压	①气动回路中的开关阀、启动阀、速度控制阀等未打开 ②换向阀未换向 ③管路扭曲、压扁 ④滤芯堵塞或冻结 ⑤介质或环境温度太低，造成管路冻结	①予以开启 ②查明原因后排除 ③纠正或更换管路 ④更换滤芯 ⑤及时清除冷凝水，增设除水设备

供压不足	①耗气量太大，空气压缩机输出流量不足	①选择流量合适的空气压缩机或增设一定容积的气罐
	②空气压缩机活塞环等磨损	②更换零件
	③漏气严重	③更换损坏的密封件或软管，紧固管接头及螺钉
	④减压阀输出压力低	④调节减压阀至使用压力
	⑤速度控制阀开度太小	⑤将速度控制阀打开到合适开度
	⑥管路细长或管接头选用不当	⑥重新设计管路，加粗管径，选用通流能力大的管接头及气阀
	⑦各支路流量匹配不合理	⑦改善各支路流量匹配性能，采用环形管道供气
异常高压	①因外部振动冲击产生冲击压力	①在适当部位安装安全阀或压力继电器
	②减压阀损坏	②更换减压阀

参考文献

[1] 左健民．液压与气压传动．第 5 版．北京：机械工业出版社，2016.

[2] 王积伟，章宏甲，黄谊．液压与气压传动．第 2 版．北京：机械工业出版社，2005.

[3] 曹建东，龚肖新．液压传动与气动技术．北京：北京大学出版社，2006.

[4] 许福玲，陈尧明．液压与气压传动．第 3 版．北京：机械工业出版社，2007.

[5] 赵波，王宏元．液压与气动技术．北京：机械工业出版社，2015.

[6] 袁广．液压与气压传动．北京：北京大学出版社，2008.

[7] 张福臣．液压与气压传动．北京：机械工业出版社，2006.

[8] 徐炳辉．气动手册．上海：上海科学技术出版社，2005.

[9] 崔培雪．液压与气动技术．北京：机械工业出版社，2014.

[10] 闻邦椿．机械设计手册：流体传动与控制．第 5 版．北京：机械工业出版社，2010.

[11] 田勇，高长银．液压与气压传动技术及应用．北京：电子工业出版社，2011.

[12] 韩庆瑶．液压与气压传动．北京：中国电力出版社，2013.

[13] 宋锦春．液压与气压传动．第 3 版．北京：科学出版社，2014.

[14] 路甬祥．液压气动技术手册．北京：机械工业出版社，2002.

[15] 隋文臣．液压与气压传动．重庆：重庆大学出版社，2007.

[16] 曾忆山．液压与气压传动．合肥：合肥工业大学出版社，2008.

[17] SMC（中国）有限公司．现代实用气动技术．北京：机械工业出版社，2008.